Uwe Stamer

W0058299

ABITUR WISSEN

Was ist der Mensch?

Theologische Anthropologie

Ernst Klett Verlag

Stuttgart Düsseldorf Leipzig

Herausgeber der Reihe Abiturwissen Religion: Dr. Uwe Stamer

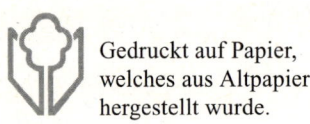 Gedruckt auf Papier,
welches aus Altpapier
hergestellt wurde.

Die Deutsche Bibliothek – CIP-Einheitsaufnahme

Ein Titeldatensatz für diese Publikation ist bei
Der Deutschen Bibliothek erhältlich

2. Auflage 2000   A
Alle Rechte vorbehalten
Fotomechanische Wiedergabe nur mit Genehmigung des Verlages
© Ernst Klett Verlag GmbH, Stuttgart 1998
Internetadresse: http://www.klett-verlag.de/klett-lerntraining
E-Mail: klett-kundenservice@klett-mail.de
Einbandgestaltung: Bayerl & Ost, Frankfurt/M.
Satz: Steffen Hahn GmbH, Kornwestheim
Druck: Wilhelm Röck, Weinsberg
ISBN 3-12-929569-0

Inhalt

Vorwort

Wer in unserer Zeit im Rahmen einer theologischen Anthropologie nach Herkunft und Bestimmung, nach Aufgabe und Handeln des Menschen in der Welt fragt, darf vor einer umfassenden Perspektive nicht zurückscheuen. Darunter ist nicht nur – im diachronen Sinn – das aus Geschichte und Gegenwart gewonnene vielschichtige Spektrum von Lehrmeinungen und Deutungsansätzen zum Thema „Mensch" zu verstehen. Dazu gehört vielmehr auch – in synchroner Sichtweise – der für die Diskussion anthropologischer Grundsatzfragen heute unverzichtbare Einbezug globaler Aspekte. Es geht bei diesem Thema also sowohl um eine (philosophisch-)theologische Näherbestimmung des menschlichen **„Seins"** als auch um – sozialethisch fixierte und damit verantwortungsbestimmte – Orientierungsrichtlinien des menschlichen **„Tuns"**.

Eine solche von der Sache her gegebene ambivalente Inhaltsstruktur scheint gegenwärtig allerdings um so dringlicher angesichts einer Gesellschaft, in der auf der einen Seite sehr häufig ein zunehmender Werteverlust – nicht selten verbunden mit einem borniertem Egoismus und der Überzeugung vom alleinigen Geltungsprinzip des Machbaren –, andererseits aber ein oft starrer und wenig menschenfreundlicher Traditionalismus dem suchenden Individuum scheinbar nur die Wahl zwischen zwei unattraktiven Negativpolen offenlassen. Da greift man doch besser gleich zum geschmackvoll angerichteten alternativen Heilsangebot.

Nicht eine vielfach verbreitete nihilistische Skepsis oder ein resignativer Fatalismus können für die theologische Frage nach dem Menschen Maßstäbe setzen und Wegzeichen markieren. Wenn Tradition nicht als Sammlung überholter Vorstellungsbilder, Gegenwart und Zukunft aber auch nicht als Spielwiese menschlicher Selbstherrlichkeit verstanden werden, bietet der illustre Themenkreis der theologischen Anthropologie für ein **positives** Verstehen und Gestalten des menschlichen Lebens zahlreiche Lehrbeispiele und Denkanstöße. Wo nötig, müssen dabei allerdings bestimmte kirchliche und in Laienkreisen oft fest verankerte Lehrtraditionen inhaltlich hinterfragt werden.

Zu der komplexen Einheit aus „theologischer Sachebene" und „anthropologischer Vollzugsebene" gehören u. a. folgende Themenaspekte:

1. Die Frage nach dem **Leben** und der **Würde des Menschen** muss heute angesichts zahlreicher medizinisch-techni-

scher Fortentwicklungen immer neu aktualisiert werden (Beispiel: Embryonenvernichtung).

2. Ist die menschliche **„Erbsünde"**, wie es der Name nahelegt, ein „vererbtes" Übel – oder spielen hier historische Zusammenhänge keine Rolle? (Beispiel: Die biblische Erzählung vom „Sündenfall" und der Begriff der Sünde)

3. **Sünde** und die **Sexualität zwischen Mann und Frau** werden seit anderthalb Jahrtausenden mit neurotisierenden Nebenwirkungen kirchlicherseits gern einander zugeordnet. Ist diese Verbindung biblisch begründet – oder hat sie andere Ursachen? (Beispiel: Der Kirchenvater Augustinus und seine Jugend„sünden")

4. Die **anthropologischen Entwürfe von Goethe bis Konrad Lorenz** stellen auf nichttheologischer Basis die Frage nach dem Wesen des Menschen und fordern die Antwort des Christen heraus. Noch immer brandaktuell ist Lessings Humanitätsidee (Beispiel: Nathans „Ringparabel" im **heutigen** Jerusalem?!).

5. Zur „Lehre vom Menschen" gehört in unserer Zeit u. a. auch eine Grenzen überschreitende, vorausschauende **Ethik,** eine „unkonventionelle" Auffassung zur Rolle der **Frau** in der Gesellschaft und der Respekt vor den **Fremden** (Beispiel: Was sagt die Bibel zum Umgang mit Ausländern?).

6. Ein **Leben nach dem Tod** ist für viele Menschen heute allenfalls noch ein Gegenstand nebuloser Spekulationen. Das Neue Testament vermittelt hier bei genauer Textanalyse – abgesehen von den wichtigeren, entscheidenden Inhalten – immerhin rationale Zugangsmöglichkeiten (Beispiel: „Auferstehung – für mich?") u. v. m.

Das didaktische Konzept des Buches, die methodische Strukturierung des Lernstoffs und dessen detaillierte Verankerung in den Lehrplänen der einzelnen Bundesländer entsprechen dem bewährten Gestaltungsprinzip der anderen Bände aus der Reihe „Abiturwissen Religion".

Allen Schülerinnen und Schülern der gymnasialen Oberstufe, aber auch den lehrenden Kolleginnen und Kollegen wünsche ich einen gewinnbringenden Umgang mit diesem Buch.

Dettenhausen/Tübingen   *Uwe Stamer*
im April 1998

1 Der Mensch: von Gott geschaffen

Die wesentlichen biblischen Aussagen zur **Geschöpflichkeit** des Menschen finden sich in den beiden alttestamentlichen Schöpfungsberichten Gen. 1,1–2,4 a und Gen. 2,4 b–25. Schon im ersten Buch der Bibel, grundlegend neu jedoch durch das Auftreten Jesu Christi, ist die Existenz des Menschen **heilsgeschichtlich** bestimmt.

Doch seit frühester Zeit waren jene beiden Genesiskapitel – bzw., je nach Zuordnung, auch nur einer der beiden Texte – eine Quelle von Missverständnissen:

1. Man sah in ihnen – dies wohl der am meisten verbreitete Irrtum – eine naturwissenschaftliche Erklärung der Weltentstehung und in Adam und Eva die „historisch beglaubigten" ersten Menschen (s. Kap. 1.1.2; 1.2.1; 2.1).
2. Man erklärte die Texte – unter Verkennung ihres existenziellen Anspruchs – pauschal als „Mythen" und relativierte sie damit zu einem rein literarischen Traditionsgut.
3. Man erkannte in bestimmten Versen des zweiten Textes die Darstellung eines „paradiesischen" Urzustandes der Gesamtmenschheit im Sinne eines ungetrübten und uneingeschränkten Daseins voller Harmonie, sah hier gleichsam ein Schlaraffenland der höheren Art.
4. Man betonte oft einseitig den „Anfangscharakter" der Textaussagen und berücksichtigte zu wenig den Zusammenhang von Schöpfungsgeschehen und Heilsbestimmung.

Herkunft, Absicht und Bedeutung der beiden Schöpfungsberichte und, damit zusammenhängend, in Auswahl auch der „Urgeschichte" (Gen. 1–11) sollen im Folgenden näher erläutert werden.

„Geschöpflichkeit" meint die (von der Bibel behauptete) Tatsache, dass der Mensch von Gott „geschaffen", also von seinem Ursprung und Wesen her nicht eigenbestimmt ist. – Die Kenntnis der beiden Einleitungskapitel des Ersten Buches Mose, im weiteren Verlauf auch der Kap. 3–11, wird im Folgenden vorausgesetzt.

vgl. Gen. 2,8 ff.

zu Fragen des Kontextes und der Quellensituation s. S. 8 ff.

Abb. 1 Michelangelo: „Die Erschaffung Adams" (Vatikan, Sixt. Kapelle)

1.1 Die Schöpfungsberichte der Bibel

Die Ausführungen des Kapitels 1.1. sind keine detaillierte Exegese der beiden Schöpfungsberichte, sondern eine schwerpunktmäßige Darstellung ihrer geschichtlichen und inhaltlichen Besonderheiten. Die für die theologisch-anthropologische Diskussion der Gegenwart zentralen Aussagen werden besonders in Kap. 1.2 erörtert.

Die ersten elf Kapitel der Bibel sind nicht als ein geschlossenes literarisches Werk, als die Schreibtischarbeit eines genialen Erzählers entstanden. Ihre schriftliche Fassung ist das Ergebnis einer langen Traditionsgeschichte, die neben mündlichen Überlieferungen auch verschiedene Stadien der schriftlichen Fixierung umgreift. Die Zuordnung der beiden Schöpfungsberichte zu zwei literarischen Quellen, der **„Priesterschrift"** (P) und dem **„Jahwisten"** (J) – nähere Ausführungen in Kap. 1.1.1 und 1.1.2 –, ist ein gesichertes Resultat der literarkritischen Erforschung des Alten Testaments.

1.1.1 Der priesterschriftliche Schöpfungsbericht (P): Gen. 1,1–2,4a

Der **erste** der beiden Schöpfungsberichte ist der **zeitlich jüngere**, P ist die jüngste Quellenschicht des *Pentateuchs überhaupt. Der Name erklärt sich aus dem Interesse für kultische und rituelle Einrichtungen und priesterliche Ordnungen. Als Verfasser sind priesterliche Kreise innerhalb der babylonischen Exilgemeinde anzusehen. Die Anfänge von P liegen in frühexilischer Zeit. Sie basieren selbst wiederum auf alter, in Jahrhunderten gewachsener priesterlicher Lehre.

Die Aussagen des Textes müssen (zunächst) aus der Situation des Gefangenseins, aus der Erfahrung von Leid und Unterdrückung und der beständigen Konfrontation mit dem babylonischen Götter-Kult heraus verstanden werden. In dieser Zeit der Krise erfolgte eine Rückerinnerung an den Gott der Befreiung, der schon einmal Gefangene aus einem Sklavenland geführt hatte (vgl. Ex. 5 ff.; 12; 13 ff.), eine Neubesinnung auf den souveränen Gott, der durch sein Wort Leben schaffen kann und dessen Kraft und Macht man mit dem Befolgen des Sabbatgebotes ein sichtbares, unterscheidendes Zeichen setzen konnte. So war in der Zeit der Orientierungslosigkeit das Bekenntnis zu dem Gott der Hilfe und der Stärke auch ein Ausdruck des Vertrauens.

Die Akzentuierung des Textes ist klar ersichtlich:
- Gott ist souverän: Allein durch sein **Wort** ruft er den Menschen ins Dasein.
- Gott gibt dem Menschen Verantwortung und Würde: Er ist die **Krone der Schöpfung**, dieser in fürsorglichem Umgang verpflichtet (V. 28!), als Letztes geschaffen, **Gottes Ebenbild**.
- Gott macht **keinen Rangunterschied zwischen den Geschlechtern:** Mann und Frau werden gleichzeitig erschaffen.
- Gott setzt ein **Zeichen der Ordnung**: Seiner Ruhe am siebenten Tag darf durch die Sabbatheiligung vom Menschen entsprochen werden.

*Die Traditionsschicht von P ist neben der von J im gesamten *Pentateuch („Fünfrollenbuch"), also den fünf Mosebüchern, vertreten. Der *Pentateuch wird von der jüdischen Gemeinde die Tora („Gesetz", „Unterweisung") genannt.*

*„Und Gott sprach: Lasset uns Menschen machen, ein Bild, das uns gleich sei ... Und Gott schuf den Menschen zu seinem Bilde, zum Bilde Gottes schuf er ihn ..."
(Gen. 1,26 f.)*

zur Gottebenbildlichkeit des Menschen s. S. 17 ff.

Gen. 1,27

weitere Ausführungen zum priesterlichen Schöpfungsbericht in Kap. 1.2

*Auch J ist eine im gesamten
*Pentateuch vertretene
Quellenschicht.*

1.1.2 Der jahwistische Schöpfungsbericht (J):
Gen. 2,4 b–25

Aus einer anderen Zeit und einem anderen Erfahrungsbereich stammt der zweite, ältere Schöpfungsbericht. Wegen des beständig verwendeten altisraelitischen Gottesnamens „Jahwe" (= „der Herr") gab man dem Verfasser – auch hier ist nicht an eine Einzelperson, sondern an eine vielschichtige Überlieferung zu denken – den Namen „Jahwist".

Abb. 2
Das Reich Davids und
Salomos

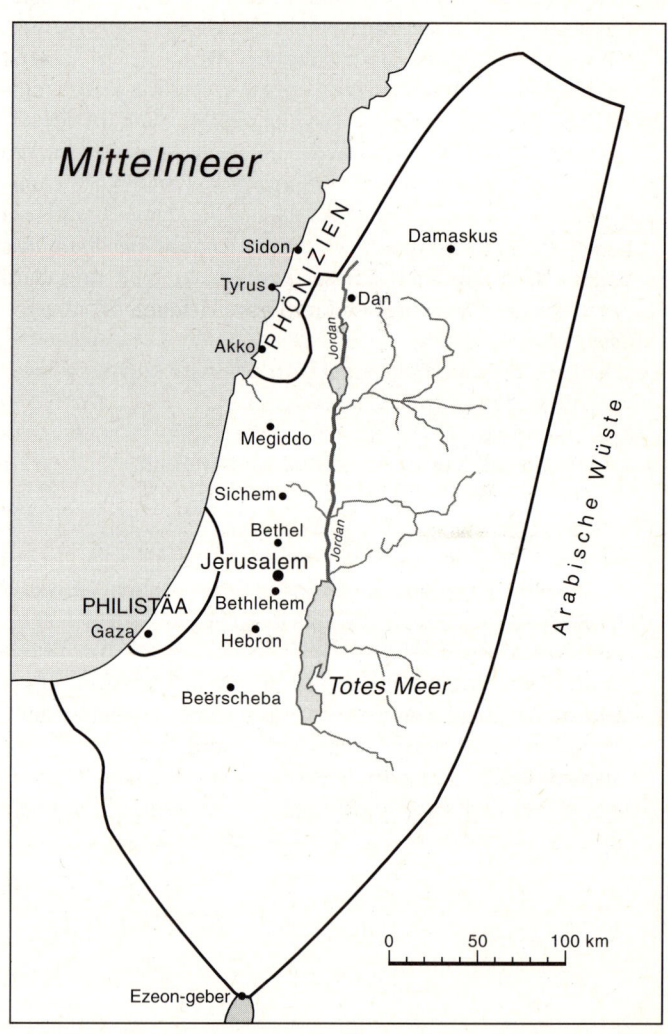

10

Während die ältesten Schichten von P in einer Zeit der Not und Entbehrung entstanden sind, lässt sich die sprachliche Ausgestaltung von J (früheste Schichten – uraltes Erzählgut! – reichen bis weit ins zweite vorchristliche Jahrtausend zurück) mit ziemlicher Sicherheit in die Regierungsjahre König Salomos (965–925 v. Chr.) datieren, eine Zeit, in welcher der Staat Israel als Großmacht gelten konnte.

Nicht von Entbehrung, sondern von **Erfüllung** ist hier die Rede. Aber auch die Erfüllung ist nicht denkbar ohne die Bedrohung der Entbehrung, sie ist ihr als Gefahr beständig ausgesetzt. So ist die Akzentuierung des Textes auch hier (zunächst) von der kulturgeschichtlichen Situation seiner (spätesten) Entstehungszeit her zu verstehen:

- Die Verheißung des Landes, die Abraham zuteil wurde, ist Wirklichkeit geworden: Israel hat sich zum Großreich entwickelt. *Gen. 12,1f.*

- Anders als in P, wo der Mensch gleichsam als die „Spitze einer Pyramide" erschaffen wurde, ist er hier der „Mittelpunkt eines Kreises": Die dem Menschen nahe Welt, sein Lebensumfeld – das Kulturland, der Garten, die Tiere, das Weib – wird von Gott um ihn herum aufgebaut. Ihm wird von Gott der Ort in der (sodann) geschaffenen Welt zugewiesen. *Gen. 2,15*

- Die „Bodenständigkeit", die „Schollenverbundenheit" des mächtig gewordenen Staates Israel mag in der „Erdzugehörigkeit" des Menschen hier vielleicht auch ihren Ausdruck finden. Von viel grundsätzlicherer Bedeutung aber ist die Erkenntnis: **Gott gibt dem Menschen das Leben, aber es ist nicht sein Eigentum.** Je souveräner der Mensch sich dünkt, desto unverfügbarer ist das, was er zu besitzen glaubt. Die Erde, auf die der Mensch sein Leben gründet, fordert es wieder zurück (Gen. 3,19/J).

- **Der Mensch verdankt sein Leben in Segen und Wohlstand Gott. Von ihm hat er den Auftrag, das Land „zu bebauen und zu bewahren"** (V. 15) – was alles andere bedeutet als paradiesisches Nichtstun! – **und mit der nichtmenschlichen Kreatur, im Bewusstsein des göttlichen Mandates, verantwortungsvollen Umgang zu pflegen** (V. 19f.). – Doch oft ist in den Zeiten der Üppigkeit die Verlockung, noch mehr haben zu wollen, am größten. Konkreter Hintergrund für mannigfache „Versuchungen" war für das damalige Israel die Gefahr des Abgleitens in die – allzu erdhaft-bodenständige – kanaanitische Fruchtbarkeitsreligion.

Die „Erdverbundenheit" des Menschen kommt auch in dem hebräischen Wortspiel „adam"/„adama" zum Ausdruck: „adama" heißt „die Erde", „adam" bedeutet „der von der Erde gewonnene Mensch". Schon vom Sprachlichen wird also deutlich, dass mit „Adam" keine „Person" gemeint sein kann.

Darüber erzählt bildhaft-grundsätzlich die nachfolgende Geschichte vom „Sündenfall" (Gen. 3; vgl. S. 24 ff.). – Weiteres zum jahwistischen Schöpfungsbericht in Kap. 1.2

11

1.2 Geschichte und Gegenwart

In diesem zweiten, ausführlicheren Kapitel geht es zunächst darum, die beiden biblischen Schöpfungsberichte von falschen inhaltlich-methodischen Fragestellungen abzugrenzen und somit eine Fehlinterpretation zu vermeiden. Sodann aber gilt es, den Bezug zur Gegenwart herzustellen und damit u. a. deutlich zu machen, welche grundlegenden Formen unseres heutigen Verständnisses vom Menschen – z. B. der Begriff der „Menschenwürde" – auf diesen Texten basieren.

Zur Vermeidung von Fehldeutungen und Missverständnissen sind diese einleitenden Ausführungen hier notwendig.

1.2.1 Schöpfung oder Evolution? Eine überholte Alternative!

Allgemein bekannt ist die von dem englischen Biologen **Charles Darwin** aufgestellte Selektionstheorie über die Entstehung der Arten: Die Evolution der Organismen geschieht im Kampf ums Dasein („struggle for life") in der Weise, dass im Durchschnitt diejenigen am ehesten überleben, die ihrer Umwelt am besten angepasst sind („survival of the fittest"). Diese Theorie ist heute zu einem grundlegenden Denkprinzip in der Biologie geworden. Genetische Entwicklungssprünge (Prinzip Zufall?) lassen sich nach diesem Muster allerdings nicht erklären. Gleichwohl wäre es völlig verfehlt – obgleich es immer wieder geschieht –, den Erkenntnissen der Naturwissenschaft unter Berufung auf die Autorität der Bibel mit den Schöpfungsberichten von P und J gleichsam ein alternatives Denkmodell entgegenzuhalten, welches nun gegen besseres intellektuelles Wissen (mehr oder weniger krampfhaft) zu „glauben" sei. Verfechter solcher Forderungen erweisen der Religion bzw. der Theologie zumindest aus zwei Gründen keinen guten Dienst:

Abb. 3
Charles Darwin
(1809–1882)

- **„Glauben" heißt „Vertrauen"** und meint kein buchstäbliches Fürwahrhalten von allen biblischen Formulierungen. Die Bibel bleibt als Ganzes auch dann Gottes Wort, wenn sie im Einzelnen inhaltliche Unstimmigkeiten aufweist.
- Glaubenswahrheiten dürfen nicht mit naturwissenschaftlichen Wahrheiten, der Erkenntnisweg der Theologie darf nicht mit der Wahrheitsfindung der Naturwissenschaft verwechselt werden.

Ein Extrembeispiel für ein unreflektiertes Bibelverständnis ist die unmittelbare

Auch Überlegungen, die von in sich schlüssigen Grundgedanken ausgehen – z. B. der bildhafte Vergleich („Tausend Jahre sind vor dir wie ein Tag"; vgl. Ps. 90,4) oder der Versuch eines

Kompromisses („Gott hat sich der Evolution bedient, um die Welt zu erschaffen") – verfehlen dann ihren Sinn, wenn sie zum Zweck eines Scheinkompromisses zwischen Theologie und Naturwissenschaft die Zeitumstände und die Aussageabsicht der biblischen Berichte außer Acht lassen.

Um Missverständnisse zu vermeiden: Natürlich basieren auch die beiden Schöpfungsberichte von P und J (wie könnte es anders sein?!) auf den damals üblichen Vorstellungen von Himmel und Erde. Dazu gehörten z. B.

– die Überzeugung, dass das Weltgebäude dreistöckig aufgebaut sei (Ex. 20,4; Ps. 115,15–17);
– die Anschauung, dass der Himmel als eine „Feste", also als etwas Stabiles, zu gelten habe, als eine große Glocke, die sich über der ganzen Erde wölbt und über welcher sich der Himmelsozean befindet;
– die Annahme, dass die Erde eine Scheibe sei (Ps. 104,5; 139,9).

Schon wegen der grundsätzlichen **Andersartigkeit** von biblischem und modernem Weltbild verbietet sich also eine unmittelbare Bezugsetzung. Fast noch wichtiger aber ist die Erkenntnis, dass – wie im Folgenden zu zeigen sein wird – die beiden biblischen Schöpfungsberichte von ihrer **Aussageabsicht** her gar keine naturwissenschaftliche Erklärung der Weltentstehung geben **wollen**, sondern ganz andere Ziele verfolgen.

1.2.2 Gewissheit durch Erfahrung

Bei theologischen Diskussionen, vor allem wenn es um Fragen des Glaubens geht, trifft man nicht selten auf bestimmte Formen des Wunschdenkens. So wird z. B. die Meinung vertreten, dass „Glaube", wenn überhaupt, erst durch ein plötzliches unbegreifliches Geschehen, eine unmittelbare Eingebung, eine übernatürliche Offenbarung entstehen könne. Erst durch ein punktuelles „wunderbares Ereignis", gleichsam durch eine Demonstration des Außerirdischen werde dem bis dahin Ungläubigen oder wenigstens doch Zweifelnden „Glaube" möglich (gemacht). Ein solches Denken und Empfinden ist Teil der menschlichen Natur – auch die Bibel weiß davon zu berichten.

Natürlich wäre es völlig unsinnig zu behaupten, dass nicht auch angesichts des Unverständlichen oder infolge visionärer Erlebnisse u. ä. Glaube möglich sei. Aber die Annahme, dass überhaupt erst **aufgrund** des Unbegreiflichen geglaubt werden könnte, dass also das Unverständlich-Irrationale die alleinige

Übertragung bestimmter Bibelstellen (Gen. 9,4; Lev. 17,11 u. a.) auf die Gegenwart, um – mit der Berufung auf den Text als Gottes Wort – im individuellen Falle das Verbot der Bluttransfusion zu begründen. Hier werden unkritisch alte Vorstellungen aus ihrem lebenspraktischen Hintergrund (Hygiene!) bzw. mythischen Kontext in die Moderne transferiert. – Wie wäre unter solchen Voraussetzungen wohl die Geschichte von Bileams sprechender Eselin (vgl. Num. 22, 22 ff.) zu verstehen?

vgl. Mk. 8,11 f.; Mt. 16,1 f.; Lk. 11, 29 ff.; Joh. 4,48

vgl. Joh. 2,23; 14,11

13

und notwendige Voraussetzung des Glaubens sei, wäre wenigstens ebenso falsch.

Ein ganz wesentliches konstitutives Element der beiden Schöpfungsberichte – und darüber hinaus der „Urgeschichte" (Gen. 1–11), die im Folgenden miteinbezogen wird – ist der Bereich der menschlichen **Erfahrung**. Auf ihrem Fundament wurden, neben anderen inhaltlichen Ausrichtungen, wichtige, existenziell begründbare theologische und anthropologische Aussagen dieser Texte gestaltet. Sie sind in ihren das Dasein des Menschen umfassend bestimmenden Formulierungen auch rational zugänglich und besitzen bis heute eine für jeden Menschen – der sich von ihnen ansprechen lässt – prinzipielle Signifikanz.

vgl. Gen. 1,1 ff.

Zu den *empirisch gültigen Aussagen der Texte gehören:

1. Im Kampf gegen das Chaos – die Finsternis, die Nicht-Existenz – erweist sich Gottes Machthandeln: Für den Menschen wird **Lebensraum** erstellt.

Gen. 2,8 f.16

2. Geschichtliche Erfahrungen (Befreiung aus der Knechtschaft in Ägypten; Heimkehr aus der Babylonischen Gefangenschaft) bestätigen und aktualisieren den Schöpfungsglauben: **Schöpfung und Geschichte gehören zusammen.**

3. Der Mensch ist in seiner Kreatürlichkeit kein autonomes Wesen. Er ist, so gern er es auch anders hätte, weder *ontologisch ungebunden noch absolut souverän, schon gar nicht allmächtig. Der Mensch ist nicht der Sachwalter seines Schicksals. Er ist **abhängig**.

4. Die **Zuwendung**, die dem Menschen vor aller Erfahrung zuteil wurde durch den, der ihn überhaupt erst ins Dasein gerufen hat, bricht nach seiner Erschaffung nicht ab. Gott überlässt den Menschen nicht seinem Schicksal, sondern umhegt ihn weiterhin mit Leben gebender und Leben erhaltender **Fürsorge**. Gott schenkt ihm

Gen. 2,15; vgl. Kap. 1.2.3

   – ein gedeihliches, existenzsicherndes **Umfeld**;
   – die Fähigkeit, dieses Umfeld durch eigene Tätigkeit sinnvoll (!) zu erhalten. Die **Kulturarbeit** ist also – dies gilt für J auch grundsätzlich – ein notwendiger Teil des menschlichen Lebens;
   – die **Gemeinschaft**, und zwar nicht nur die zwischen Schöpfer und Geschöpf, sondern auch die Gemeinschaft der Menschen untereinander: Er gibt dem Menschen eine

Gen. 2,18

   „Gefährtin".

   In allem sorgt Gott also für eine **Sinngebung der menschlichen Existenz**.

5. Nach dem Bruch des Vertrauensverhältnisses zwischen Gott und Mensch durch die „Sünde", d. h. durch den

menschlichen Eigendünkel, die *Hybris, lässt Gott – dies sei schon hier festgestellt, denn es gehört ganz wesentlich zu den *empirischen Aussagen von J hinzu – den Menschen nicht im Stich:

– zwar wird der Mensch aus dem Garten Eden vertrieben, doch lebt er noch immer unter Gottes Schutz (Gen. 3,21);
– selbst nach Kains Brudermord ist der Schuldige nicht für immer von Gottes Gemeinschaft ausgeschlossen: auch jetzt noch nimmt sich Gott des Menschen an;
– in der Sintflut bewahrt Gott zugleich den Menschen und seine Schöpfung. Wie in den beiden ersten Beispielen findet sich auch hier am Ende die Zusage der **Erhaltung** (Gen. 8,22).

Gen. 4,15 – Das Kainsmal ist nicht, wie im Volksmund fälschlich gedeutet, als Schandmal, sondern als Schutzzeichen gemeint und folglich auch so zu verstehen.

Mitten in der Sünde steht also der Mensch **weiterhin** unter Gottes Obhut. Schon hier spannt sich deutlich der Bogen zum Neuen Testament. Doch auch das Alte Testament als Ganzes zeigt eine ständig wiederkehrende Abfolge von Verstößen gegen Gottes Gebote (durch das Volk Israel oder einzelne Personen) und einem stets neu eintretenden Erbarmen Gottes. Dies ist eine in ihrem Geschehniszusammenhang ganz und gar diesseitige menschliche Erfahrung, die schwerlich nur „dichterischer Phantasie" entspringt.

Natürlich spiegeln sich in den genannten Texten auch viele **Negativ-Erfahrungen**:

1. Zu den existenziellen Grundwiderfahrnissen des Menschen gehört die Urerfahrung des Bedrohtseins. Sie ist für den Menschen eine ständige Anfechtung seines Glaubens.
2. Solche Urerfahrungen werden beispielhaft konkret
   – in der rational letztlich nicht vollständig zu lösenden Frage nach Ursache und Bedeutung des Bösen (vgl. Gen. 3: Geschichte vom Sündenfall);
   – in der Heimsuchung durch Unglück (vgl. Gen. 6–8: Sintflut)
   – in schlimmem, schuldhaftem Vergehen (vgl. Gen. 4,1–16: Kains Brudermord);
   – im Bewusstsein von der Unabänderlichkeit des eigenen Todes (vgl. Gen. 3,19: Rückkehr des aus Erde gemachten Menschen zur Erde).

Auch sehr moderne Fragestellungen, z. B. das Problem des Verhältnisses von Fortschritt und Risiko, sind in der Urgeschichte bereits angesprochen:

– die berufliche Arbeitsteilung zwischen Kain und Abel

(Gen. 4,2) führt zu starker Rivalität und einem gewalt-
samen Ende (Gen. 4,3–8);
– die Erfindung der Eisenverarbeitung (vgl. Gen. 4,22)
  erlaubt gegenüber Kains primitivem Tötungsakt eine
  „Weiterentwicklung" in der Technik des Mordens
  (Gen. 4,23 f.);
– zweifellos führt der zivilisatorische Fortschritt zu einer
  Steigerung der Lebensqualität, wie dies etwa in der
  Erfindung des Städtebaus (Gen. 4,17), dem Erlernen
  des Weinbaus (Gen. 9,20) und der Kunst der Musik
  (Gen. 4,21) deutlich wird. Doch im Wachstum der Kultur sind die destruktiven Elemente miteingeschlossen:
  Selbstsucht, Größenwahn (Gen. 11,4), Gewalt und Vernichtung. Der zivilisatorische Fortschritt, der grundsätzlich als eine Folge des göttlichen Segens gesehen
  wird, ist also ***ambivalent**.

Verbunden mit dem sich in der Urgeschichte abzeichnenden
soziologischen Differenzierungsprozess wird hier also eine
Reihe *empirischer Problemstellungen sichtbar, die ***ätiolo-
gischen** Charakter haben. Sie fragen nach den Bedingungen
der Grundgegebenheiten der menschlichen Existenz.
Zu solcher Art „existenzieller Ursachenforschung" gehören
folgende Fragen:
– Wie sind Himmel und Erde entstanden?
– Wer hat den Menschen ins Dasein gerufen?
– Woher kommt der Drang der Geschlechter zueinander?
  (vgl. Gen. 2,23 f.)
– Warum gibt es den Tod? (vgl. Gen. 2,17) Warum ist die
  Lebensspanne des Menschen begrenzt? (vgl. Gen. 6,3)
  Warum wird der Mensch wieder zu Erde? (vgl. Gen. 3,19;
  2,7)
– Warum gibt es die Gewalt, die selbst vor dem Brudermord
  nicht zurückschreckt? (vgl. Gen. 4)
– Warum existieren so viele Sprachen auf der Welt? (vgl.
  Gen. 11,1–9)
  u. a. m.

1.2.3 Pflicht zur Entsprechung und Rechenschaft

Würde man den priesterschriftlichen Schöpfungsbericht nur
als einen zeitbedingten Versuch ansehen, in einer existenzge-
fährdenden Krisensituation Israels durch die Verbindung von
Gottes Schöpfung und Gottes Ja zu seinem Volk eine neue
politisch-religiöse Gewissheit und damit auch Perspektiven

für die Zukunft zu schaffen, würde man den beispielhaften Sinn, die Bedeutung seiner für Geschichte und Gegenwart unverzichtbaren kulturschaffenden und kulturtragenden Aussagen verkennen. Man könnte auch sagen: Wesentliche Aspekte des biblischen Gottesbildes und damit des ethisch-religiösen Anspruchs des Christentums, gewachsene Fundamente des menschlichen Zusammenlebens wie des individuellen Selbstverständnisses gingen dann verloren.

Begrifflich konkret formuliert, geht es um folgende Bereiche:
- **die Gottebenbildlichkeit des Menschen** (vgl. Gen. 1,26 f.);
- **den Umgang des Menschen mit der Schöpfung** (Gen. 1,28);
- **das Geschaffensein des Menschen als Mann und als Frau** (Gen. 1,27).

Der Gedanke der **Gottebenbildlichkeit** hat seinen Ursprung in der altorientalischen Königstitulatur. Hier nun aber soll nach Israels Vorstellung nicht mehr (allein) der König für Recht und Gerechtigkeit in Gottes Schöpfung sorgen, vielmehr wird der Begriff auf **alle** Menschen ausgedehnt: Jeder Mensch grundsätzlich ist Sachwalter der göttlichen Weltordnung und damit Repräsentant Gottes.

Was ist mit dem unalltäglichen Wort „Gottebenbildlichkeit" gemeint?

1. Sicher wird hier vorrangig nicht an ein menschenähnliches Aussehen Gottes zu denken sein, zumal vom unmittelbaren Textzusammenhang her die Aussagen stärker auf das „Abbild", den Menschen (sein irdisches Umfeld, seine Aufgaben), als auf das „Urbild", Gott, gerichtet sind. Allerdings steht „im weiteren Hintergrund" des Begriffs durchaus auch die Vorstellung von Jahwes Menschengestalt.

2. „Gottebenbildlichkeit" bezieht sich auf die Einheit von Geist und Körper. Es wäre falsch, den Begriff auf eine rein ethisch-sittliche Bedeutung hin zu reduzieren. Folglich schließt er eine positive Bewertung der menschlichen Leiblichkeit mit ein – wie dies im übrigen grundsätzlich für alle diesbezüglichen Aussagen der Bibel (sofern man sie richtig liest und versteht!) in gleichem Maße gilt.

3. Die Gottebenbildlichkeit des Menschen weist auf ein **Entsprechungsverhältnis** hin. Die zwar in unermesslichem Maße maßstabversetzte, gleichwohl jedoch inhaltlich qualifizierte Korrelation zwischen den „Bildebenen"
   - wird in der **Anrede** Gottes an den Menschen deutlich (vgl. Gen. 1,28 f.). Gott erschafft den Menschen zu seinem Gegenüber, **mit dem er in Kontakt treten kann und will**;

In vielen altorientalischen Mythen wird erzählt, dass ein Gott einen Menschen (oder einen Gott) nach seinem Ebenbild formt. Im alten Ägypten galt der Pharao als das auf Erden lebende Abbild Gottes. Die Fähigkeit, Leben zu schaffen, ist eines der klassischen Attribute des Göttlichen überhaupt. Auch Goethes Prometheus misst sich – in (scheinbarer) Umkehrung der Machtverhältnisse – diese Kompetenz zu (vgl. hierzu Kap. 4.1).

Die durch die Anrede Gottes an den Menschen (vgl. auch Gen. 2,16 f.) ausgedrückte Verbundenheit markiert den trennenden Unterschied gegenüber den anderen Geschöpfen.

17

„Die Würde des Menschen ist unantastbar." (Grundgesetz für die Bundesrepublik Deutschland, Art. 1,1)

„HERR, unser Herrscher, wie herrlich ist dein Name in allen Landen, der du zeigst deine Hoheit am Himmel! / .../Wenn ich sehe die Himmel, deiner Finger Werk, den Mond und die Sterne, die du bereitet hast:/was ist der Mensch, daß du seiner gedenkst, und des Menschen Kind, daß du dich seiner annimmst? / Du hast ihn wenig niedriger gemacht als Gott, mit Ehre und Herrlichkeit hast du ihn gekrönt. / Du hast ihn zum Herrn gemacht über deiner Hände Werk, alles hast du unter seine Füße getan ..." (Psalm 8,2.4–7)

- ist somit die Voraussetzung für die **Gemeinschaft** zwischen Gott und Mensch;
- ist mithin geprägt von einem **Vertrauensverhältnis** des Schöpfers zu seinem Geschöpf.

Diese Kommunikationsform ist, theologisch gesprochen, ein Akt der göttlichen **Gnade**. Nicht der Mensch setzt von sich aus eine vertrauensvolle Beziehung zu Gott „in Gang", sondern vor allem Beginn – hier spannt sich wieder der Bogen zum Neuen Testament – **ist** der Mensch bereits von Gott geliebt, von Gott angenommen. **Die Gottebenbildlichkeit begründet die Würde des Menschen.**

4. Daraus ergibt sich weiterhin der wichtige Aspekt der **Funktion** der Gottebenbildlichkeit. Sie betrifft vor allem den **Umgang** des Menschen mit der ihm anvertrauten Schöpfung. Der Mensch ist der Beauftragte, der **Stellvertreter Gottes** auf der Erde, in Pflicht genommen zur **Fürsorge** und **Verantwortlichkeit** für diese und die außermenschliche Kreatur. So und nicht anders ist der Schöpfungsauftrag „Macht euch die Erde untertan!" (vgl. Gen. 1,28) zu verstehen. Im Sinne des Erhaltens und sorgsamen Umgehens mit Umfeld und Umwelt ist auch das „Bebauen und Bewahren" (Gen. 2,15) gemeint.

In unmittelbarer gedanklicher Nähe zu bestimmten Aussagen von P steht der achte Psalm, in dem nicht nur Gott, sondern auch die Herrschaft und die Herrlichkeit des Menschen hymnisch gepriesen werden. Aber sein Verfasser vergisst nicht (V. 5), auf das Angewiesensein des Menschen auf Gott und damit auf seine Zweitrangigkeit mahnend hinzuweisen.

Ein Verständnis von menschlicher Herrschaft, die auf die Ausbeutung der Erde abzielte, darf in beiden Texten mit Sicherheit nicht zu Grunde gelegt werden. Nur allzuoft hat man in der Vergangenheit – und tut dies ebenso gern auch noch heute – dem Menschen als der „Krone der Schöpfung" im Namen der wissenschaftlichen Forschung und des technischen Fortschritts die unumschränkte Herrschaft über die Erde und über die Tiere eingeräumt und dabei die Vorrangigkeit eines verantwortungsvollen Umgangs mit der Natur „vergessen". Doch bezeichnenderweise ist mit dem (recht verstandenen!) Herrschaftsauftrag die göttliche **Segnung** des Menschen verbunden (Gen. 1,28). Indes lässt sich diese enge Verknüpfung wohl ohne Zweifel jederzeit auch in ihr verhängnisvolles Gegenteil übertragen.

5. Nach allem kann unschwer gefolgert werden: Eine
   Menschheit,
   - die die Erde als unerschöpfliche Quelle ihrer Bedürfnis-
     befriedigung ansieht;
   - die ihr ökologisches Zuhause in großem Ausmaß
     bewusst zerstört;
   - die Tiere als rechtlose Kreaturen und damit wie Sachen
     behandelt, über die man beliebig verfügen kann;

Abb. 4
Hennen in Legebatterie

   - die nahezu ausschließlich nach egoistischen Prinzipien
     handelt;
   - die Waffen (welcher Staat würde ihren Besitz nicht als
     zu rein defensiven Zwecken bestimmt erklären?!) in
     einem solch aberwitzigen Ausmaß produziert, dass die
     gesamte Erde etliche Male zerstört werden könnte;
   - die das medizinisch oder technisch Machbare ihren Ent-
     scheidungen zu Grunde legt und erst **im Nachhinein**
     über Konsequenzen und Moral nachdenkt,
   verfehlt den biblischen Schöpfungsauftrag und letztlich
   ihre eigene Bestimmung.

Mahnungen und Statistiken beunruhigen nur vorüber-
gehend unser Gewissen, schüren nur kurzzeitig die
Angst. Sie erlauben zudem die Flucht in die Allgemein-
heit und die Anonymität. Unmittelbar gefordert ist eine
geistige und ethische Revision unseres Alltagslebens.
Ein solches Postulat hat mit christlicher Betulichkeit

nichts zu tun. Es ist vielmehr die Konsequenz aus der Einsicht in bestehende Notwendigkeiten, aus der wiederum eine neue Freiheit erwachsen kann. Jede und jeder kann damit anfangen, gleich heute.

Zur Gottebenbildlichkeit des Menschen gehört das Geschaffensein als **Mann** und als **Frau** (Gen. 1,27).
Mit dieser Aussage

androgyn (griech.) = mann-weiblich

– werden zunächst alle Spekulationen über einen ursprünglich androgynen Menschen abgewehrt;
– wird die geschlechtliche Unterschiedenheit des Menschen als ein Teil der göttlichen Schöpfungsordnung angesehen: Der Mensch ist bestimmt zur Gemeinschaft mit dem/der andersgeschlechtlichen Partner/in;
– ist die **Sexualität zwischen Mann und Frau** – entgegen weit verbreiteten Vorurteilen – grundsätzlich als eine **gottgewollte** und somit **makellose Gabe** ausgewiesen. Die Fähigkeit des Menschen zur Fortpflanzung ist ein **Geschenk Gottes**.

Es bleibt im Einzelnen der Kunst der Exegeten bzw. der Spitzfindigkeit der Dogmatiker überlassen, ob

Bei den Nachbarvölkern Israels, vor allem im kanaanäischen Kult der Sakralprostitution, galt Sexualität in Form orgiastischer Ausschweifungen als ein Mittel zur Erschließung göttlicher Kraft für den Menschen. Durch den zeremoniellen Mitvollzug der „heiligen Hochzeit" bekommt der Mensch selbst Anteil am Göttlichen. Mit solchen Formen heidnischer Abgötterei hatte sich Israel, wie das AT zeigt, beständig auseinanderzusetzen. In Gen. 1 wird dieser Rolle der Sexualität allerdings eine klare Absage erteilt: Was selbst geschöpflich ist, kann von sich aus nicht göttlich machen.

a) durch die Trennung von Gottebenbildlichkeit (V. 27) und Segnung der Fruchtbarkeit (V. 28; die Verseinteilung erfolgte erst in späterer Zeit) wirklich die Nichtzugehörigkeit beider Bereiche konstatiert werden soll. Wenn die Gottebenbildlichkeit des Menschen seine Leiblichkeit miteinschließt, sollte dann die Fortpflanzungsfähigkeit ausgeschlossen sein?

b) Sexualität wirklich nur dann, wenn sie der Fortpflanzung dient, „gutgeheißen" werden könne. Schließt nicht das Faktum der geschlechtlichen Unterschiedenheit den „Drang der Geschlechter" schon ein, **ohne** dass notwendig und logisch – eine Trennung der Versaussagen wäre in diesem Fall konsequenter! – die Absicht der Fortpflanzung allein dominieren müsste?

Mann und Frau werden gleichzeitig und damit auch **gleichrangig** erschaffen. Nicht selten hat man im Zusammenhang mit diesen Versen auf den jahwistischen Schöpfungsbericht verwiesen, nach welchem der Mann zuerst erschaffen und die Frau aus seiner Rippe gebildet sei (Gen. 2,18 ff.), womit eindeutig die Dominanz des Männlichen herausgestellt werden sollte.

Der gedankliche Schwerpunkt dieser Verse liegt allerdings woanders:

1. Wie an anderen Stellen der Urgeschichte steht auch hier der *empirisch-*ätiologische Kontext eindeutig im Vordergrund. Gefragt wird nach den Ursachen der menschlichen Sexualität und des beglückenden Zusammenseins der Geschlechter. Grunderfahrungen personaler Begegnung sind hier erzählerisch verarbeitet.

2. Der Gedanke der Möglichkeit und des **Gelingens einer Partnerschaft mit dem „weiblichen Du"** (die männlich fixierte Erzählperspektive schließt den Umkehrbezug natürlich nicht aus) und der daraus resultierenden, durchaus (auch) sexuell bestimmten **Freude** beherrschen den Text.

   a) Das aus dem Finden des Gegenübers resultierende Hochgefühl, das Glück, sich in der Begegnung mit dem anderen Geschlecht selbst wiederzuentdecken, wird sprachlich durch ein Wortspiel, motivlich durch das Bildsymbol der Rippe zum Ausdruck gebracht. Dieses ist kein Zeichen primitiver Wortkunst, sondern eine aussagekräftige Metapher von epischer Dichte:

   Das im Geschlechtsverkehr sich vollziehende körperliche Einssein, das Zeugen von neuem Leben lässt sich *physiologisch gewiss überaus korrekt, emotional dagegen in aller Regel weit weniger scharfsichtig erklären. Die Erfahrung einer solchen Liebe, die „stark ist wie der Tod" und stärker als die Bindung an Vater und Mutter, bedarf keiner rationalen Analyse. Der Intimität einer beglückenden persönlichen Begegnung weitaus angemessener ist die Bildersprache, die geheimnisvollere Welt des Gleichnishaften – die „Rippe", als vielleicht allzu konkrete Chiffre eines fiktiven vormaligen „Einsseins", ist nichts anderes als das *empirisch gewachsene Bild eines immer neuen Gefühls der Zusammengehörigkeit.

   b) Eine solche Liebe, die die Möglichkeit einer lebenslang bereichernden, beglückenden, erfüllenden Partnerschaft in sich schließt, ist eine **Gabe**, ein **Geschenk Gottes.** In der **positiven Bewertung der menschlichen Sexualität** stimmen also P und J überein.

   c) Ebenso wenig wie an anderer Stelle (Gen. 2,15; s. o.) kann hier von einer „paradiesischen" – und damit vergangenen, ja verlorenen – Welt die Rede sein. Ausgangspunkt der erzählerischen Reflexion ist die *empirische, stets neu erlebte und zu erlebende **Gegenwart.**

3. Ganz sicher sieht der Text als den einzig angemessenen Ort einer Partnerschaft der geschilderten Art, die im Kind ihre

„Mann" heißt auf hebräisch „iš ", „Frau" „iŝŝa". Luthers Versuch, das hebräische Begriffspaar im Deutschen mit dem Wortspiel „Mann"/„Männin" nachzuempfinden, war sicher gut gemeint.

*„Lege mich wie ein Siegel auf dein Herz, wie ein Siegel auf deinen Arm. Denn Liebe ist stark wie der Tod und Leidenschaft unwiderstehlich wie das Totenreich. Ihre Glut ist feurig und eine Flamme des HERRN."
(Hoheslied 8,6)*

Die beiden Begriffe „Fleisch" und „Bein" tau-.

chen im AT ständig auf zur
Bezeichnung der Familien-
beziehungen. Sie verwei-
sen auf die jeweilige bluts-
verwandtschaftlich und kul-
turell bestimmte Zugehörigkeit des Menschen.

Gen. 12,1–3; vgl. dazu
Kap. 1.2.4

weitere Erfüllung findet, die **Ehe**, die **Familie** an. Dafür spricht nicht nur der sprachliche Befund, sondern auch die Tatsache, dass nach israelitischer Tradition der Hauptträger des religiösen Lebens die Familie ist. Teilweise jahrtausendealte Feiern und Bräuche, z. B. das Passahfest, haben ihren Sitz in der Familie – die natürlich bei solchen Gelegenheiten auf eine größere Gemeinschaft ausgeweitet werden kann. Ebenso ist die heilsgeschichtlich bedeutsame Verheißung an Abraham an einen Menschen und seine Familie gebunden.

1.2.4 Bestimmung zum Heil

Mythen sind Erzählungen
von Göttern und Helden
bzw. Ereignissen aus der
Ur- und Vorzeit. In bildhaft-
symbolischer Verdichtung
allgemeiner menschlicher
Urerlebnisse finden sie sich
als Formen der religiösen
Weltdeutung in der Frühzeit
aller Kulturvölker.

Monotheismus = Eingott-
glaube; Polytheismus =
Vielgötterei

vgl. Kap. 1.2.2

Es wäre grundfalsch, die biblischen Anfangskapitel pauschal als „Mythen" zu bezeichnen und damit diese Texte als ein nach Gattung und Inhalt weithin verbreitetes *ethnisches Erzählgut spezifisch isrealitischer Prägung anzusehen. Zwar finden sich in der biblischen Urgeschichte ohne Zweifel zahlreiche Motive, die zum Gemeingut altorientalischen kosmologischen Denkens zu rechnen sind. So hat man im Einzelnen u. a. ägyptische und babylonische Einflüsse nachgewiesen. Im Ganzen jedoch sprengt die differenzierte theologische Reflexion dieser Texte den Rahmen der gattungsbedingten Grenzen. Auch die monotheistische Struktur des Jahweglaubens – dem Mythos ist eine polytheistische Götterwelt zu eigen – verbietet eine direkte Bezugsetzung. Dieser Glaube vollzieht sich nicht in statischen Frömmigkeitszeremonien, sondern er ist konkret erfahrbar in der Geschichte. „Welt" war für Israel weniger ein Sein, sondern vor allem ein **Geschehen**.
Die Sorgen des Menschen in dieser Welt, in diesem ständigen Bedrohtsein, und damit auch die Erfahrung, dass Gottes Fürsorge und Güte in und trotz allen Tiefen des menschlichen Daseins immer wieder zutage treten, haben die biblischen Ursprungserzählungen hervorgebracht. Die Frage nach der Entstehung von Himmel und Erde bildete dabei, neben anderen *ätiologischen Ausgangspositionen, nur **eine** Form theologischen Reflektierens.
Wichtig ist nun, dass die durchaus begrenzte und machtpolitisch eher bescheidene Geschichte des Volkes **Israel** als Führung, Rettung und Bewahrung desselben Gottes dargestellt wird, der auch die **Welt** und den **Menschen** geschaffen hat. Aus dem unendlichen Raum des Chaos entstehen durch Gottes ordnendes Wort Licht und Leben, Erde und Mensch. Dessen Nachkommenschaft, immer zahlreicher werdend, findet sich trotz mancherlei unrühmlicher Taten noch in Noah wieder. Von des-

Abraham (hebr. „Vater der
Menge") ist der älteste der
drei Erzväter. Die Benen-.

sen Sohn Sem entwickelt sich aus Kind und Kindeskindern eine Geschlechterfolge, die in Abraham zunächst ihren Abschluss erfährt, um dann, in einem grandiosen Neueinsatz, sich in den unendlichen Raum der gesamten Menschheit hin neu zu öffnen. Denn in Abraham, dem Träger der göttlichen Verheißung, wird ein **heilsgeschichtlicher Neuanfang** gesetzt: Abraham wird nicht nur zum Stammvater Israels, des „auserwählten Volkes" (das schließlich durch die Landnahme sesshaft wird), sondern auch zum **Segensbringer für alle Menschen.**

Das bedeutet:

1. Die Schöpfung von Erde und Mensch wird bei P und J funktional betrachtet. Von der Schöpfung führt eine direkte Linie auf Israel, auf das verheißene Land zu. Das macht unmissverständlich deutlich: Die **Schöpfung** gehört zur ***Ätiologie Israels!**

2. Mit Abraham wird der heilsgeschichtliche Aspekt **universal-*eschatologisch** ausgestaltet.

3. Im Neuen Testament wird der Schöpfungsgedanke erweitert und aktualisiert: In Jesus Christus ist das endzeitliche Machthandeln Gottes offenbar geworden. Die Schöpfung der Welt wird dadurch in der „neuen Schöpfung" (vgl. 2. Kor. 5,17; Gal. 6,15) zu Ziel und Vollendung – zum endgültigen Sieg über das Böse, zum Heil des Menschen – geführt. Diese Einheit von Schöpfung und Neuschöpfung ist in der Vorstellung von der **Schöpfungsmittlerschaft Christi** (vgl. z. B. Kol. 1,16 f.) formuliert. Das will sagen:
   - Jeder Mensch als ein „geschaffenes" Wesen erhält seine Bestimmung in Jesus Christus.
   - **Schöpfung** und **Erlösung** gehören untrennbar zusammen. Das **Heil** ist die Vollendung der Schöpfung.
   - Gottes Absicht mit der Schöpfung wird nicht in den äußerst beschränkten Zuständen dieser Welt erkennbar und ist folglich auch nicht an diesen zu messen. Sie wird jedoch in den Worten und Taten Jesu, mit dessen *eschatologisch bestimmtem Auftreten das Reich Gottes herbeigekommen ist (Mk. 1,15), deutlich.

4. Schöpfung ist von Beginn an ***soteriologisch** bestimmt.

nung ist die (aramäisch) zerdehnte Nebenform von „Abram" und gilt auf Grund von Gen. 17,6 als der von Gott verliehene Name des Verheißungsträgers.

„Ich will dich zum großen Volk machen und will dich segnen und dir einen großen Namen machen, und du sollst ein Segen sein." (Gen. 12,2) – „In dir sollen gesegnet werden alle Geschlechter auf Erden." (Gen. 12,3)

vgl. H. C. Knuth/W. Lohff (Hrsg.), Schöpfungsglaube und Umweltverantwortung, S. 148

2 Der sogenannte Sündenfall (Gen. 3)

Es gibt in der Geschichte des abendländischen Denkens wie auch im allgemeinen Verständnis breiterer Kreise nur wenige Stoffe der Bibel, die einer solchen Vielzahl von (Fehl-)Deutungen, (Vor-)Urteilen und daraus sich ergebenden falschen oder zumindest sehr einseitigen Schlussfolgerungen ausgesetzt sind bzw. waren wie das dritte Kapitel des Buches Genesis und das hier zur Sprache kommende Thema des menschlichen Abfallens von Gott.

2.1 Zugangsschwierigkeiten

Auf „Das Paradies" folgt in der Lutherbibel „Der Sündenfall"; vgl. die Zürcher Bibel

Schon im alltäglichen Sprachgebrauch zeigt sich, teilweise mitbedingt durch irreführende biblische Kapitelüberschriften, bei den Begriffen „Sünde" bzw. „Sündenfall" – im erweiterten Kontext dann auch bei Zusammensetzungen wie „Ursünde" und „Erbsünde" – eine tiefgreifende Sprachunsicherheit und Sprachverwirrung. Dadurch wird der Zugang zum biblischen Verständnis von „Sünde" nicht gerade erleichtert:

1. Sehr häufig erscheint im Alltag das Wort „Sünde" (mit der Spannungsbreite von „ernsthaft" bis „heiter-ironisch") als Bezeichnung eines einmaligen Verstoßes gegen bestehende Regeln und Normen: Als „Tempo*sünder*" oder „Alkohol*sünder*" erhält man ggf. einen Eintrag in der Flensburger „Verkehrs*sünder*kartei", und wer gegen die Gebote einer Schlankheitskur verstößt, *„sündigt"*.

2. Der Begriff der „Erbsünde" scheint, so glaubt man (vom Sprachlichen her völlig zu Recht), auf eine schwere, drückende Last hinzudeuten, die in der Menschheitsgeschichte von Generation zu Generation weitergegeben wurde. Von ihren „Verursachern" wurde sie, so glaubt man ferner, den kommenden Geschlechterfolgen, bis heute verhängnisvoll gültig, schuldhaft aufgebürdet – in ferner Vergangenheit zwar, aber durchaus in einem konkreten Anfangsstadium der Menschheit.

3. Damit in Zusammenhang steht dann häufig (in sich durchaus logisch, aber genauso falsch) das Verständnis des „Sündenfalls" – sprachlich dem punktuellen Ereignischarakter des „Ernst*falls*" und des „Unglücks*falls*" vergleichbar – als

eines einmaligen, in sich abgeschlossenen Geschehens in den Anfängen der Menschheit.

4. Mit „Ursünde" schließlich verbindet man, zeitlich verstanden, ähnlich wie bei „*Ur*geschichte" und „*Ur*knall" zumeist ein geschichtlich kaum mehr fassbares nebuloses Geschehen in grauer Vorzeit. (Versteht man allerdings das Präfix, wie bei „*Ur*angst" und „*Ur*vertrauen", im Sinne des *Essenziellen und Prinzipiellen, trifft man inhaltlich recht genau das, was die Bibel grundsätzlich meint.)

Alle genannten Vorstellungen (mit Ausnahme der zuletzt skizzierten Verstehensvariante) gehen an Inhalt und Bedeutung des biblischen Sündenbegriffs vorbei. Vor allem die Deutung in zeitlichen Dimensionen greift grundsätzlich fehl, weil

– die inhaltlichen Zusammenhänge von P und J (zu letzterem gehört auch Gen. 3) wenigstens vom zeitlichen Stadium ihrer Literaturwerdung an in traditionsgeschichtlicher, gattungsgeschichtlicher und theologischer Hinsicht recht genau bestimmt werden können und sich von daher andere, wissenschaftlich begründbare Erkenntnisse ergeben (Aspekt: **Text und Tradition**);

– Adam und Eva nicht als historische Einzelpersonen, sondern als Repräsentanten der Menschheit zu gelten haben (Aspekt: **Begriff und Bild**);

Mit einer fatalen Logik verfechten in der Regel die Anhänger einer historistischen biblischen Weltentstehungslehre auch die Historizität von Adam und Eva.

– das (vorgeblich konkrete) Vergehen zweier (vorgeblich in Raum und Zeit fassbarer) Menschen in einem nach Ausmaß und Logik absolut widersinnigen Verhältnis zu dem angerichteten Schaden stünde. Die Vorstellung von einem gerechten Gott, gar der Glaube an einen Gott der Liebe und Gnade ließe sich mit einem solchen Verstehen schwerlich vereinbaren (Aspekt: **theologische Deutung**).

Sünde hat ihren theologischen und anthropologischen Platz im **Sein**. Sie ist nicht strukturierbar nach den Kategorien von „Zeit" und „Entwicklung".

2.2 Abgrenzungen

Um nicht mit einer falschen Erwartungshaltung, die zu vorzeitigen Rückschlüssen oder auch zu „religiösen Enttäuschungen" führen könnte, an den Text heranzugehen, muss man sich zunächst einmal klarmachen, was die Erzählung vom „Sündenfall" nicht leisten kann und nicht leisten will:

*Grundlage dieser und der folgenden Ausführungen ist einzig und allein der biblische **Text**. Kirchliche Tradition oder allgemeiner Volks-*

glaube – *mag auch beides-*
sehr verbreitet sein – kön-
nen nicht Maßstab der Aus-
legung sein.

vgl. Kap. 1.1.2

Ein Redaktor ist eine „Zwi-
scheninstanz" (zu der auch
mehrere Personen gehören
können), die sich mit der
Verbindung der einzelnen
Quellen, also der nach
bestimmten theologischen
Gesichtspunkten erfolgten
Zusammenstellung, Gliede-
rung, Kürzung, Erweiterung
etc. der vorgegebenen
Texte, befasst. Zwischen
Quelle und „Endredaktor"
finden sich, auch zeitlich
gestaffelt, grundsätzlich
mehrere solcher Instanzen
(R 1, R 2 usw.). Der Endre-
daktor eines Textes kann
z. B. ein Evangelist des NT
sein.

1. Dieser Text ist keine systematische philosophische Abhandlung, in der auf alle direkt oder indirekt angesprochenen Fragen – hier also vor allem auf die Frage nach der Herkunft des Bösen – umfassend und detailliert Antwort gegeben würde. Gen. 3 gehört, ebenso wie Gen. 2,4b–25, als Teil des jahwistischen Erzählwerkes in die Zeit der salomonischen Aufklärung. Hier wurden zum ersten Mal in einem schrittweise sich vollziehenden Prozess der Literaturwerdung zahllose, bis dahin ungeordnet und zusammenhanglos im Volk umlaufende, mündlich weitergegebene Überlieferungen zu einer einheitlichen literarischen Gesamtkonzeption zusammengefasst. Bei diesen Überlieferungen handelte es sich um dichterische und kultische, z. T. auch an einen bestimmten Kultort gebundene Erzählungen.

2. Die sich daraus ergebenden Spannungen und Risse werden durch die Kombination **verschiedener** Quellen im *Pentateuch natürlich noch verstärkt. Man darf also beispielsweise nicht fragen: Warum hat Gott, der doch „alles, was er gemacht hatte" (den Menschen also eingeschlossen), als „sehr gut" angesehen hat (Gen. 1,31), diesen überhaupt mit der Anlage ausgestattet, sich in freier Entscheidung von ihm abwenden zu können? Warum hat Gott den Menschen nicht zugleich gut **und** frei erschaffen? Eine solche in der Sache zweifellos berechtigte Fragestellung ist im Rahmen einer textorientierten Analyse schon aus Gründen der unterschiedlichen Quellenzugehörigkeit (P bzw. J) unangemessen. Außerdem träfe sie nicht die Art und das Anliegen der Texte (s. o. Punkt 1). Ganz sicher aber ist sie Gegenstand der **theologischen Diskussion**.

Freilich haben P und J für sich – und dies hat auch als verbindliche Aussage **nach** der redaktionellen Verkoppelung zu gelten – wenigstens indirekt durchaus klare Anworten auf die Frage nach dem Bösen gegeben:

– Gott hat – ohne Einschränkung durch eine widergöttliche Kraft – die Welt in souveräner Allmacht vollkommen erschaffen (P);

– die Abkehr von Gott, der bis dahin den Menschen umhegt und umsorgt und das Verbot, vom Baum der Erkenntnis des Guten und Bösen zu essen (Gen. 2,17), gewiss auch zu dessen Nutz und Frommen erlassen hatte (nähere Ausführungen s. u.), geschieht allein aufgrund der eigenen Entscheidung des Menschen (J).

Abb. 5 Der Sündenfall (aus der Lutherbibel von 1545)

Natürlich sind solche Antworten **Glaubensaussagen**, getroffen von Menschen, für die die Welt vor zwei- bis dreitausend Jahren aus ihrer Sicht (!) nicht weniger konfus war als für uns heute. Sollten diese Antworten aber darum in der Gegenwart unwiederholbar sein?

3. Die Geschichte vom Sündenfall ist inhaltlich nicht immer völlig eindeutig und klar umrissen. Sie bleibt in vielem unergründlich und unauslotbar. Dies ist theologisch und erkenntnistheoretisch von hohem Reiz, denn die Bibel ist kein computergesteuertes Nachschlagewerk, in dem alles rational genau stimmig wäre. Andererseits aber hat diese Uneindeutigkeit schon immer dazu geführt, bestimmte Akteure, Motive und Begriffe des Textes in eine spezielle Richtung hin festzulegen:

a) In der Schlange erkannte man eine Figuration des Teufels.

b) Von der „Frucht" (Gen. 3,3.6) glaubte man zu wissen (die Vorstellung ist aus den Köpfen der Menschen nicht wegzubringen!), dass es sich um einen Apfel handelte – obwohl doch nirgendwo im Text davon die Rede ist.

c) Mit der Erkenntnis des „Guten und Bösen" (Gen. 2,17; 3,5.22) verband man einen moralischen Sinn.

d) In dem Ungehorsam von Adam und Eva gegenüber dem göttlichen Gebot sah man eine Verfehlung im sexuellen Bereich.

So verbreitet solche Anschauungen im Volksmund auch sein mögen – mit den Absichten des Erzählers haben sie nichts gemein. Denn:

vgl. zu diesen Punkten die näheren Ausführungen in den beiden folgenden Kapiteln

- Die Konzentration auf die Schuld des **Menschen** verbietet von der Erzählperspektive her zunächst eine außermenschliche Personifizierung bzw. Symbolisierung des Bösen. Die Deutung der Schlange als teuflische Verkörperung des Bösen ist spätere kirchliche Interpretation.
- Bei der „Frucht" ist weder an einen Apfel noch an eine Feige (etwa im Anschluss an Gen. 3,7) zu denken. Sie wird im Text nicht näher bestimmt. Die verbreitete Apfel-Assoziation – alle mythologischen Anklänge betreffen nicht die Aussagen des Erzählers – stammt erst aus der christlich-lateinischen Tradition, liegt also zeitlich über tausend Jahre später als der ursprüngliche Text. Sie hat sprachliche Gründe: Das lateinische Substantiv „malum" bedeutet einerseits „Übel", „Leid", andererseits aber auch „Apfel" (oder auch: das Adjektiv „malus" heißt auf deutsch „schlecht", „böse", das lesartgleiche Substantiv „malus" aber „Obstbaum" oder eben auch „Apfelbaum"). Im Bewusstsein der Menschen wird der sprachliche Gleichklang schon früh eine inhaltliche Verbindung der Bedeutungen hervorgerufen haben, die noch heute bis in die letzten Witzzeichnungen hinein andauert.
- Das Erkennen von „Gut und Böse" hat mit moralischem Differenzierungsvermögen nichts zu tun. Gemeint ist ein *empirisch bedingtes Begreifen dessen, was dem Menschen dienlich und schädlich ist oder was ihn – vertrauensvoll – an Gott bindet und – angstbedingt – von ihm trennt (Drewermann).
- Eine Verirrung des Menschen in sexueller Hinsicht kann man mit Fug und Recht aus dem Text nicht herauslesen. Die Überzeugung, dass die sexuelle Lust sündig sei und die Sünde durch Fortpflanzung übertragen werde, verdanken wir, häufig genug mit sexualneurotischen Konsequenzen, dem Kirchenvater Augustin.

darüber ausführlich in Kap. 2.4

4. Genauso wenig wie bei den beiden biblischen Schöpfungsberichten lässt sich in Gen. 3 von einem Mythos sprechen. Zwar finden sich auch hier viele mythologische Motive und Anklänge, z. B.

vgl. oben S. 22

- das Bild vom Lebensbaum;
- die Idee vom nahezu göttergleichen, in olympischen Höhen beheimateten Menschen, der, übermütig geworden, zur Strafe nun wie Tantalus in schnöden irdischen Entbehrungen leben muss;

- das Prometheus-Motiv vom scheinbar autonomen, die Götter herausfordernden Übermenschen;
- die Vorstellung vom Neid der Götter, wie sie aus den Worten der Schlange (Gen. 3,1.4 f.) – Gottes dem Menschen angemessenes Gebot (Gen. 2,17) verdächtigend, Vertrauen zerstörend und dafür Misstrauen säend, zu Selbstsucht und Größenwahn anstachelnd – hervorscheint,

u. v. a.

Aber die Neukomposition mythologischer Stoffe in der salomonischen Ära bedeutete teilweise auch eine Entmythologisierung der Tradition. Die differenzierte, psychologisch vertiefende, anthropozentrische Erzählkunst des Jahwisten ließ keine Flucht in den Mythos mehr zu: Sünde sollte als Sünde **des Menschen** benannt werden und nicht mehr auf archaisch-dämonische Mächte reduzierbar sein. Erst dadurch konnte auch deutlich werden, warum Gott mit der Berufung Israels der Menschheit einen neuen Anfang entstehen ließ. *vgl. S. 23*

5. Schließlich ist zu fragen, ob man dem eigentlich *ätiologischen Ziel der Erzählung in ihrer uns jetzt vorliegenden Endgestalt gerecht wird, wenn man die rein theologische Deutung immer in den Vordergrund stellt. Denn auch die Fragen nach den Ursachen jener Lebensformen, welche die Existenz des Menschen allgemein und die „Lebensumstände" des Erzählers maßgeblich bestimmen, müssen genügend berücksichtigt werden.

Zu solchen existenziellen Grundproblemen gehören z. B. Fragen nach den Gründen
- für die Besonderheit der Schlange: für ihre körperliche Beschaffenheit (vgl. Gen. 3,14), aber auch für die abgrundtiefe, gegenseitiges Sein und Nichtsein bestimmende Feindschaft zwischen Schlange und Mensch (palästinischer Lebensraum!; vgl. Gen. 3,15);
- für die – wie es scheint, unabänderlich gegebenen – Lebensformen des Fellachen wie des Beduinen; *vgl. Gen. 3,17.19 ab und Gen. 3,18.19 c*
- für die Beschwerden der Frau in der Schwangerschaft und für die Schmerzen bei der Geburt (vgl. Gen. 3,16);
- der menschlichen Sterblichkeit (vgl. Gen. 3,19).

Es ist also ein Hauptanliegen des Erzählers, anhand der göttlichen Strafworte (Gen. 3,14–19) Fragen nach Unstimmigkeiten und ungelösten Problemen des Lebens *ätiologisch **im Glauben** zu erklären.

2.3 Was ist eigentlich „Sünde"?

Die Abklärung dieser verschiedenen Zugangs- und Verstehensprobleme lässt die Möglichkeit zu, sich nunmehr auf direkterem Wege dem biblischen Verständnis des Begriffs „Sünde" zu nähern.

vgl. zum Folgenden auch F. Kluge, *Etymologisches Wörterbuch, S. 765

2.3.1 Der sprachliche Befund

Das neuhochdeutsche Wort „Sünde" (mhd. „sünde", ahd. „sunt(e)a") hat seine sprachliche Heimat im Raum der west- und nordgermanischen Sprachen. Bislang sind allerdings sämtliche Versuche gescheitert, den Begriff aus dem Germanischen zu deuten. „Sünde" gehört der germanischen Rechtssprache nicht an. Allein möglich ist eine frühe Entlehnung aus lat. „sons" = „schuldig (seiend)".

Nach dem heutigen Bestand gehören zu den westgermanischen Sprachen Englisch, Deutsch, Niederländisch und Friesisch, zu den nordgermanischen Sprachen Schwedisch, Dänisch, Norwegisch, Isländisch und Färöisch. Die sprachlichen Anklänge (engl. „sin"; nl. „zonde"; norw./dän./ schwed. „synd") lassen sich auf westgerm. „sundio-" (erschlossene Form; die nordische Entsprechung ist aus dem Westgerm. entlehnt) zurückführen. Die gotische Form, die von „sundi-" abgeleitet worden sein müsste, fehlt bemerkenswerterweise in Bischof Wulfilas Bibelübersetzung (ab ca. 369).

Was wie ein sprachgeschichtliches Defizit aussieht, offenbart einen höchst interessanten *semantischen Tatbestand. Trifft jene Herleitung zu, so ist die Sprachform hier schon Inhalt, insofern sie den *ontologischen Charakter des Begriffs deutlich macht: Sünde gehört ursprunghaft zum **Sein** des Menschen.

2.3.2 Sünde als wesensbestimmende Kraft

Das Verbot, vom Baum der Erkenntnis des Guten und Bösen zu essen (Gen. 2,17), ist nicht als eine restriktive, sondern als fürsorgliche Tat Gottes zu verstehen: Gott wollte verhindern, dass die Menschen aus der Gemeinschaft mit ihm herausfallen.

Sünde ist keine sachlich feststellbare und somit auch keine objektivierbare – das hieße: für jeden grundsätzlich als solche einsichtige und einsehbare – psychische oder moralische Beschaffenheit des Menschen. Wer von „Sünde" spricht, macht eine **theologische Aussage**. Sie ist in dem Sinn zu verstehen, dass die Beziehung des Menschen zu Gott, von dem er geschaffen ist und der ihn zu einer guten Bestimmung führen will, durch eine vom Menschen herrührende und im Menschen verankerte Form der „Widergöttlichkeit" dauerhaft beeinträchtigt ist. **Sünde ist ein Zustand der Störung, der Entfremdung des Menschen von Gott,** also niemals voraussetzungslos. Die tiefste Entfremdung ist der Tod (vgl. Gen. 2,19). Mit der Tatsache seiner Unausweichlichkeit, ja auch mit der Möglichkeit seines plötzlichen Eintretens müssen wir uns ein Leben lang auseinander setzen.
Aus dem Widerspruch unseres Verhaltens gegenüber dem Anspruch Gottes an uns – und dieser Anspruch trifft uns in unserem „Dasein in der Welt", in unserem Umgang mit den

Mitmenschen und den Mitgeschöpfen – erwächst (natürlich nicht immer, aber häufig genug) ein Versagen dessen, was wir diesen schuldig sind. „Sünde" hat also **Folgecharakter**.
Der Begriff „Sünde" ist in doppeltem Sinne *ambivalent. Er äußert sich bzw. ist wesenhaft bestimmt zum einen in der

– Gottlosigkeit (dadurch dass der Mensch Gott „los ist", ist er wahrhaftig gottlos, lebt also nicht mehr in der Gemeinschaft mit ihm), zum andern in der
– Lieblosigkeit meinem Nächsten gegenüber.

Die „Grundsünde" des Menschen, sein Ungehorsam gegenüber Gott (Gen. 3), zieht die in Gen. 4–11 geschilderten „Folgesünden", als schlimmes Fehlverhalten der Menschen untereinander, nach sich.

Er ist inhaltlich aber auch insofern zweifach strukturiert, als er
– **Seins-Sünde** und
– **Tat-Sünde**
zugleich umgreift. **Hier** ist die einzelne Tat des Menschen, die gegen den Willen Gottes gerichtet ist, gemeint, **dort** das Gebundensein des ganzen Menschen an die widergöttliche Macht des Bösen, die ihn zu dieser konkreten Tat veranlasst. Man hat diese „Gebundenheit" des Menschen mit verschiedenen Begriffen umschrieben und sie als „Stolz", „Hochmut", „Ungehorsam", „Eigendünkel", „Anmaßung", „Überheblichkeit", „Selbstüberschätzung", „*Hybris" etc. bezeichnet. Solche Begriffe sind in diesem Zusammenhang dann unangebracht, wenn mit ihnen nur eine Eigenschaft des Menschen gemeint sein sollte. Sie gelten hier aber insofern völlig zu Recht, als sie die Überzeugung des Menschen, selber autonom und souverän zu sein und der Bindung an Gott nicht zu bedürfen, zum Ausdruck bringen und damit die Gesamthaltung, die Grundeinstellung, die **prinzipielle Ablehnung Gottes durch den Menschen** beinhalten.

In der Mariologie des Katholizismus sind die Sündlosigkeit und die unbefleckte Empfängnis Marias dogmatisch festgelegt. Letztere (sie ist nicht etwa mit der Lehre von der Jungfrauengeburt zu verwechseln) besagt, dass Maria als die Mutter Jesu aufgrund der besonderen Gnade Gottes von der Erbsünde ausgenommen ist, weil sie von ihrer Mutter „unbefleckt" (d. h.: ohne durch die Erbsünde unrein geworden zu sein) empfangen wurde.

> Das bedeutet „Erbsünde": Das aus dem innersten Herzen des Menschen kommende Nein zu Gott.

Der biblische „Sündenfall" ist ein Spiegelbild von uns selbst, eine ewig wiederkehrende Einstellung und ein beständig sich wiederholender Vorgang – ein Dokument des menschlichen Seins-Bruchs. Diese Widergöttlichkeit und Selbst-Bezogenheit ist **allen** Menschen gemeinsam – mit Ausnahme des Einen, jenes Mannes aus Nazareth. Sie umgreift die Ganzheit unseres Wollens und ist bis in unser Unterbewusstsein hinein wirksam. Ein solcherart Böses ist sogar dazu in der Lage, nicht nur das Gute, sondern auch das Wollen des Guten zu überlagern. Und dies keineswegs nur bei den wirklich übelwollenden Menschen, sondern auch bei den gleichgültigen und den guten. Selbst Paulus musste dies an seiner eigenen Person erkennen.

„Das Gute, das ich will, das tue ich nicht; sondern das Böse, das ich nicht will, das tue ich." (Röm. 7,19)

31

Mit Jesu Ruf zur „Umkehr"
(Mk. 1,15) ist eine grundlegende Sinnesänderung
gemeint. Der hier im Griechischen zu Grunde lie-
gende Begriff „metanoia"
bezieht sich schon vom
Wort her auch auf einen
durchaus intellektuellen
Begriff des Umdenkens.
Luthers Übersetzung „Tut
Buße" ist nach heutigem
Sprachverständnis irrefüh-
rend; zum Gebot der
„Umkehr" vgl. S. 154 ff.

„... und erlöse uns von dem
Bösen ..."

„simul iustus et peccator" –
so formulierte Luther lateinisch; vgl. Kap. 3.2

Sprachgeschichtlich ist der
Befund eindeutig: mhd.
„schult (d)" u. a., ahd.
„sculd(a)", „scult": „Verpflichtung zu einer Leistung,
Zahlung, (Geld-)Schuld,
Verpflichtung zu Buße,
Sünde"; zum nhd. Verb „sollen" findet man mhd. „suln",
„soln", ahd. „sculan": „schuldig sein, sollen" (nach
Kluge). „Schuld" hat also
eindeutig etwas mit „sol-
len" zu tun.

Da „Sünde" eine die ganze Existenz des Menschen wesenhaft umgreifende „Seinsbefindlichkeit" ist, besitzt sie, ungeachtet der Vielzahl ihrer Erscheinungsformen, „zunächst" einmal statischen Charakter. Die in Jesus Christus geschehene und im Neuen Testament verkündete Offenbarung Gottes, allerdings auch schon die umfassenden Heilsaussagen des Alten Testaments und die bereits hier bezeugte Priorität der „Gnade" vor dem „Gesetz" (s. u.) machen aber deutlich, dass jener „statische Charakter" keine unabänderliche schicksalhafte Bestimmung für alle Ewigkeiten meint. Die verbindliche Zusage Gottes für die Erlösung des Menschen lässt den Zustand der Sündhaftigkeit nicht endlos dauern. Daraus resultiert für den Menschen die durch das Neue Testament begründete *eschatologische Hoffnung.

Solchermaßen sind Äußerungen über die Sünde immer zugleich auch **Glaubensaussagen**. Die innere **Umkehr** (Mk. 1,15) als Voraussetzung und sodann die vertrauensvolle Hingabe an Gott können mich von dem zwanghaften Ausgeliefertsein an die Macht der Sünde befreien und in die Gemeinschaft Gottes zurückführen. Um beides, um das Vertrauen und um die Fähigkeit zur Umkehr, darf ich Gott auch bitten, z. B. im „Vaterunser". Der Glaube an die mir in Jesus Christus zuteil gewordene Erlösung ist dabei das Fundament meines Umkehr-Entschlusses, ohne dass ich jedoch damit aufgehört hätte, in diesem Leben Sünder zu sein: **Der Mensch ist „gerechtfertigt und Sünder zugleich".**

2.3.3 Sünde und Schuld

Die Überlegungen dieses Kapitels können im Einzelnen zu großen gedanklichen Problemen führen, dabei u. U. auch die Grenzen rationaler Analyse und logischer Bündigkeit deutlich machen. „Schuld" bleibt in diesem Zusammenhang ausschließlich ein Gegenstand der theologischen Betrachtung, der psychologische Bereich wird allenfalls gestreift.

Zuordnungsprobleme

Wie kann es sein, so wird sich jeder fragen, dass eine grundsätzliche widergöttliche Einstellung, von der sich doch kein Mensch aufgrund des Gebundenseins an die („Erb-")Sünde als einer wesensbestimmenden Kraft freisprechen kann, dem einzelnen Menschen gleichermaßen bzw. zusätzlich noch als dessen individuelles Fehlverhalten schuldhaft angelastet wird? Zunächst einmal ist gegenüber dieser nicht unproblematischen theologischen Lehraussage der Begriff „Schuld" inhaltlich zu klären.

1. Schuld ist das Ergebnis eines durch Handlung oder Unterlassung begangenen bewussten Verstoßes gegen Gebote der Pflicht oder einer sittlichen Norm, gegen das, was vom Menschen nach bestimmten Formen der Übereinkunft rechtmäßig zu fordern ist.

2. Schuld erhält somit den Charakter
   - eines normenabhängigen deutlichen Makels,
   - eines in ihr enthaltenen Vorwurfs,
   - einer daraus folgenden Strafwürdigkeit und
   - einer sich u. U. aus dieser ergebenden strafrechtlichen Verfolgung und Verurteilung.

3. Ein solches Schuldverständnis setzt
   - das innere Beteiligtsein, also
   - den freien Willen,
   - die freie Entscheidung,
   - die Einsicht in die Unkorrektheit der begangenen Handlung oder Unterlassung und in die moralische Verantwortung für ihre möglichen Folgen von Seiten des Schuldiggewordenen voraus.

Wenn Sünde „Schuld" ist und als Norm hier „Gott" gesetzt wird, sind die Relationen eindeutig. Die Frage aber ist eben: Kann Gott fordern, dass wir anders sein sollen, als wir sind?

Die Normen (z. B. staatliche Gesetze, religiöse Gebote, sittliche Anstandsregeln) sind i. E. fallspezifisch zuzuordnen. Sie können isoliert auftreten, aber auch in sehr komplexer Weise miteinander verbunden sein.

Der Anspruch Gottes

Angesichts dieser scheinbaren *Aporie können folgende Überlegungen weiterhelfen:

1. Grundsätzlich hat der Mensch von Gott nichts zu fordern. Wer zu fordern hat, ist allein Gott.

2. Mit dieser theologischen Aussage ist die Frage – in philosophischer, logischer, erkenntnistheoretischer Hinsicht – natürlich nicht gelöst. Man darf nun aber die beiden Ebenen des „So-Seins" und des „Sein-Sollens" nicht im Sinne absolut einander ausschließender Existenzpole betrachten, sondern man muss den Entscheidungsspielraum und den Verantwortungsrahmen sehen, der dem Menschen, wenigstens in sehr vielen Fällen, doch bleibt. Mit anderen Worten: Niemandem wird von außen die sündige Tat mit Gewalt aufgezwungen – das Böse, das ich tue, kommt aus dem Herzen. Wenn anstatt des Anspruches und des Willens Gottes das eigene Selbst im Mittelpunkt meines – eben dann widergöttlichen oder zumindest doch Gott gegenüber gleichgültigen – Denkens und Handelns steht, kann die Sünde auch zur persönlichen Schuld werden.

3. Aber wer will sich davon freisprechen? Zudem gibt es im Leben häufig genug Entscheidungszwänge, in denen wenig oder gar kein Ermessensspielraum mehr bleibt, unerträgliche Rahmenbedingungen, die Entschlüsse und Taten fordern oder mindestens zulassen, welche ich aus tiefstem Herzen selbst nicht gutheißen kann. Oft auch hat der Mensch nicht einmal mehr die Wahl zwischen „Gut" und „Böse", sondern nur die Entscheidung zwischen zwei gleichermaßen verhängnisvollen Übeln. Ja, es kann sogar der Fall eintreten, dass eine gute Tat eine Kette schlimmster Folgeereignisse nach zieht.

In solchen und ähnlichen Situationen muss sorgsam differenziert und vor übereiligen Schuldzuweisungen nachdrücklich gewarnt werden (s. dazu unten: „Schuldangst?", Nr. 1). Aber man muss auch sagen: Oft genug ist mein Entscheidungs- und Verantwortungsspielraum groß genug, und ich entscheide mich eben in vollem Bewusstsein nicht für den Anspruch Gottes, sondern folge in klarer Absicht meinem eigenen Willen und mache mich dadurch vor Gott schuldig (natürlich immer nur dann, wenn ein deutlicher Widerspruch zwischen meinem eigenen Tun und dem Anspruch Gottes besteht). Es geht hier also auch um das (nicht näher zu diskutierende) Problem, wie frei bzw. unabhängig mein eigener Wille eigentlich ist.

Schuldangst?

Wenn der Mensch niemals so sein kann, wie er sein müsste – nicht nur weil er es nicht kann, sondern weil er es nicht will –, müssen ihn dann nicht, früher oder später, Gewissensängste quälen, den Forderungen Gottes nicht gerecht werden zu können, sein Leben vor dem Zorn Gottes verwirkt zu haben, ewiglich verdammt zu sein? In der Tat kennen Psychoanalyse und Psychotherapie das Krankheitsbild der „ekklesiogenen Neurose", das sich auch in Verhaltensauffälligkeiten und körperlichen Symptomen äußern kann.

Gemeint sind nichtorganisch bedingte Nervenleiden, die von bestimmten Inhalten der kirchlichen Lehre herrühren und sich in unbewältigten Abhängigkeiten, zwanghaften Angstvorstellungen u. dergl. äußern können.

Gegenüber solchen Ängsten und Zwängen lassen sich aber doch – mit aller Behutsamkeit – folgende Einwände vorbringen:
1. Eine unbewusste und unfreiwillige Schuld im Sinne einer persönlichen Schuld vor Gott kann es nicht geben.
2. Ein Situationszwang zur Schuld kann gleichfalls grundsätzlich nicht angenommen werden. Denn, wenn situationsbedingt nur eine solche Handlungsweise möglich sein sollte, die zu schlimmen Folgehandlungen führen müsste (vgl. oben Nr. 3), ergäbe sich der **Widersinn**, dass Gott zu

einer bestimmten Handlung verpflichten und diese aber dann gleichzeitig verwerfen würde.

3. Es kann im noch werdenden, unvollendeten Menschen nicht jede Nicht-Entsprechung zur absoluten göttlichen Forderung auf das hin, was der Mensch einmal sein soll, schon als eigentliche Schuld bezeichnet werden.

4. Die Maßstäbe und Ausdrucksformen der Welt, in der wir leben, erlauben nicht mit absoluter und unumstößlicher Sicherheit weder bezüglich der eigenen noch mit Geltung für eine andere Person eine Schuldzuweisung, die auch vor Gott gilt.

5. Eine Handlung kann die schlimmsten Folgen haben, ohne doch notwendig und zwingend vor Gott Schuld zu sein.

6. Schuld*gefühle* sind nicht identisch mit Schuld.

7. Nicht zuletzt gibt es seit Menschengedenken unzählige Beispiele des selbstlosen Einsatzes für andere Menschen, der absoluten Hingabe an den Nächsten, des aufopferungs- willigen Verzichtes auf persönliche Vorteile und Interessen bis hin zur Preisgabe des eigenen Lebens. Solches kennen wir zum Teil von hervorragenden, allgemein bekannten Einzelpersönlichkeiten. In weitaus den meisten Fällen aber wird diese Einstellung sichtbar in einem gänzlich unspek- takulären, völlig unegoistischen Alltagsdienst am hilfsbe- dürftigen Mitmenschen.

Auch andere Bereiche, z. B. Lebenswege, die ganz und gar dem Wort Gottes, der Nachfolge Christi verpflichtet sind, Tätigkeiten in Lehre und Seelsorge und, gewiss auch, die zahl- losen Entscheidungssituationen des täglichen Lebens, in denen nicht den „Verlockungen der Schlange" nachgegeben wird, sind in diesem Zusammenhang zu nennen. Nicht zu ver- gessen die vielen, vielen Beispiele des Gelingens von rechtem menschlichen Mühen, des Empfangens und Genießens der guten Gaben Gottes, des Dankens für in reichem Maße geschenkten göttlichen Segen (wir sollten heute perspekti- visch wieder einiges zurechtrücken!).

Alle diese Beispiele – von zahllosen anderen „positiv gelös- ten" Problem- und Konfliktfällen des menschlichen Alltags zu schweigen – zeigen zwar, dass sich kein Mensch aus eigener Kraft von der daseinsbestimmenden Last der („Erb"-)Sünde befreien kann. Sie machen aber auch deutlich, dass Gott nicht als ein ständig drohendes Damoklesschwert, als ein Gedan- kenpolizist Orwellscher Prägung, der nur darauf wartet, jedem Einzelnen seine Verfehlungen penibel anzukreiden, zu denken ist; nicht als ein unbarmherziger Richter, der über allem des- potisch-herrschaftlich thront und sämtliche, im Sinne einer christlich-ethischen Zielsetzung guten Aktivitäten des Menschen verhängnisvoll lähmt oder zum Scheitern kommen lässt. **Ein angstvoller *Fatalismus, eine resignative Sündenphobie stünden in krassem Gegensatz zu Jesu Verkündigung und der in Jesus Christus geschehenen Offenbarung Gottes.** Sie wären eine Verkennung des Geistes der Bergpredigt, eine Umkehrung des Kerns der neutestamentlichen Botschaft!

Vergebung

zum theologischen Zusammenhang vgl. auch Kap. 3.2 (Luther) und 3.3 (Paulus)

Vom Theologischen her lassen sich – in der Erkenntnis der Unverfügbarkeit meiner Person und im Vertrauen auf die grundsätzliche Priorität der Gnade Gottes – noch weitere Überlegungen anschließen:

zum Begriff der „Umkehr" s. o. S. 32

1. Jesu eigener Aufruf zur **Umkehr**, zur **Sinnesänderung** (Mk. 1,15) würde für nichtig erklärt, wenn die ewige Verurteilung des Sünders gleichsam eine von Gott beschlossene Sache wäre. Die Entscheidung – oder auch Nicht-Entscheidung – zur Umkehr muss ich allerdings selber treffen und verantworten.

2. Eine solche Umkehr erfolgt im täglichen Leben, immer wieder, unzählige Male. Sie setzt die Einsicht des Menschen in seine Sündhaftigkeit voraus. Diese Einsicht ver-*s. dazu ausführlich Kap. 6* mittelt ihm sein **Gewissen**. Sein Wissen aber sagt ihm, dass er zeitlebens ein sündiger Mensch bleiben wird. Die sich hier auftuende Diskrepanz muss er akzeptieren. Er darf sie aber in vollem Vertrauen der fürsorgenden Gnade Gottes anheim stellen, weil er weiß, dass er aus eigener Kraft niemals vor Gott „gerecht", d. h. richtig, werden kann. Denn es geht hier primär nicht um das Lösen rationaler Konflikte, sondern um **ein existenzielles Begreifen und nachfolgendes Umsetzen** der gewonnenen Erkenntnis für das eigene Leben.

3. Jesu Erbarmen gilt dem Sünder (vgl. z. B. Lk. 18,14; 19,9 f.). Was vom Menschen gefordert wird, ist zunächst einmal die **Bereitschaft** zur Einsicht, zur Änderung (Lk. 18,13; 19,2 ff.; vgl. Punkt 2). Auf eigene Leistungen vor Gott kann er sich nicht berufen (Lk. 18,9 ff.14).

vgl. zu den folgenden Ausführungen auch Kap. 7

4. Die Hinweise in der Bibel und gerade auch in der Verkündigung Jesu auf das Gericht Gottes am Jüngsten Tag, an dem der Sünder zur Rechenschaft gezogen wird, sind offenkundig. Die Möglichkeit, vor Gott endgültig zu scheitern, lässt sich für keinen Menschen hinwegdiskutieren (wer wollte oder könnte von sich behaupten, er käme mit Sicherheit ins Himmelreich?!). Aber es gibt auch Stellen im Neuen Testament, in denen ein Allerbarmen Gottes

„Wer an ihn glaubt, der wird nicht gerichtet; wer aber nicht glaubt, der ist schon gerichtet." (Joh. 3,18) – „Wer an den Sohn glaubt,

angedeutet wird (vgl. 1. Kor. 15,20–28; 1. Petr. 4,6; Apg. 24,15; vgl. auch Röm. 5,18).

5. Demgegenüber findet sich im **Johannesevangelium** eine konsequente Ausgestaltung der sog. „präsentischen *Eschatologie". An dem Entschluss des Menschen für oder gegen Christus **hat sich sein ewiges Schicksal schon hier entschieden**.

6. Die Vergebung, die Jesus verkündigt und bringt, geschieht als Tilgung der Schuld, als Versöhnung Gottes mit den Menschen. Sie verlangt vom Menschen zunächst nicht mehr, als selber zu dieser Versöhnung wenigstens bereit zu sein – und Paulus ist sich nicht zu schade, die Menschen um diese Versöhnung zu bitten: **„So bitten wir nun an Christi statt: Laßt euch versöhnen mit Gott!"** (2. Kor. 5,20; vgl. Kontext; vgl. auch Kol. 1,20)

7. In vielem stellt das Alte Testament eine Vorbereitung, ja eine Präfiguration des Neuen dar. Auch dort ist der Gedanke des menschlichen Schuldigwerdens, das z. B. durch das Übertreten der Zehn Gebote erfolgen kann, mit der **Erfahrung der göttlichen Gnade** verknüpft. Nicht erst durch den Gehorsam gegenüber der Tora – also das Befolgen der religiösen und sozialen Gebote, der kultischen Vorschriften usw. – wird Israel zum Volk Gottes, sondern **Gottes Gnade ging voran**, indem er dieses Volk erwählte und einen Bund mit ihm schloss. So soll der Gehorsam immer im Glauben an Gottes zuerst geschenkte und erwählende Gnade geschehen. Gottes Gnade erst begründet den Gehorsam des Menschen.

Das bedeutet:

> Ein Leben unter der Forderung Gottes ist immer zugleich auch ein Leben unter seiner Gnade.

Als szenische Allegorie lässt sich dieser theologische Sachverhalt auch auf der Bühne darstellen:

GLAUBE: Bist du ein solcher Zweifelchrist
    Und weißt nit Gotts Barmherzigkeit?
JEDERMANN: Gott straft erschrecklich!
GLAUBE: Gott verzeiht!
    Ohn Maßen!
JEDERMANN: Schlug den Pharao,
    Schlug Sodom und Gomora, schlug,
    Schlug!

der hat das ewige Leben. Wer aber dem Sohn nicht gehorsam ist, der wird das Leben nicht sehen, sondern der Zorn Gottes bleibt über ihm." (Joh. 3,36) – „Wahrlich, wahrlich ich sage euch: Wer mein Wort hört und glaubt dem, der mich gesandt hat, der hat das ewige Leben und kommt nicht in das Gericht, sondern er ist vom Tode zum Leben hindurchgedrungen." (Joh. 5,24) – „Wahrlich, wahrlich, ich sage euch: Wer mein Wort hält, der wird den Tod nicht sehen in Ewigkeit." (Joh. 8,51); vgl. S. 182 ff.

vgl. R. Bultmann, Glauben und Verstehen I, S. 326 ff.

37

GLAUBE: Nein, gab hin den eignen Sohn
In Erdenqual vom Strahlenthron,
Daß als ein Mensch er werd geboren
Und keiner ginge mehr verloren,
Nit einer, nit der letzte, nein,
Er finde denn das ewige Leben.

Man muss Hugo von Hofmannsthals „Jedermann" erlebt haben, dieses unerhört dramatische „Spiel vom Sterben des reichen Mannes", in Salzburg, im Freien, inmitten des schweigend gebannten, fast erstarrten Festpublikums.

8. Das gesamte Alte Testament mit der in ihm über fast ein Jahrtausend hinweg sichtbar werdenden wechselvollen Geschichte Israels ist ein Spiegelbild der beständigen Untreue des „auserwählten Volkes" – aber eben auch der stets neu geschehenden, **immer wieder erfahrenen (!) Treue Gottes**. „Gott ist in Einem der zornige Gott, der die Übertretungen bestraft, und der gnädige Gott, der reichlich vergibt und zu dessen vergebender Gnade die Zuflucht stets offen steht." (Bultmann)

9. Das Neue Testament, in dem das Alte Testament seine Erfüllung findet, zeigt dem Menschen allein schon in der Bergpredigt (Mt. 5–7) eine ungeahnte Fülle von Gefährdungen auf, sich durch das Übertreten ihrer Gebote zu verfehlen. Ob und auf welche Weise die Bergpredigt grundsätzlich bis in alle Einzelheiten für jeden Christen zu halten sei und ob dies übehaupt möglich ist – darüber haben zu verschiedenen Zeiten viele Menschen gerätselt.

Es ist gewiss kein Zufall, dass zu Anfang die Seligpreisung steht: „Freuen dürfen sich alle, die nur noch von Gott etwas erwarten und nichts von sich selbst; denn sie werden mit ihm in der neuen Welt leben." Sie ist eine tröstende Verheißung für alle, die selber nichts vorzuweisen haben und die dennoch **zuversichtlich** vor Gottes Thron hintreten dürfen.

Mt. 5,3 (Übersetzung nach der „Guten Nachricht")

„Das Geschenk, die Gabe, die Gnade geht der Norm, der Forderung, der Weisung voraus." (H. Küng)

2.4 Vom unheiligen Augustinus

Im Deutschen gebräuchlicher ist die nichtlatinisierte Form des Namens (Betonung auf der Schlusssilbe).

Eine für die Folgezeit ganz entscheidende Prägung der Vorstellung von dem, was „Sünde" sei, geschah durch Aurelius Augustinus (354–430), den größten lateinischen Kirchenlehrer des christlichen Altertums.

Hatte man bis dahin „Sünde" entweder aus der Unwissenheit und Schwäche des Menschen, aus seinem Gebundensein an das Leibliche oder auch aus einer präexistenten Verschuldung heraus verstanden, so erfährt der Begriff durch Augustin – als Ergebnis seiner Auseinandersetzung mit dem britischen Mönch und theologischen Schriftsteller Pelagius (gest. nach 418) – eine inhaltliche Neustrukturierung:

Abb. 6
Aurelius Augustinus
(354–430)

- In Hochmut (lat. „superbia") und Ichbezogenheit (lat. „amor sui") wendet sich der Mensch von Gott als dem höchsten Gut ab und trachtet in böser Begierde (lat. „concupiscentia") nach niederen Formen des Seins. Der Begriff der „concupiscentia" ist bei Augustin vorwiegend geschlechtlich bestimmt.
- Durch Zeugung und Geburt werden alle Menschen in den Schuldzustand Adams versetzt – sie „erben" die „concupiscentia".
- Sünde wird durch Fortpflanzung übertragen. Als „Erbsünde" erhält sie eine zeitliche Dimension.
- Die sexuelle Lust ist etwas Sündhaftes.

Man darf nun allerdings Person und Wirkung Augustins im Ganzen nicht einseitig-negativ vom „liberalen" Standpunkt der Moderne aus betrachten. Denn zum einen ist seine Bedeutung für das christliche Abendland kaum ermessbar: Mit seinen zahlreichen theologischen Schriften hat er nicht nur dem noch jungen Christentum eine vereinheitlichende, umfassende geistig-geistliche Grundlage gegeben und damit dessen führende Stellung innerhalb der antiken Kulturen endgültig gesichert. Auch für die Philosophie und Theologie des Mittelalters, für das gesamte dogmatische Lehrgebäude des Katholizismus, ja für die religiöse Vorstellungswelt des Christentums überhaupt ist sein Einfluss nicht abzuschätzen. Sogar Kritiker der katholischen Kirche, z. B. Martin Luther, haben sich auf ihn berufen.

Gleichwohl ist Augustin aufgrund seiner antipelagianischen Streitschriften in erster Linie als Theologe des Sündenfalls, als Moralist der Fleischeslust der Nachwelt bekannt geworden. Doch darf nicht außer Acht gelassen werden, dass sein überwiegend geschlechtlich bestimmtes Verständnis von „Sünde"

zum biographischen und ideengeschichtlichen Kontext s. u.

in vieler Hinsicht nicht nur als eine Übernahme leibfeindlichen Gedankengutes seiner Zeit, sondern auch als die psychologische Aufarbeitung eigener früherer Jugend-„Sünden" erklärt werden muss.

s. Kap. 2.4.2

> **Aber:** Welch ein Unheil, welch ein abgrundtiefes Un-Maß von Wirrnissen, Ängsten und Verzweiflung, von Neurosen und Depressionen wurde (und wird bis in die Gegenwart hinein) von beiden Kirchen, auch der evangelischen, immer dann geschaffen, wenn – gar nicht einmal selten als zügelndes Zuchtmittel verstanden und willkommenes Instrumentarium der Macht über die Seelen – „Sexualität", „Sünde" und „Schuld" vorschnell und unreflektiert miteinander verbunden und damit häufig genug Konsequenzen heraufbeschworen wurden, die in ihren fatalen Konfliktstrukturen wahrhaftig nicht christlichen Ursprungs sind.
>
> Denn die (im Geiste Augustins) so oft vertretene und so weit verbreitete Auffassung, die sexuelle Lust sei sündig, stammt nicht aus der Bibel.

2.4.1 Ein biographischer Überblick

z. T. nach H. Marrou, Augustinus, S. 159f.

Die Bedeutung Augustins und auch der Stellenwert einzelner Lebensabschnitte für bestimmte Teile seiner Lehren erfordern die schwerpunktmäßige Kenntnis seiner Vita:

Thagaste ist der heutige Ort Souk Ahras in Algerien, ca. 180 km östlich von Constantine und 100 km südlich von Bône (Marrou, S. 11).

*Die „**Confessiones**" sind Augustins wichtigstes autobiographisches Werk. Der Titel ist in dreifachem Sinn als „Sündenbekenntnis", „Lobpreis" und „Glaubensbekenntnis" zu verstehen.*

354	13. November: Augustin wird in Thagaste (Numidien) geboren. Er ist ein afrikanischer Römer. Das Lateinische wird nicht nur seine Kultursprache, sondern auch seine Muttersprache.
ca. 361–366	Schulzeit
370–371	Lockeres Leben in Karthago. Herbst 371: Nichteheliche Lebensgemeinschaft mit einem Mädchen niedriger Herkunft
372	Sommer: Geburt des Sohnes Adeodat(us) (lat.; wörtl.: „Der von Gott Gegebene")
372–373	Beschäftigung mit dem lateinischen Rhetoriker und Schriftsteller Marcus Tullius Cicero (106 v. Chr. – 43 v. Chr.), vor allem mit dessen Werk „Hortensius". Die Lektüre dieses Textes erweckt in Augustin die große Frage seines Lebens: Wie gelange ich

zu wahrer Glückseligkeit? Hinwendung zum *Manichäismus

373	Lehrtätigkeit (Grammatik) in Thagaste
374–383	Lehrer der Rhetorik in Karthago
383	Lösung vom *Manichäismus
385/6	Zuwendung zum *Neuplatonismus
386	August: Bekehrung zum Christentum
387	Osternacht (24.–25. April): Taufe Augustins und Adeodats
388–391	Klosterleben in Thagaste
389	Tod Adeodats
391	Priesterweihe
396–430	Bischof von Hippo Regius
397	„Confessiones" („Bekenntnisse")
399–419	„De trinitate" („Über die Dreieinigkeit")
412	Beginn des Kampfes gegen den Pelagianismus
413–427	„De civitate Dei" („Der Gottesstaat")
430	28. August: Tod Augustins

„De trinitate", eine der theologischen Hauptschriften Augustins, ist eine umfangreiche dogmatische Abhandlung über das Wesen der göttlichen Drei-einigkeit.

Aus Anlass der Eroberung Roms durch die Westgoten im Jahr 410 n. Chr. und der dadurch ausgelösten heid-nischen Angriffe gegen das Christentum („Wozu ist der neue Gott gut?") schreibt Augustin sein mehrbändi-ges (Verteidigungs)Werk **„Der Gottesstaat".**

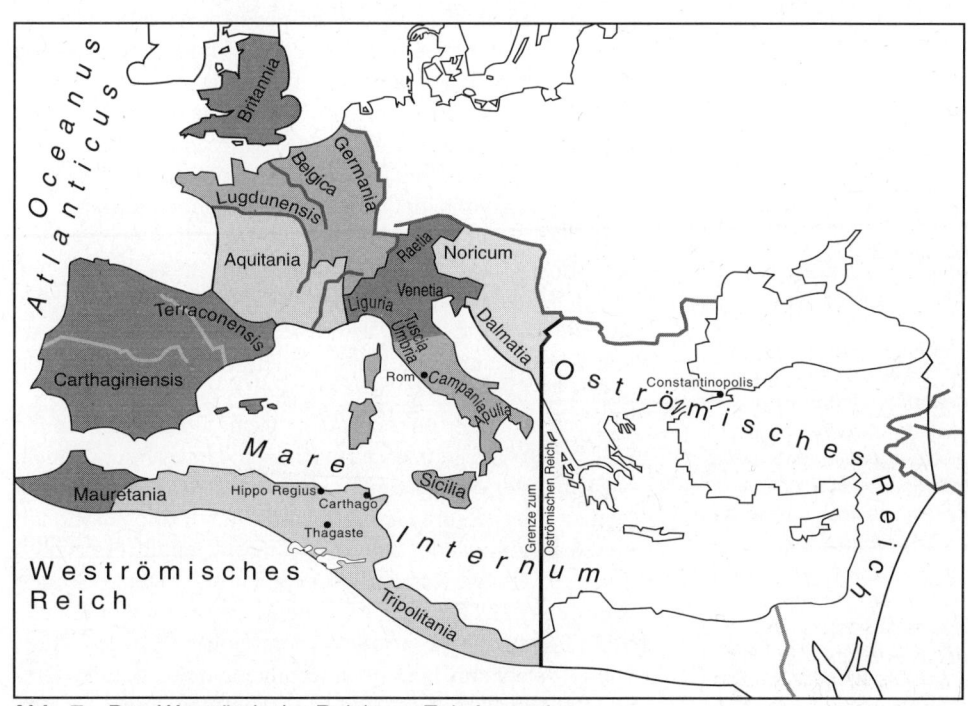

Abb. 7 Das Weströmische Reich zur Zeit Augustins

2.4.2 Jugendsünden mit weltgeschichtlichen Folgen

Bekanntlich hatte Kaiser Konstantin 313 das Christentum zur im Römischen Reich „erlaubten Religion" erklärt, Kaiser Theodosius der Große hatte es 381 zur Staatsreligion gemacht. Im „Gottesstaat" verurteilt Augustin das antike Römertum als geschichtliches Gebilde wie auch als Ausdruck menschlicher Lebensgestaltung und entwirft seine Geschichtstheologie, in der die Weltgeschichte in die Heilsgeschichte eingebettet ist.

„… rapiebat inbecillam aetatem per abrupta cupiditatum atque mersabat gurgite flagitiorum." – Text und (z. T. sehr blumige) Übersetzung nach der zweisprachigen Ausgabe von J. Bernhart. Der lateinische Originalwortlaut wird, wo nötig und sinnvoll, auszugsweise mit angeführt.

„Ausus sum etiam in celebritate sollemnitatum tuarum intra parietes ecclesiae tuae *concupiscere* et agere negotium procurandi fructus mortis: unde me verberasti gravibus poenis, sed nil ad *culpam* meam …"; vgl. auch: „Ich stürzte mich auch in ein Liebesverhältnis, nach dessen Fessel mich verlangte … Ja, ich ward geliebt, ich gelangte heimlich zur Vereinigung im Genuß …" (Conf. III,1)

Augustins Mutter wollte für ihren Sohn eine standesge-

Augustins „Confessiones" geben uns ein informatives Bild über die ereignisreiche Jugend des späteren Bischofs. Zwar darf dieses Werk, wie dies für alle Autobiographien gilt, nicht oder zumindest nicht immer als eine sachliche Darstellung objektiver Tatbestände angesehen werden. Denn Augustin schreibt hier vom Zustand des Bekehrten aus, fügt viele gebetartige Passagen ein und sieht sein bisheriges Leben – und damit eben auch alle „Irrungen und Wirrungen" seiner Jugend – unter dem Aspekt der göttlichen Gnadenwahl. Auch sind zahlreiche Passagen des Werkes vom Sprachlichen her das Ergebnis einer perfekt beherrschten (und in früheren Jahren ja auch professionell ausgeübten) rhetorischen Wortkunst.

Gleichwohl erfahren wir aus Augustins „Sturm und Drang"-Zeit mancherlei Geschehnisse, welche die vorwiegend sexuelle Prägung des Sündenbegriffs in späterer Zeit entscheidend mitbestimmt haben dürften. Dazu gehören:

1. Der fünfzehnjährige Jung-Aurelius erfreute sich über längere Zeit hinweg eines ungezügelten Müßigganges in frei gelebter Sexualität: „Einst in jungen Jahren entbrannte ich vor Gier, am Niederen mich zu sättigen, und ich trieb es bis zum Verwildern im Wechsel tagscheuer Liebesfreuden … Nebeldünste stiegen aus dem sumpfigen Gelüst des Fleisches und dem Strudel sich regender Mannbarkeit, und sie verwölkten und verdunkelten mein Herz, daß sich der heiter ruhige Glanz der Liebe nicht mehr unterscheiden ließ von der Finsternis der Wollust. Beides wogte durcheinander und schleifte meine wehrlose Jugend durch Abgründe von Leidenschaft und riß sie hinein in einen Wirbel von Schändlichkeiten." (Conf. II,1,2)

2. Schon früh suchte der nordafrikanische Jungaristokrat alle möglichen Gelegenheiten zur Liaison: „Ich erfrechte mich, sogar bei der Feier Deiner Gottesdienste, in den Wänden Deiner Kirche, im Gelüsten nach der tödlichen Frucht gleich auszuhandeln, wie wir uns ihren Genuß verschaffen könnten. Du hast mich dafür gezüchtigt, Deine Strafen waren schwer, aber ein Nichts, gemessen an meiner Schuld, o Du übergroße Erbarmung, mein Gott …" (Conf. III,3)

3. Die mit siebzehn Jahren eingegangene nichteheliche Bindung an ein Mädchen niederer Herkunft fand auf Drängen von Augustins Mutter Monica, die eine der Karriere ihres Sohnes förderliche Heirat anstrebte, zwar später ein Ende. Doch scheint Augustin seine frühere Lebensgefährtin, auch als er schon Bischof war, niemals vergessen zu

haben... (vgl. Conf. VI,15 u. a.) Der – ungenannt gebliebenen – Mutter seines Kindes hatte er über ein Jahrzehnt die Treue gehalten, an der Trennung von ihr trug er schwer.

4. Für Augustin war eine Bekehrung zum Christentum – dies zeigt auch sein „Umweg" über den *Manichäismus und den *Neuplatonismus – eng mit einer Übernahme des mönchischen Ideals von Keuschheit und Askese verbunden. Doch selbst als schon alle gedanklichen Barrieren überwunden schienen, hinderte ihn sein ungestilltes sexuelles Verlangen zunächst an der konsequenten Umsetzung seiner Überlegungen: „Denn ich glaubte, ich wäre doch zu übel dran, wenn ich der Umarmungen des Weibes entbehren müßte" (Conf. VI,11); „Was mich hauptsächlich und so ungestüm in meiner Verstricktheit peinigte, war meine Gewohnheit, der unstillbaren Lustbegier zur Stillung nachzugehen..." (Conf. VI,12); „Mir... gefiel mein Treiben in der Welt nicht mehr, es lag auf mir als Last... Meine Freude an diesen Dingen hatte sich verloren vor Deiner Köstlichkeit und dem ‚Glanze Deines Hauses, das ich liebte'. Nur dem Weibe war ich mit zäher Fessel noch verbunden." (Conf. VIII,1)

5. Die mütterlichen Verehelichungspläne hatten insofern Früchte getragen, als ein geeignetes Mädchen aus standesgemäßen Kreisen gefunden worden war, dem zum heiratsfähigen Alter allerdings noch zwei Jahre fehlten (Conf. VI,13). Dem umtriebigen Aurelius, dem man zudem gerade „die Genossin (s)eines Lagers als Hindernis für die Ehe von der Seite gerissen" hatte, war diese Wartezeit zu lang: „Ich ... verschaffte mir, weil ich ja nicht Freund der Ehe war, sondern Sklave der Lust, eine andere Genossin, natürlich nicht Gattin ..." (Conf. VI,15)

Ist es verwunderlich, wenn in späteren Jahren der gereifte, bekehrte, abgeklärte, aber noch immer in guten Mannesjahren stehende Bischof von Hippo Regius der Sexualität auch weiterhin eine das Leben des Menschen ganz wesentlich mitbestimmende Bedeutung, wenngleich nun unter **gänzlich anderen** Vorzeichen, zuerkennt? Es ist nicht mehr als konsequent. Somit bleibt festzuhalten:

1. Die entschiedene Hingabe an die gelebte Sexualität beim jungen Augustin – man möchte hier, trotz mancher rhetorischen Zuspitzung, fast von einem „Ausgeliefertsein" sprechen – wird von dem Älteren mit ähnlich radikaler Akzentuierung theologisch einseitig-negativ verarbeitet. Bemerkenswert ist das übereinstimmende Strukturphänomen der **Abhängigkeit**: Die sexuelle Sucht beim einzelnen

mäße Ehe, die nicht nur den Normen der Kirche, sondern auch der kaiserlichen Gesetzgebung entsprach, welche den „honestiores" wie Augustin eine sozial unverträgliche Heirat verbot.

*„Magna autem ex parte atque vehementer consuetudo satiandae insatiabilis **concupiscentiae** me captum excruciabat ..."*

zu S. Freud vgl. Kap. 6.2.2
*sublimis (lat.) = erhaben;
Sublimierung = Verfeine-
rung, Veredlung*

*Deutliche Zeichen eines
Verdrängungsprozesses –
so muss es zumindest der
moderne Leser empfinden –
werden beispielsweise
sichtbar, wenn Augustin
über den Tod seines erst
siebzehnjährigen Sohnes
Adeodat berichtet: „Auch
den Knaben Adeodatus
nahmen wir mit uns, meinen
Sohn dem Fleische nach,
die Frucht meiner Sünde …
Mein eigener Anteil an diesem Knaben war nichts als
die Sünde … Früh hast Du
sein Leben hinweggenom-
men von der Erde, und ich
gedenke seiner um so ruhi-
ger, kummerlos, was seine
Kindheit angeht, seine
Jugend, ja diesen Men-
schen überhaupt."
(Conf. IX,6)*

*Bezeichnenderweise rea-
gieren weniger kundige
Bibelleser auf den Hinweis,
dass die zur Weltliteratur
zählende alttestamentliche
Sammlung erotischer Lie-
der, als „Hoheslied Salo-
mos" vielfach nur chiffrehaft
bekannt, ihren festen Platz
in der Bibel hat, häufig mit
Erstaunen.*

Menschen hat eine „universale Parallele" in der – nach Augustin – ererbten und zeitlich kategorisierbaren schuldhaften Verstrickung der ganzen Menschheit.

2. Wenn von der „kirchlichen Erbsündenlehre" gesprochen wird, muss zunächst einmal von einem **psychologischen Verarbeitungsprozess** bei dem Einzelmenschen Aurelius Augustinus die Rede sein. In diesem Prozess dürften die aus der Psychoanalyse Sigmund Freuds bekannten Verhaltensformen der **Verdrängung** und der **Sublimierung** eine wesentliche Rolle gespielt haben. Es handelt sich hier um – z. T. unbewusst vollzogene – Reaktionsformen bzw. Verhaltensmechanismen des Menschen, bei denen zum Zweck der Konfliktvermeidung zwischen den triebhaften Regungen (den vorwiegend sexuell ausgerichteten Wünschen des „**Es**") und den bestimmenden Kräften von Ideen, Gemeinschaften, Institutionen usw. (den Anforderungen des „**Über-Ichs**") ein Ausgleich gesucht wird. Bei Augustin trat neben die Verdrängung und Unterdrückung die Sublimierung, denn auch bei einem Bischof setzt asketisches Leben und Denken nicht schlagartig ein. Ihren konkreten Ausdruck gewann sie vor allem in seinem umfangreichen Werk. Dieses Werk, geistig und geistesgeschichtlich über jedes Lob erhaben, ist somit aber **auch** als eine Leistung zu verstehen, ein persönlich bedrückendes Problem in Verbindung mit überlieferten philosophischen Lehren zu einem theologisch komplexen Denksystem verarbeitet zu haben.

3. Die leibfeindlichen Tendenzen des *Manichäismus und des *Neuplatonismus haben Augustins Lehre in diesem Punkt wesentlich bestimmt. Genuin christlich ist sein Entwurf nicht.

Der beträchtliche Stellenwert von Augustins Erbsündenlehre in der kirchlichen Tradition verlangt heute nach einer **auch in Laienkreisen wirksamen** theologischen Neustrukturierung des Sündenbegriffs. Dazu gehört vor allem das **Abrücken von einem einseitig oder vorwiegend sexuell bestimmten Wortverständnis** und die Rückbesinnung auf die **inhaltliche Grundbedeutung des gestörten Verhältnisses zwischen Mensch und Gott**. Denn die Sexualität zwischen Mann und Frau ist kein Störfaktor, sondern gottgewollt.

Ganz ohne Zweifel haben beide Kirchen die Aufgabe und das Recht, in den Fragen von Partnerschaft und Sexualität ein gehöriges Wort mitzureden (täten sie es doch nur etwas häufiger und vernehmlicher!) und dabei, etwa im Problembereich der Schwangerschaftsunterbrechung, verbindliche Maßstäbe zu setzen. Doch anstatt die Sexualität zwischen Mann und Frau (anderes steht hier nicht zur Diskussion) – wie dies allzu häufig noch immer grundsätzlich geschieht – mit dem Makel des Verbotenen zu belasten und sie damit in die Nähe von Angst, Schuld und eben „Sünde" zu stellen, sollten **Rücksichtnahme, partnerschaftliche Verantwortung und der Verzicht auf die Verabsolutierung egoistischer Triebbefriedigung,** mit allen konkreten Konsequenzen im Einzelfall, in der kirchlichen Sexualethik auch vom theologischen Verständnis her erstrangig sein.

Andernfalls müssten sich, vorwiegend (oder ausnahmslos?) auf katholischer Seite, die kirchlichen Dogmatiker auch weiterhin die heikle Frage nach dem Zusammenhang von Machterhaltung und repressiver Gewissensmoral gefallen lassen.

Nicht zuletzt sind an diesem Punkt auch **Rang und Würde der Frau** betroffen. Wenn sexuelle Lust etwas Sündhaftes und damit Widergöttliches sein soll, kann eine einseitige männliche Sexualmoral (wieviel Frauen haben auf katholischer Seite bei diesen Themen maßgebend mitzureden?) der Frau als der großen Verführerin und unseligen Mittlerin solchen Übels kaum die notwendige Achtung entgegenbringen.

Wer hier als Laie (und vielleicht auch als strengkonservativer Theologe?) nach biblischer Orientierung verlangt, sei zu einem intensiven Studium jener neutestamentlichen Texte aufgerufen, in denen von den Begegnungen des Jesus von Nazareth mit Frauen aus seinem Umfeld berichtet wird.

vgl. dazu „Abiturwissen Jesus Christus", S. 41–47

3 Freiheit – mehr als nur ein Wort

Kaum ein anderer Begriff ist im Bewusstsein der Menschen, in den Sprachen und Kulturen der Menschheit einer solchen Vielzahl von Veränderungsprozessen – wohlmeinenden Sinngebungen, aber oft genug auch manipulativen Einflüssen – ausgesetzt (gewesen) wie das Wort „Freiheit". Wenn man sich die vielen Beispiele seiner missbräuchlichen Verwendung in Geschichte und Gegenwart vor Augen führt, entstehen bei manchen ernsthafte Zweifel an der Priorität positiver Sinngehalte. „Freiheit" ist ein geschundenes Wort – nur Begriffe wie „Glück", „Liebe" oder „Gott" können da als vergleichbare sprachliche Gebrauchsmuster noch mithalten.

3.1 Strukturelle Vorüberlegungen

Andererseits verweist das schillernde und schwankende Sinngefüge auf ein in der Sache bzw. im Wort selbst liegendes grundsätzliches *hermeneutisches Problem. Begriffe wie „Freiheit", „Gott" usw.
- lassen sich nicht oder nicht zureichend durch eine allgemeine Definition umfassend bestimmen;
- sind folglich abhängig von den ihnen jeweils zu Grunde liegenden weltanschaulichen, religiösen, philosophischen, sozialen, politischen Positionen;
- erhalten erst vom jeweiligen **Zusammenhang** her ihre nähere – freilich auch dann noch häufig genug nicht fest umrissene und jederzeit objektivierbare – **inhaltliche** Bedeutung.

Bleiben also auch im kontextuellen Rahmen der menschlichen Definitionsfähigkeit gewisse Grenzen gesetzt, so lässt sich dennoch „Freiheit" **formal** positiv bzw. negativ bestimmen:
- In negativer Kennzeichnung ist „Freiheit" das Fehlen jeglicher äußerer oder innerer Zwänge.
- In positiver Definition meint „Freiheit" die menschliche Fähigkeit zur unabhängigen Setzung und Realisierung genauer Inhalte.

Viele Menschen verwechseln heute, häufig auf Grund abhanden gekommener Wertmaßstäbe, Freiheit mit uneingeschränkter Selbstverwirklichung und absoluter Ich-Setzung. Sie vertauschen, bewusst oder nicht, Freiheit mit Rücksichtslosigkeit – für sie ist Freiheit zur Willkür entartet. Nicht nur wegen der Tatsache, dass solche ungezügelten Ansprüche spätestens dann scheitern müssen, wenn sie mit ähnlich gelagerten Vorstellungen anderer Menschen in Berührung (d. h.: in Konflikt) kommen, sondern, besser noch, auf Grund der Einsicht, dass ein sinnvolles menschliches Zusammenleben nur durch die Selbstbeschränkung des Einzelnen möglich wird, ergeben sich folgende notwendige Ergänzungen:

1. Freiheit ist in praktischer Hinsicht **nur in relativem Maße realisierbar**. Durch
   – die Umwelt,
   – die Gemeinschaft und Gesellschaft,
   – die menschliche Natur und durch
   – individuelle Anlagen
   sind ihrer unbeschränkten Verwirklichung Grenzen gesetzt.
2. Unter solchen faktisch gegebenen, mithin normativen Aspekten ist Freiheit von **„Regellosigkeit"** und **„Willkür"** deutlich abzusetzen.
3. Freiheit **geschieht** in freier und freiwilliger **Selbstbegrenzung** als ein **persönlicher Entscheidungsprozess** für bestimmte – ideelle, ethische, religiöse o.a. – Inhalte, die bewusst und willentlich als richtig und verpflichtend erkannt wurden.
4. Freiheit ist somit ein **positiver sittlicher Wertbegriff**.

Die beiden folgenden Kapitel zu Luther und Paulus thematisieren grundlegende Aspekte des Freiheitsbegriffs in der theologischen Anthropologie.

3.2 Luthers Schrift „Von der Freiheit eines Christenmenschen" (1520)

Abb. 8
Martin Luther
(1483–1546)

*„Es ist ein klein Büchlein, so das Papier wird angesehen, aber doch die ganze Summa eines christlichen Lebens drinnen begriffen."
(Aus Luthers Brief an Papst Leo X.; s. dazu S. 51 f.)*

Diese Abhandlung wird, zusammen mit den aus demselben Jahr stammenden Texten „An den christlichen Adel deutscher Nation" und „Von der Babylonischen Gefangenschaft der Kirche", häufig als eine der drei **reformatorischen Hauptschriften** des Wittenberger Theologen (und mit Recht auch als die wichtigste unter ihnen) bezeichnet. Nur wenig mehr als zwanzig Seiten stark, ist diese Arbeit nicht nur nach Luthers eigenem Zeugnis von grundlegender Geltung, sondern sie war auch von

Abb. 9
Heutige „Thesentür"
der Schlosskirche zu
Wittenberg

*Für die Lebenden erfolgt die
Zusprechung des Ablasses
durch Absolution, für die
Verstorbenen geschieht sie
durch Fürbitte. Im Mittelalter
gab es bei der Handhabung
des Ablasses schlimme
Auswüchse. So forderten
die Ablasspredigten des
Dominikaners Tetzel
(1465–1519) deutlich zu
finanziellen Abgaben auf.*

*Philipp Melanchthon
(1497–1560), Humanist und
reformatorischer Theologe.
Seit 1519 enger Mitarbeiter
Luthers.*

ihrer Wirkungsgeschichte her für die protestantische Theologie
von wegweisender Bedeutung. Für das evangelische Glaubensverständnis – und, daraus folgend, auch für die ethische Praxis –
steht sie noch heute im Mittelpunkt.

3.2.1 Die historischen Voraussetzungen

Die geschichtlichen und theologischen Zusammenhänge spielen hier eine besondere Rolle. Ohne deren Kenntnis lassen sich
Anlass, Inhalt, Ziel und Bedeutung von Luthers Freiheitsschrift nicht verstehen.

Luther hatte drei Jahre vor dem Erscheinen dieses Textes seine
berühmten 95 Thesen veröffentlicht. Ob er diese tatsächlich,
wie seit altersher gelehrt wird, am 31. Oktober 1517 („Refor-
mationstag") an die Tür der Schlosskirche zu Wittenberg
schlug, muss heute bezweifelt werden. Sicher ist, dass Luther
einem mit diesem Datum versehenen Brief an den Erzbischof
von Mainz, in dem er sich gegen die Ablasspredigten Johann
Tetzels wandte, 95 lateinisch verfasste Lehrsätze beifügte, die
das Ablassunwesen kritisierten und zu einer akademischen
Disputation (einem gelehrten Streitgespräch) aufforderten.
Unter Ablass versteht man in der katholischen Kirche die Nach-
lassung zeitlicher (also: nicht ewiger) Sündenstrafen vor Gott.
Seine Ausübung wird begründet mit der kirchlichen Vollmacht,
im Besonderen mit der Vorstellung, dass die Kirche als Hüterin
des Gnadenschatzes die überschüssigen Verdienste Christi und
der Heiligen zu verwalten hat. Luther selbst hat nie ausdrücklich von einem „Anschlagen" seiner Lehrsätze gesprochen. In
seiner Erinnerung blieb allerdings der 31. Oktober (bzw. der
1. November) als der Tag seiner „Anti-Ablass-Aktion" lebendig, eben durch den Brief an seinen Bischof. Das traditionelle
„Reformationsdatum" wurde erst nach Luthers Tod von dessen Freund Melanchthon, der allerdings 1517 noch gar nicht in
Wittenberg war, mitgeteilt.

Einige der **95 Thesen** in Auswahl: „Indem unser Herr
und Meister Jesus Christus sagte: ‚Tut Buße' usw.
(Matth. 4,17), wollte er, daß das ganze Leben der Glaubenden eine Buße sei." (Nr. 1) – „Das ist gewiß, wenn
die Münze im Kasten klingt, können Gewinn und Hab-
gier zunehmen; die Antwort auf die Fürbitte der Kirche

aber steht allein in Gottes freiem Ermessen." (Nr. 28) –
„In Ewigkeit werden diejenigen mit ihren Lehrern verdammt werden, die glauben, daß ihnen aufgrund der
Ablaßbriefe ihr Heil sicher ist." (Nr. 32) – „Jeder Christ,
der wahre Reue empfindet, hat vollständige Vergebung
von Strafen und Schuld, die ihm auch ohne Ablaßbriefe
gehört." (Nr. 36) – „Man muß die Christen lehren: Wer
einen Bedürftigen sieht und – ohne sich um ihn zu kümmern – sein Geld für Ablässe ausgibt, erwirbt sich nicht
Ablässe des Papstes, sondern die Ungnade Gottes."
(Nr. 45)

„Und diese /Thesen/ schlug er öffentlich an die Kirche, welche an das Schloß zu Wittenberg stößt, am Tage vor dem Feste aller Heiligen im Jahre 1517." (Melanchthon in seiner Vorrede zum zweiten Band der Ausgabe der lateinischen Schriften Luthers von 1546; zitiert nach Lilje, Luther, S. 72)

Bleibt die **genaue Datierung** des Thesenanschlags letztlich im
Unklaren, so lässt sich an der Tatsache, dass die zunächst handschriftlich gefertigten Thesen nach üblichem Muster an das
„Schwarze Brett" der Universität, und das war die Tür der
Schlosskirche, **angeschlagen** wurden, kaum zweifeln. Diese
„Veröffentlichung" geschah wahrscheinlich Mitte November
1517. Handschriftlich wurden diese Thesen zuerst auch verbreitet, die Drucklegung erfolgte allerdings bald. Bekannt ist, dass
die 95 Thesen noch 1517 in Nürnberg, Leipzig und Basel
gedruckt wurden, und Luthers Schüler Mathesius berichtete
später, dass sie nach dem Druck innerhalb eines Monats bis
nach Rom und an alle Universitäten und in alle Klöster gelangt
seien. Diese ganz außerordentlich rasche Verbreitung hat
Luther überrascht, ja tief betroffen.

Der lutherische Theologe Johannes Mathesius (1504–1565) war in den Jahren 1540/41 Tischgenosse des Reformators in Wittenberg. Bekannt wurde er u. a. durch die Nachschriften von Luthers Tischreden.

Als der zunächst noch völlig unbekannte Mönch des Wittenberger Augustiner-Eremiten-Ordens mit seinen Lehrsätzen
gegen das „heilige Geschäft", wie der Ablasshandel im offi-
ziellen Sprachgebrauch der Kirche genannt wurde, anging,
war dies zunächst noch ein Vorgang des persönlichen Protes-
tes. Luther wollte anfänglich nur seine unmittelbar empfun-
dene eigene Verantwortung als Prediger, Mönch und Theologe
vor Gott zum Ausdruck bringen. Er hatte seine Kritik an den
Missständen in der Kirche und besonders am Ablasshandel
ursprünglich in der Gelehrtensprache „Latein" abgefasst, da
er noch auf die Unterstützung eines nur besser zu unterrich-
tenden Papstes und der hohen Geistlichkeit hoffte. Sein Ziel
war ein wissenschaftliches Streitgespräch mit theologischen
Fachkollegen über den Wert der Ablässe. Ihm ging es also keineswegs um eine Kirchenspaltung – Luther hat sich immer als
ein guter, „rechter" Katholik gefühlt –, sondern um eine Kurs-
korrektur.

Wenn aber seine Thesen schon binnen Jahresfrist in Windeseile ins Deutsche übersetzt wurden und überall in immer neuen Auflagen reißenden Absatz fanden, so war dies ein Ausdruck
- der religiösen Unzufriedenheit breiter Bevölkerungsschichten und
- der Krisensituation, in der sich die Kirche damals befand.

Luther, als einem in allen Dingen überaus gewissenhaft denkenden Theologen, ging es vorrangig
- um die Anerkennung der Alleingültigkeit und Ausschließlichkeit der göttlichen Gnade im Kreuzestod Christi;
- um die Aufrichtigkeit des reuigen Sünders;
- um die Vermeidung des finanziellen Missbrauchs im Ablassgeschäft.

Bis zur Veröffentlichung von Luthers Freiheitsschrift im November 1520 hier in Auswahl ein kurzer Überblick über den Fortgang der Ereignisse:

nach Heussi, Kompendium der Kirchengeschichte, S. 281 ff.

- Schon im **Dezember 1517** hatte Luthers Erzbischof Albrecht von Mainz den aufmüpfigen Augustinermönch in Rom angezeigt;
- **März 1518:** Luther lehnt die päpstliche Aufforderung zum Widerruf ab. Zur gleichen Zeit empfängt er insgeheim von seinem Landesherrn, Kurfürst Friedrich dem Weisen von Sachsen, die Zusicherung des Beistandes;
- **April 1518:** Die Generalversammlung der Augustiner-Eremiten verhandelt in Heidelberg im Beisein Luthers über dessen Sache – ohne entscheidendes Ergebnis;
- **Juni 1518:** Papst Leo X. befiehlt, gegen Luther den Ketzerprozess zu eröffnen. Im Juli ergeht an ihn die Aufforderung, sich innerhalb von 60 Tagen vor seinen römischen Richtern einzufinden;
- im Anschluss an den Reichstag zu Augsburg **(Herbst 1518)** wird Luther von dem päpstlichen Legaten Kardinal Cajetan(us) verhört. Luther lehnt erneut jeden Widerruf ab, stattdessen appelliert er an ein allgemeines *Konzil **(28. November 1518)**. Cajetans Auslieferungsgesuch (25. Okt.) wird vom Kurfürsten abgelehnt (8. Dez.).
- **27. Juni–16. Juli 1519:** Leipziger Disputation. Im Verlauf der Auseinandersetzung mit dem gegnerischen Wortführer Johann Eck (dem auch später noch aktiven theologischen Hauptgegner der Reformation) leugnet Luther die Heilsnotwendigkeit des päpstlichen Primats und bestreitet die Irrtumslosigkeit der *Konzilien. Damit aber
- war **Luther als Ketzer erwiesen;**

*Im katholischen Kirchenrecht ist der **Bann** eine Strafe, die den Ausschluss*

50

- war aus der Auseinandersetzung um das Ablasswesen ein prinzipieller Widerspruch gegen die Fundamente der Papstkirche erwachsen.
- **Januar 1520:** Nach langer, im Wesentlichen politisch bedingter Verschleppung wird in Rom der Ketzerprozess gegen Luther wieder aufgenommen;
- **15. Juni 1520:** Erlass der päpstlichen Bannandrohungsbulle „Exsurge domine" gegen Luther.

3.2.2 Allein durch den Glauben

Ausgleichsversuche

Luthers Traktat „Von der Freiheit eines Christenmenschen" ist ursprünglich kein selbständig erschienener Text, sondern eine Anlage zu seinem (dritten) Brief an den damals herrschenden Papst Leo X. Dieser Brief an den „heiligen Vater Leo" muss, zusammen mit dem beigefügten Text, von Luthers Position aus als ein letzter aufrichtig gemeinter Ausgleichsversuch, als ein ehrliches Bemühen um theologische Verständigung angesehen werden. Auch von daher erklärt sich der grundsätzliche Charakter seiner Freiheitsschrift. Überdies erwarteten viele Menschen von dem inzwischen international bekannten Wittenberger Mönch einige klar formulierte Lehraussagen.
Eine Antwort freilich hat Luther nicht bekommen. Vielleicht hat der Papst den Brief und auch den Text nie gelesen.

Der Brief

Der Brief an den Papst ist im Ganzen ein strategisches Dokument (ob die Strategie in jedem Fall glücklich gewählt war, muss allerdings dahingestellt bleiben), ein eigener Beitrag des Reformators zu den Ausgleichsbemühungen verschiedener „Vermittlungsinstanzen", die sich inzwischen, z. T. schon seit einiger Zeit, seiner Sache angenommen hatten.
Zu ihnen gehörten, unterschieden nach Rang und Würden, u. a.
- Luthers Vorgesetzte innerhalb des Augustiner-Eremiten-Ordens;
- Kurfürst Friedrich der Weise;
- der päpstliche Unterhändler Karl von Miltitz.
Luther hat den Brief mit Sicherheit **nach** dem 13. Oktober 1520 geschrieben, zunächst lateinisch, dann von ihm selbst verdeutscht; die Übersetzung ist also auch Original. Gut einen Monat später, etwa am 20. November, lagen Brief und beigefügte Schrift lateinisch und deutsch gedruckt vor. Der Brief

*aus der kirchlichen Gemeinschaft bewirkt. – **Bullen** (lat. bulla = Kapsel) werden alle Papsturkunden genannt, die mit einem Bleisiegel versehen sind. Zitiert werden sie immer mit den Eingangsworten des Textes. Hier sind die lateinischen Anfangsworte (deutsch: „Erhebe dich, Herr, und führe deine Sache") aus Psalm 74,22 entnommen.*

Traktat = (wissenschaftliche) Abhandlung; bes.: religiöse Schrift

Papst Leo X. (1475–1521; Amtsbeginn 1513) stammte aus dem berühmten florentinischen Geschlecht der Medici (Sohn Lorenzos I.). Er war hochgebildet und galt als der bedeutendste Renaissance-Papst.

Von Miltitz war von untergeordneter Stellung und zu keinen selbständigen Verhandlungen ermächtigt. Bekannt wurde er vor allem durch das gründliche Misslingen seiner Mission, beim Kurfürsten Luthers Auslieferung durchzusetzen.

Gleiches gilt natürlich auch von der Freiheitsschrift.

Sie wurde am 21. 9. in Meißen, am 25. in Merseburg, am 29. in Brandenburg angeschlagen (vgl. M. Brecht, Martin Luther. Bd. 1, S. 382; s. auch S. 386 ff.).

Die Kurie ist die zentrale Verwaltungsbehörde des Papstes, durch welche dieser die katholische Kirche leitet.

„Ich hab' wohl scharf angegriffen ... und (bin) auf meine Widersacher beißig gewesen ... welches mich so gar nicht reuet, daß ich mir's auch in Sinn genommen hab' in solcher Emsigkeit und Schärfe zu bleiben."

„Daß ich aber sollte widerrufen meine Lehre, da wird nichts aus."

„Dazu mag ich nicht leiden Regel oder Maße, die Schrift auszulegen, dieweil das Wort Gottes, das alle Freiheit lehrt, nicht soll noch muß gefangen sein."

Die Briefzitate stammen aus Band 8 der im Literaturverzeichnis genannten Luther-Ausgabe (die dortige Rechtschreibung wurde in einigen Fällen dem heutigen Sprachgebrauch angeglichen).

trägt allerdings das Datum vom 6. September. Diese (auf Anraten Miltitzens vorgenommene) Rückdatierung war ein notwendiger Schachzug Luthers, um seine Verhandlungssouveränität dem Papst gegenüber zu wahren:

– denn seit dem 21. September veröffentlichte Eck die Bannandrohungsbulle gegen Luther;
– damit war diese formal rechtswirksam auch für Kursachsen in Geltung;
– einen Brief mit der Widmung eines Exkommunikanden, eines Bann-Kandidaten (und, nach dem Stand der Dinge, wohl demnächst auch Gebannten), hätte Miltitz dem Papst nicht überreichen können.

In seinem Schreiben lässt Luther die Person des Papstes, dem er einen guten Ruf zugesteht, unangetastet. Er unterscheidet deutlich zwischen dem obersten Haupt der Christenheit und der römischen Kurie, den „Schmeichlern" und „allerschädlichsten Feinden". Zu seinem eigenen bisherigen Vorgehen bekennt sich Luther mit unerschrockener Freiheit und starkem Glaubensmut. Im Einzelnen führt er aus, dass

– er wiederum an den Papst wegen der Einberufung eines „christlich freien *Konzils" appellieren müsse;
– er auch in Zukunft seine Sache in aller Deutlichkeit weiter verfechten werde;
– eine Zurücknahme seiner Schriften und Äußerungen allerdings überhaupt nicht in Frage komme;
– er sich theologisch nicht bevormunden lasse;
– er unter den beiden letztgenannten Voraussetzungen zu allem bereit sei, sich aber, falls notwendig, auch künftig zu wehren wisse. „Wo mir diese zwei Stücke bleiben, so soll mir sonst nichts aufgelegt werden, das ich nicht mit allem Willen tun und leiden will. Ich bin dem Hader feind, will Niemand anregen noch reizen; ich will aber auch ungereizt sein. Werde ich aber gereizt, will ich, ob Gott will, nicht sprachlos noch schriftlos sein."

Die Schrift

Man muss sich, um Luthers Werk zunächst vom Text her und dann natürlich vor allem in seinem theologischen Anliegen zu begreifen, an gewisse inhaltliche Grundvoraussetzungen des christlichen Glaubens erinnern, die einem Mönch und Theologieprofessor des Mittelalters das tägliche Brot waren, die aber vielen Menschen der Gegenwart im gedanklichen und persönlichen Nachvollzug zu einem Buch mit sieben Siegeln geworden sind (obwohl sie nach wie vor zu den christlichen „essentials" zählen).

Dazu gehören

- das Wissen, dass ich als Mensch mein Leben nicht in absoluter Souveränität selber bestimmen kann;
- die Überzeugung, dass ich in meinem Leben und durch die Art meiner Lebensführung vor Gott Verantwortung trage, ihm also spätestens beim Jüngsten Gericht Rechenschaft schuldig bin;
- die Einsicht, dass ich mich nicht nur um meine eigenen Anliegen, sondern auch um die Probleme meines Nächsten zu kümmern habe;
- die Erkenntnis, dass ich trotz rechten Glaubens, guter Taten und allen Mühens ein sündiger Mensch bleibe, also niemals durch eigene Leistung „bei Gott richtig", vor Gott „gerechtfertigt" bin;
- die glaubende Gewissheit, dass mit dem Tod nicht „alles aus" ist, sondern dass es nach dem Tod ein ewiges Leben bei Gott, aber auch eine ewige Verdammnis gibt.

Die Frage, wie der Mensch vor Gott „gerecht", d. h. „richtig" wird, hat hier unmittelbar zu tun mit der paulinischen Vorstellung von der „Gerechtigkeit Gottes" und Luthers Deutung dieses Begriffs, vgl. dazu weiter unten S. 54 ff.; 64 ff.; 69 ff.

Am Beginn von Luthers Schrift steht eine paradoxe Doppelthese:

„Ein Christenmensch
ist ein freier Herr über alle Dinge
und niemand untertan;
Ein Christenmensch
ist ein dienstbarer Knecht aller Dinge
und jedermann untertan." (1)

Die Zahlen hinter den Zitaten beziehen sich auf die einzelnen Gliederungsabschnitte des Textes.

Im weiteren Verlauf beschäftigt sich Luther in Form einer philosophischen Abhandlung direkt oder indirekt u. a. mit folgenden theologisch höchst komplexen, das Glaubens- und Existenzverständnis eines jeden ernsthaften Christen fundamental ansprechenden Fragen:

1. Was bedeuten für mich Tod und Auferstehung Jesu Christi?
2. Was bedeutet es für mich, an Gott zu glauben? Wie kann ich diesen Glauben definieren?
3. Welche Schlussfolgerungen ziehe ich daraus für mein eigenes Leben? Was heißt für mich „Glaube" konkret, an jedem Tag, im Verhältnis zu meinem Nächsten?
4. Wenn ich mich in meinem Leben sozial engagiere (in meinem Beruf, durch bestimmte Aktionen, durch jede einzelne gute Tat) – in welchem Verhältnis stehen diese guten Werke dann zu meinem Glauben? Stehe ich selbst durch sie vor Gott besser da?
5. Wie kann ich – als ein in Gedanken, Worten und Werken sündiger Mensch – überhaupt von Gott angenommen wer-

den? Welche Rolle spielen dabei der Glaube und die guten Werke? Wie werde ich gerechtfertigt, also „vor Gott richtig"?

Luthers Freiheitsschrift kann nur dann richtig verstanden werden, wenn man sie nicht nur als einen **Lehrtext von grundsätzlicher Bedeutung**, sondern auch als ein **persönliches Glaubensdokument** des nunmehr 37-jährigen Wittenbergers begreift:

- Luther sah sich in den bisherigen Auseinandersetzungen mit seinen Gegnern, in denen er seelisch und physisch unversehrt geblieben war, ja sogar viele neue Freunde gewonnen hatte, als von Gott bewahrt an. Dies gab ihm die Zuversicht, auch in theologischer Hinsicht Neuland zu betreten bzw. an neu gewonnenen Erkenntnissen festzuhalten und diese zu vertiefen.

- Einige Jahre zuvor, während seiner Wittenberger Vorlesungszeit in den Jahren 1513–1516, speziell über den Römerbrief, hatte sich in Luthers Denken ein theologischer Wandel vollzogen: Der Gott der Angst und der Strafe, dem ein noch so entbehrungsreiches, allein auf „frommen Leistungen" (Fasten, Beten, stundenlanges Bibellesen usw.) beruhendes, bis an die Grenzen der körperlichen Erschöpfung reichendes Leben dennoch niemals zu genügen schien, war in der Vorstellung des Mönchs zurückgetreten zugunsten einer Sichtweise, die man heute gern als **Luthers „reformatorische Entdeckung"**, als sein **„Turmerlebnis"** bezeichnet.

Sein bisweilen durchaus selbstbewusster, ja kernigsaftiger Ton sollte deswegen nicht (nur) als Zeichen eines gesunden Selbstbewusstseins, sondern auch als Ausdruck der Gewissheit gewertet werden, auf dem rechten Weg zu sein.

Eine entscheidende Rolle spielten hier die Verse Röm. 1,16f. und 3,28: „Denn ich schäme mich des Evangeliums nicht; denn es ist eine Kraft Gottes, die selig macht alle, die daran glauben, die Juden zuerst und ebenso die Griechen./ Denn darin wird offenbart die Gerechtigkeit, die vor Gott gilt, welche kommt aus Glauben in Glauben; wie geschrieben steht (Habakuk 2,4): ‚Der Gerechte wird aus Glauben leben.' " – „So halten wir nun dafür, daß der Mensch gerecht wird ohne des Gesetzes Werke, allein durch den Glauben." – Die Lage dieses „Turmes" lässt sich heute nicht mehr genau bestimmen, vermutlich handelt es sich um einen früheren, im südwestlichen Teil des Wittenberger Klosters gelegenen turmähnlichen Anbau.

„Die Worte ‚gerecht' und ‚Gerechtigkeit Gottes' wirkten auf mein Gewissen wie ein Blitz; hörte ich sie, so entsetzte ich mich: Ist Gott gerecht, so muß er strafen." (Aus Luthers Tischreden, Juni/Juli 1532) – „Ich aber liebte den gerechten und die Sünder strafenden Gott nicht, ja ich haßte ihn; denn ich fühlte mich, so sehr ich auch immer als untadeliger Mönch lebte, vor Gott als Sünder mit einem ganz und gar ruhelosen Gewissen und konnte das Vertrauen nicht aufbringen … So lange, bis ich endlich unter Gottes Erbarmen, Tage und Nächte lang nachdenkend, meine Aufmerksamkeit auf den (inneren) Zusammenhang der Worte (Röm. 1,17) richtete … da begann ich die Gerechtigkeit Gottes verstehen zu lernen als die Gerechtigkeit, in der der Gerechte durch Gottes Geschenk lebt, und zwar aus dem Glauben ..., (als) die passive (Gerechtigkeit), durch welche uns der barmherzige Gott gerecht **macht** durch den Glauben." (Hervorhebung im Text. Aus Luthers Vorrede zu Band 1 der Lateinischen Werke, 1545)

Von nun an galt:
- Gott ist kein strafender, sondern ein verzeihender Gott;
- der sühnende Kreuzestod Christi macht den Menschen vor Gott „gerecht", also „richtig";
- eigene menschliche Verdienste können dies nicht bewirken;
- nicht die Frömmigkeitsleistung, der Glaube als Menschenwerk, sondern das demütige Vertrauen in die schenkende und lenkende Gnade Gottes, die den Menschen annimmt, schon angenommen hat, prägt das „neue" Verhältnis zwischen Mensch und Gott.

Luther hat Glauben also als einen Prozess der persönlichen Erfahrung erlebt. Seine Freiheitsschrift ist die theologische Konsequenz seiner reformatorischen Entdeckung.

vgl. Kap. 1.2.2

Wie schon die oben zitierte paradoxe Doppelthese gleich zu Beginn deutlich macht, ist Luthers Schrift auf dem Prinzip der Dialektik aufgebaut, also auf antithetischen Begriffspaaren, die – zwar in sich gegensätzlich, aber dennoch jeweils eine Einheit bildend – den Menschen als Ganzes konstituieren. Dazu gehören u. a. die Verbindungen
- „freier Herr"/„dienstbarer Knecht" („Freiheit"/„Dienstbarkeit");
- „niemand untertan"/„jedermann untertan";
- „innerlicher Mensch"/„äußerlicher Mensch";
- „Glaube"/„gute Werke"
usw.

Die Perspektive bestimmt die Priorität, d. h. die theologische Zielsetzung entscheidet über die inhaltliche Zuordnung der Begriffe im Einzelnen.
Grundsätzlich bestimmt Luther **die christliche Existenz** als **Freiheit im Glauben** und **Dienst in der Liebe**. Dabei entspricht die existenzielle Gleichzeitigkeit von Freiheit und Gebundensein dem Miteinander von innerlichem und äußerlichem Menschen. Innerhalb dieser „Doppelnatur" ist der Christ
- als „inwendiger geistlicher" Mensch im Glauben an Gottes Verheißung frei;
- als „äußerlicher" Mensch zeitlich-geschichtlichen Bedingungen und irdischen Strukturen unterworfen.

„Diese zwei widerständigen Reden von der Freiheit und Dienstbarkeit zu vernehmen, sollen wir gedenken, daß ein jeglicher Christenmensch zweierlei Natur ist, geistlicher und leiblicher. Nach der Seele wird er ein geistlicher, neuer, innerlicher Mensch genannt; nach dem Fleisch und Blut wird er ein leiblicher, alter und äußerlicher Mensch genannt." (2)

„Also hilft es der Seele nichts, ob der Leib heilige Kleider anlegt ...; auch nicht, ob er in den Kirchen und heiligen Stätten sei; auch nicht, ob er leiblich bete, faste ... und alle gute Werke tue ... Es muß noch ganz etwas anderes sein, das der Seele Frömmigkeit und Freiheit bringe und gebe." (4)

A. Für den **ersten Teil** der Doppelthese, also für die Bestimmung von **Freiheit**, gilt ferner:

1. Den inneren Menschen, der mit dem Gerechtfertigten identisch ist, macht „kein äußerliches Ding... frei noch fromm, wie es immer genannt werden mag." (3)

2. Freiheit besteht für die Seele allein im Evangelium von Jesus Christus (5).

3. Die frohe Botschaft vom Gottessohn, der Mensch geworden ist, kann einzig im Glauben aufgenommen werden. Der Glaube rechtfertigt den Menschen vor Gott: „Hier ist fleißig zu merken und ja mit Ernst zu behalten, daß allein der Glaube ohne alle Werke fromm, frei und selig macht." (8) – („Glaube" bedeutet – wie immer, so auch hier – „Vertrauen" und kein zwanghaftes Fürwahrhalten von Heilstatsachen.)

4. Im Nichtangewiesensein auf fromme Werke besteht die Freiheit des Christen. „Also sehen wir, daß an dem Glauben ein Christenmensch genug hat; er bedarf keines Werkes, daß er fromm sei. Bedarf er denn keines Werkes mehr, so ist er gewißlich entbunden von allen Geboten und Gesetzen. Ist er entbunden, so ist er gewißlich frei. Das ist die christliche Freiheit, der einzige Glaube, der da macht, nicht, daß wir müßig gehen oder übel tun mögen, sondern daß wir keines Werkes zur Frömmigkeit bedürfen und um Seligkeit zu erlangen." (10)

5. Gleichzeitig wird mit dem Glauben an die göttliche Verheißung Gott die notwendige Ehrerbietung zuteil, „dieweil es wahr ist und recht, daß Gott die Wahrheit gegeben werde, welches die nicht tun, die nicht glauben und doch sich mit vielen guten Werken treiben und mühen." (11)

6. Ein solcher vertrauender Glaube und eine solche Freiheit machen den Christen nicht nur gelassen, sondern souverän und überlegen gegenüber allen irdischen Tatbeständen und Ereignissen, da „ein Christenmensch durch den Glauben so hoch erhaben wird über alle Dinge, daß er aller ein Herr wird geistlich; denn es kann ihm kein Ding schaden zur Seligkeit." (15) Dies ist natürlich nicht zu verstehen im Sinne irdischer Machtstrukturen oder gar physischer Unantastbarkeit – „denn wir müssen sterben leiblich, und Niemand kann dem Tode entfliehen" –, sondern als eine „geistliche Herrschaft". Die aber entspricht dem schon angebrochenen und seiner Vollendung entgegengehenden Königreich Christi, und im Glauben an Jesus Christus brauche ich selbst den Tod nicht zu fürchten: „Ich kann mich an allen Dingen bessern nach der Seele, daß auch der Tod und Leiden mir dienen müssen und nützlich sein zur

vgl. Mk. 1,15

Luther beruft sich hier auf Röm. 8,28 und 1. Kor. 3,22.

Seligkeit... Siehe, wie ist das eine köstliche Freiheit und Gewalt der Christen." (15)

Eine solche Weltüberlegenheit der Christen darf im Übrigen nicht verwechselt werden mit Passivität oder gar Weltflucht und Weltverachtung. Dies zeigen schon Luthers eigene zahlreiche Aktivitäten zur Genüge, sowohl hinsichtlich seines bis zum Lebensende andauernden unermüdlichen politisch-sozialen Engagements als auch bezüglich genossener Weltfreuden (Heirat/Vorliebe für Geselligkeit und gutes Essen/Weinkonsum!). Aber jene christliche Freiheit und Souveränität versichern mir: Alles, was (mir) auf der Welt immer geschehen mag, ist nicht das Maß aller Dinge. Es gibt eine höhere Wirklichkeit.

„Wer mag nun ausdenken die Ehre und Höhe eines Christenmenschen?... wie ein Christenmensch frei ist von allen Dingen und über alle Dinge, also daß er keiner guten Werke dazu bedarf, daß er fromm und selig sei, sondern der Glaube bringt es ihm alles überflüssig." (16)

7. Hinzu kommt für den Christen die priesterliche Funktion („... wie wir Könige und Priester seien, aller Dinge mächtig, und daß alles was wir tun, vor Gottes Augen angenehm und erhört sei ..." [18]). Die Unterschiede zwischen Priestern und Laien sind damit aufgehoben („allgemeines Priestertum der Gläubigen").

Ein Laie ist hier nicht ein „Nichtfachmann", sondern, im kirchlichen Sprachgebrauch, ein ggf. mit kirchlichen Aufgaben betrauter, jedoch nicht im geistlichen Amt stehender gläubiger Christ.

B. Der **zweite Teil** der Doppelthese handelt von der **Dienstbarkeit** des Christenmenschen:

1. Grundsätzlich geht es hier um den in die irdischen Zustände verflochtenen äußeren Menschen. Außerdem wendet sich Luther gegen das Missverständnis eines allzu großzügig gefassten Freiheitsbegriffes.

2. Dazu sichert er sich zunächst einmal vor der (zu erwartenden) Kritik an seiner Einschätzung der guten Werke ab, zu denen hier auch die – für den Christen als solche nach wie vor gültigen – selbstauferlegten Beschränkungen bzw. asketischen Übungen zu rechnen sind: Der Körper bedarf der Kontrolle. „Aber dieselben Werke müssen nicht geschehen in der Meinung, daß dadurch der Mensch fromm werde vor Gott." (21) Auch belässt Luther dem mündigen Menschen durchaus einen individuellen Ermessensspielraum.

„Da heben nun die Werke an: hier muß er nicht müßig gehen; da muß fürwahr der Leib mit Fasten, Wachen, Arbeiten und mit aller mäßigen Zucht getrieben und geübt sein, daß er dem innerlichen Menschen und dem Glauben gehorsam und gleichförmig werde, nicht hindere noch widerstrebe, wie seine Art ist, wo er nicht gezwungen wird." (20)

3. Im weiteren Verlauf formuliert Luther nochmals in aller Deutlichkeit die Rangfolge von Glaube und guten Werken und betont die Heilsnichtigkeit der Letzteren. Damit wendet er sich, gewiss in steter Rückerinnerung an vormals am eigenen Leibe überdeutlich verspürte Zwänge, gegen einen formalen Gesetzesgehorsam und überstiegene Beichtforderungen der Kirche. **Gute Werke sind nicht Voraussetzung, sondern Folge der Rechtfertigung**, „Früchte" des Glaubens. „Gute, fromme Werke machen nimmermehr einen guten, frommen Mann, sondern ein guter, frommer

„Daraus denn ein Jeglicher selbst die Maße und Bescheidenheit nehmen kann, den Leib zu kasteien; denn er fastet, wacht, arbeitet, so viel er sieht, daß dem Leibe not sei, seinen Mutwillen zu dämpfen." (21)

Aus Luthers Freiheitsschrift und anderen Texten wurden später im Rahmen der Rechtfertigungslehre (lateinisch und deutsch) die sog. *„Lutherischen Exklusivpartikel"* formuliert: sola fide („allein durch den Glauben") – sola gratia („allein durch die Gnade") – solus Christus („allein Christus") – sola scriptura („allein [durch] die Schrift").

E. Jüngel, Zur Freiheit eines Christenmenschen. Eine Erinnerung an Luthers Schrift, S. 90f.

„Siehe, also fließt aus dem Glauben die Liebe und Lust zu Gott, und aus der Liebe ein freies, williges, fröhliches Leben, dem Nächsten umsonst zu dienen." (27)

Das NT gibt hier keine einheitliche Auskunft. Neben einer Ablehnung der Gerechtigkeit aus den Werken wie in Röm. 3,28 (vgl. oben); 4,6; 11,6 wird der Glaube andererseits als „tot" ohne die Werke bezeichnet (Jak. 2,17), ja es wird, wiederum von Paulus (!), sogar ein Gericht aus den Werken gelehrt

Mann macht gute, fromme Werke" (22); es ist „offenbar, daß **allein der Glaube** aus **lauter Gnade** durch Christum und **sein Wort** die Person genugsam fromm und selig macht, und daß kein Werk, kein Gebot einem Christen not sei zur Seligkeit ... – denn er ist schon ... selig durch seinen Glauben und Gottes Gnade – sondern nur, um Gott darinnen zu gefallen." (23) Wenn Luther schreibt: Der Christ **ist schon selig**, dann bedeutet dies innerhalb von Luthers Rechtfertigungslehre, dass Gottes gnädige Zuwendung und Errettung der Glaubens-Antwort des – ja noch immer sündhaften – Menschen **vorausgeht**. Der Glaube ist eine Re-Aktion auf das **schon geschehene** göttliche Erbarmen und als solcher nicht konstituierend, sondern rezipierend und bestätigend. Der Mensch ist, wie es andernorts heißt, „gerechtfertigt und Sünder zugleich" (lat.: simul iustus et peccator). Und „Glauben heißt geradezu: sich etwas geben lassen können, empfangen können."

4. Die **Dienstbarkeit** ist ein entscheidender Sozialfaktor im Verhältnis des Christen zu seinem Mitmenschen. So wie Gott dem einzelnen Christen ohne dessen Verdienst „rein umsonst und aus eitel Barmherzigkeit durch und in Christo vollen Reichtum aller Frömmigkeit und Seligkeit gegeben" hat, so soll der solchermaßen Beschenkte „wiederum frei, fröhlich und umsonst" tun, was Gott wohlgefällt, und gegen seinen Nächsten „auch ein Christ werden, wie Christus mir geworden ist". (27) Die Christusgemeinschaft ist der Grund der Rechtfertigungserfahrung.

5. Ein Christ lebt nicht in souveräner Selbstsetzung aus sich selbst heraus und für sich selbst, „sondern in Christo und seinem Nächsten: in Christo durch den Glauben, im Nächsten durch die Liebe ... Das ist die rechte geistliche, christliche Freiheit, die das Herz frei macht von allen Sünden, Gesetzen und Geboten, welche alle andere Freiheit übertrifft, wie der Himmel die Erde". (30)

Für die **Beurteilung** von Luthers Freiheitsbegriff, seiner Freiheitsschrift als Ganzer und der Frage, wie weit diese für den heutigen Christen relevant ist, bleibt Folgendes zu bedenken:

1. Luthers Freiheitsbegriff steht in engem Zusammenhang mit seiner Rechtfertigungslehre. Die „außerordentliche emanzipatorische Bedeutung" (Brecht) seiner Schrift sehen viele zunächst in ihrer (zeitbedingten) Argumentation gegenüber einer verpflichtenden kirchlichen Gesetzlichkeit, der zum Beispiel die absolute Prioritätensetzung des Glaubens vor den guten Werken, wie sie Luther formulierte, völlig fremd war.

2. Man hat Luthers Freiheitsschrift gegenüber mehrfach – etwa von Seiten des Philosophen Max Scheler (1874–1928) und des Gesellschaftskritikers Herbert Marcuse (1898–1979) – den Vorwurf gemacht, hier werde der Weltbezug des Christen herabgesetzt zu Gunsten einer „reinen Innerlichkeit".

(2. Kor. 5,10). Man muss die Texte allerdings von ihrem jeweiligen Zusammenhang her verstehen.

Dem aber lässt sich entgegenhalten, dass
– Luther in seinem Text wiederholt und eindeutig zum sozialen Engagement für den Nächsten – und damit auch „in der Welt" und „für die Welt" – auffordert: **Der Hörer des Wortes muss zum Täter des Wortes und damit sein Glaube in der Liebe konkret werden**;

vgl. Jak. 1,22

– Luther den Menschen eben nicht einseitig unter sozialen oder politischen Perspektiven sieht, sondern umfassend aus seiner **Bestimmung zur Gemeinschaft mit Gott, aus der sich die Gemeinschaft mit dem Nächsten herleitet**;
– Luthers Gedanke der Dienstbarkeit nicht aus der Vorstellung einer Selbstverwirklichung heraus erwachsen ist, in der das Ego sein volles Genügen findet. Sondern **der Mensch ist nur das, was er durch Gottes Gnade wird**. In diesem Sinn ist **Freiheit** ein **Geschenk**.

vgl. 1. Kor. 15,10

3. So erhält der **Umgang mit der Freiheit** den höchsten Grad der **Verantwortung**, nicht nur vor den Mitmenschen (denn auch die Sorge um deren geistliches Wohlergehen und seelisches Heil gehört zu den Aufgaben des Christen), sondern **vor Gott**. Damit aber erreicht dieser Umgang eine Ebene der letzten Dimension.

> Freiheit ist also nach Luther Bindung und Verpflichtung, Befreiung zur Liebe.

4. Für Luther stand in seinem Glaubensverständnis die persönliche **Erfahrung** – der Fürsorge Gottes, des Befreitwerdens durch Christus – im Mittelpunkt. **Glaube** war für ihn – trotz, ja gerade wegen der vielerlei Anfechtungen und Bedrohungen, die er in seinem Leben zur Genüge erfahren musste – **das uneingeschränkte Vertrauen auf Gottes gutes Geleit in dieser und in jener Welt, das Geborgensein in Christus, die Gewissheit, bei Gott – für immer – zu Hause zu sein**.
In dieser neuen (besser: erneuerten, gereinigten, gleichwohl ursprünglichen) Sinngebung hat Luther Grundpfeiler des christlichen Glaubens **„reformierend"** – also: umgestaltend, verbessernd und neuordnend, aber auch wieder zum Eigentlichen zurückkehrend – in **„evangelischer"** (d. h. an

den „Evangelien" des NT orientierter) Schwerpunktsetzung (wiederum) zur Sprache gebracht. Darum kann Luthers Bedeutung für die Kirchen(!) wie auch für die persönliche Frömmigkeit des Einzelnen nicht hoch genug eingeschätzt werden.

zu Luthers Gewissensverständnis vgl. ausführlich Kap. 6.3.2

5. Luther folgte seinem **Gewissen**, auch im theologischen Kampf, in den schärfsten Auseinandersetzungen mit etablierten Lehrautoritäten. Darin könnte Luther – für einige oder viele geistliche Streiter der Gegenwart – gleichfalls ein Vorbild sein. Denn betrachtet man das Damals und das Heute, so gleichen sich manche Bilder fatal.

Im Übrigen hat Luther, zusammen mit seinen Freunden und Beratern, die Bulle „Exsurge domine" am 10. Dezember 1520 im Beisein von Wittenberger Professoren und Studenten feierlich verbrannt. Man war über diesen Vorgang allgemein entsetzt, auch weit jenseits der Landesgrenzen. Gleichsam postwendend wurde gut drei Wochen später, am 3. Januar 1521, in Rom die (endgültige) Bannbulle gegen Luther („Decet Romanum pontificem") verfertigt. Sie wurde wenig beachtet.

deutsch: „Es ist für den römischen Papst angemessen …"

3.3 Der Freiheitsbegriff bei Paulus

Das biblische Fundament der Ausführungen in Luthers Freiheitsschrift gründet in besonderem Maße in der Theologie des Apostels Paulus. Dessen Bedeutung für die Ausbreitung, gedankliche Durchdringung und theologische Systematisierung des lehrhaft noch kaum aufbereiteten neuen Glaubens an den in Jesus von Nazareth offenbar gewordenen Messias ist nur schwer zu ermessen. Paulus war sicher der wichtigste Mann des Urchristentums. Zwar trug der Heidenmissionar aus Tarsus entscheidend dazu bei, dem jungen Christentum zwischen Judentum und Hellenismus in der antiken Welt einen ausbaufähigen Platz zu sichern – unumstritten war seine Lehre allerdings keineswegs. Man warf ihm z. B. Frauenfeindlichkeit und Obrigkeitsgehorsam vor, auch nannte man ihn einen Verteidiger der antiken Sklavenmoral. Nicht selten aber wurden dabei bestimmte Bibelstellen pauschal übernommen. Auch hat man ihren zeitbedingten – also teilweise durch die Naherwartung der Wiederkunft Christi geprägten und deswegen nicht ohne weiteres auf die Gegenwart übertragbaren – Aussagewert nicht gesehen oder wohl auch bisweilen nicht sehen wollen.

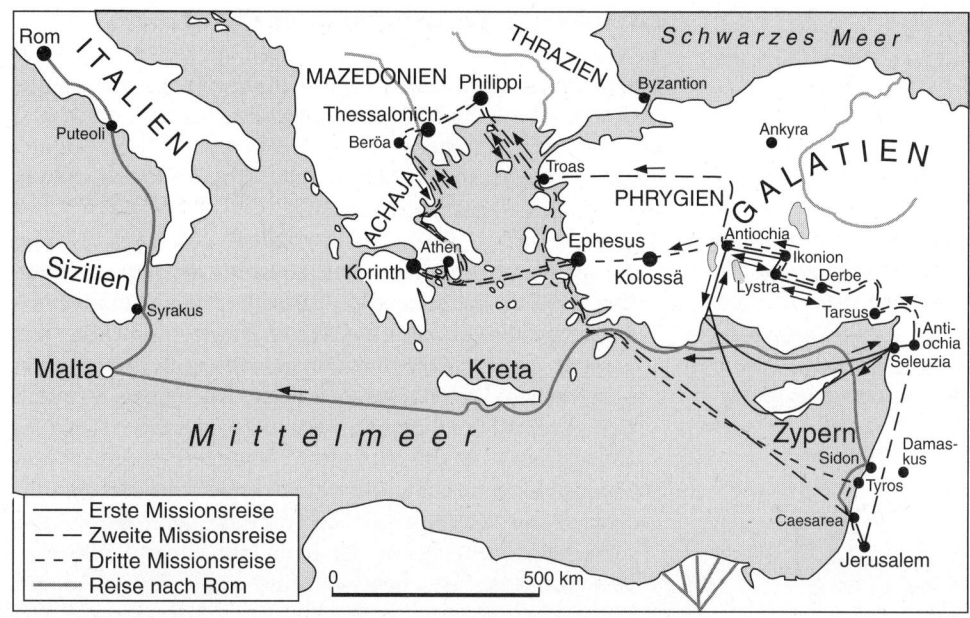

Abb. 10 Die Reisen des Paulus

Paulus war sowohl für die evangelische als auch für die katholische Theologie nicht nur grundsätzlich, sondern auch in Bezug auf bestimmte inhaltliche Schwerpunkte **innerhalb** der Konfessionen von großer Bedeutung. Im katholischen Bereich prägte er in besonderem Maße das Sakrament des Abendmahls und für den Protestantismus, speziell der Lutherischen Ausrichtung, war er vor allem für die theologische Ausgestaltung der Frage nach der Rechtfertigung des Menschen vor Gott bestimmend.

Es geht im Folgenden darum,

– die paulinische Basis von Luthers Glaubensvorstellung der „Rechtfertigung allein aus Gnade" und der „Rechtfertigung allein aus dem Glauben" aufzuzeigen;

– in Verbindung damit und in weiterer Analyse der Briefe des Heidenapostels auf breiter theologischer Grundlage deutlich zu machen, was Paulus unter „Freiheit" versteht;

– entscheidende neutestamentliche Aussagen zum ewigen Heil des Menschen, aber natürlich auch zu seinem „Leben in der Welt", vor Augen zu führen.

Die echten Paulusbriefe umfassen: Röm.; 1. und 2. Kor.; Gal.; Phil.; 1. Thess. und Phlm. – Die anderen unter dem Namen des Apostels überlieferten Briefe nennt man „Deuteropaulinen" (griech. deuteros = der zweite). Hierbei ist allerdings nicht an Fälschungen im heutigen Sinne zu denken, sondern an Ehrenbezeugungen der anonym gebliebenen Verfasser und an gleichsam amtliche „Rückversicherungen" zum Zweck der Glaubensfestigung bei den Empfängern.

61

3.3.1 Ein vorweggenommener Rückblick

Wenn man als ein getaufter Christ des ausgehenden zwanzigsten Jahrhunderts die biblische Botschaft ernst nimmt und sich somit veranlasst sieht, sich (wieder) mit der Person und der Lehre des Paulus zu beschäftigen, sollte man folgende Fakten nicht aus dem Gedächtnis verlieren:

1. Thess.: 50/51; Röm.: 56; Mk.: zwischen 64 und 70 (oder auch: um 70)

Jesus starb vermutlich am 7. April des Jahres 30 im Alter von etwa 34 Jahren.

1. Die – echten – Paulusbriefe gehören zum Urgestein des Neuen Testaments. Sie sind ältestes Überlieferungsgut: Der früheste Paulusbrief (1. Thess.) ist rund fünfzehn bis zwanzig Jahre älter als das älteste Evangelium (Mk.) und auch der jüngste (Röm.) wurde nur etwa sechs Jahre später geschrieben. Die paulinischen Briefe liegen also, rein zeitlich gesehen, deutlich näher am historischen Jesus als die Evangelien.

Dazu gehören 1. Kor. 15,3b–5; Röm. 1,3.4; Phil. 2,6–11.

2. Paulus zitiert in seinen Briefen mehrfach alte Bekenntnisformeln aus der urchristlichen Tradition, deren Entstehung viele Jahre zurückreicht und deren Inhalt bisweilen hart an den „Rand des Geschehens" selbst greift: So ist das alte heilsgeschichtliche Credo in 1. Kor. 15,3b–5 mit hoher Wahrscheinlichkeit schon in den ersten fünf Jahren nach Jesu Tod entstanden. Das hier Berichtete steht also in großer zeitlicher Nähe zu den Ereignissen selbst, es besitzt mithin einen hohen Grad an Authentizität.

„Denn ich tue euch kund, liebe Brüder, daß das Evangelium, das von mir gepredigt ist, nicht von menschlicher Art ist. Denn ich habe es nicht von einem Menschen empfangen oder gelernt, sondern durch eine Offenbarung Jesu Christi." (Gal. 1,11f.; vgl. 1,1; 2,7ff.) – „Habe ich nicht unsern Herrn Jesus gesehen?" (1. Kor. 9,1; vgl. 15,8; gemeint ist in beiden Fällen ein innerer Erlebnisvorgang)

3. Glaubwürdigkeit im Sinn eines göttlichen Sendungsauftrages, wie ihn zuvor Jesus den zwölf Jüngern erteilt hatte (vgl. Mt. 10), beansprucht Paulus auch für sich und seine Lehre: Die Berufung zum Apostel besitzt er ebenso wie diese, weil sich Jesus ihm offenbart hat.

4. Man würde es sich zu einfach machen, wenn man die innere Umkehr des Paulus, seinen Wandel vom Christenverfolger zum Christusverkünder, als opportunistische Taktik (Abkehr vom gesetzlich erstarrten Judentum und Hinwendung zu den neuen Inhalten der Jesusbewegung) und somit als einen „strategisch" erklärbaren Frontenwechsel verstehen wollte. Sein „Damaskuserlebnis" ist vielmehr ein **theologischer** Überzeugungswandel: „die sein Leben wendende Anerkennung, dass Gott in der Sendung und Hingabe Jesu als des Messias und Gottessohnes dem jüdischen Heilsweg ein Ende bereitet und damit zugleich allen den Heilsweg des Glaubens eröffnet hat." (G. Bornkamm)

*vgl. Apg. 9 – Dieser im Stil legendäre, dramatisch ausgestaltete Text steht allerdings in deutlichem Gegensatz zu des Paulus eigener, eher knapp und nüchtern gehaltenen Darstellung (vgl. Gal. 1,15; 1. Kor. 9,1; 15,8; Phil. 3 spricht von einem **Entscheidungsvorgang**).*

5. Angesichts der „überschwenglichen Erkenntnis Christi Jesu", die Paulus durch Gottes Gnade zuteil wurde, erachtet er alles, was ihm bisher in religiöser Hinsicht „Gewinn" war, nun für „Schaden", ja für „Dreck" (Phil. 3,7f.). Nicht nur seine hochdifferenzierte theologische Lehre, sondern

auch sein unermüdlicher Arbeitseinsatz und die dabei erlittenen Anfeindungen und Strapazen, deren Schilderung an Deutlichkeit nichts zu wünschen übrig lässt (vgl. 2. Kor. 11, 23 ff.), verbieten eindeutig das Denken an Taktik und Strategie.

Welcher Art waren die Überlegungen, die bei Paulus zu einer solch radikalen Umkehr führten?

3.3.2 Die Vorstellung von „Freiheit" bei Paulus

Es ist gewiss kein Zufall, dass Paulus während seines jahrzehntelangen Distanzierungsprozesses von der traditionellen Religion des Judentums (was keineswegs bedeutet, dass er sich dabei in allen Punkten inhaltlich restlos von diesem gelöst hätte) in seiner Lehre vom Menschen auch theologisch die Vorstellung des Frei-Seins, des Erlöst-Werdens in besonderem Maße akzentuiert.

In diesem Kernstück neutestamentlicher Anthropologie werden
– das Gebundensein des Menschen an religiöse Gesetzlichkeit,
– sein Ausgeliefertsein an die Sünde und
– seine Todesverfallenheit (als Verurteilung zur ewigen Verdammnis)
thematisiert.

In ungleich stärkerer Gewichtung aber treten sodann
– die Erlösung des Menschen und
– seine Berufung in die Freiheit Jesu Christi
in den Mittelpunkt.

Der theologische Freiheitsbegriff bei Paulus lässt sich also in
– **die Freiheit vom Gesetz,**
– **die Freiheit von der Sünde,**
– **die Freiheit vom ewigen Tod**
aufgliedern.

Saulus (die Erinnerung an den ersten israelitischen König klingt hier an) war der jüdische Name des Apostels, Paulus [„der Kleine"] sein zweiter Name, den er als römischer Bürger führte. Ab Apg. 13,9, also von dem Zeitpunkt an, wo der Apostel als Verkünder des Evangeliums in der nichtjüdischen Welt auftritt, wird nur noch der Name Paulus verwendet.

Berufungserlebnis: 32; Märtyrertod während der Christenverfolgungen unter Kaiser Nero (?) in Rom: 60–62 (?)

vgl. (auch zum Folgenden) R. Bultmann, Theologie des Neuen Testaments, S. 332 ff.

Abb. 11 Paulus. Mosaik aus der Basilika San Vitale in
Ravenna

Die Freiheit vom Gesetz

Der Begriff „Gesetz" darf hier nicht verwechselt werden mit
den juristischen Regelungen des menschlichen Zusammenlebens auf den verschiedensten Gebieten.

„Gesetz" meint im vorliegenden Zusammenhang vielmehr
- **den geoffenbarten Willen Gottes,** wie er im *Pentateuch
  aufgeschrieben und in der religiösen Lehre der jüdischen
  Tradition weiter erkannt und erläutert wurde;
- sodann aber auch, im übertragenen Sinn und gleichsam
  chiffrehaft, **den Versuch der menschlichen Selbstrechtfertigung.** Damit rückt der Begriff in die Nähe von „Eigendünkel" und „heilsgeschichtlicher Ichsucht" und meint den
  Irrglauben, aufgrund eigener frommer Leistungen vor
  Gott „gerecht", also „richtig", zu werden, ja gleichsam von
  Gott angenommen werden zu müssen.

Die alttestamentlich-jüdische Orthodoxie sah in ihrer „Gesetzesfrömmigkeit", also in dem korrekten, bisweilen übergenauen, ja teilweise schon haarspalterisch-minuziösen (und darum in Jesu Kritik den Geist und Sinn der Gebote oft auch verfehlenden) Einhalten religiöser Vorschriften ein Gott wohlgefälliges und zu belohnendes frommes Verdienst. Die Gefahr, mehr sich selbst im Blick zu haben als den Mitmenschen, lag auf der Hand.

In zahlreichen Konfliktsituationen mit Juden, Judenchristen und Heidenchristen auf Versammlungen, in Briefen und Gesprächen, nach Streitigkeiten im engeren Mitarbeiterkreis und wohl nicht zuletzt auch in der Auseinandersetzung mit der eigenen pharisäischen Vergangenheit ging es sehr häufig um die Frage, ob und inwieweit das Gesetz nach der Auferstehung Jesu nun noch Gültigkeit habe.

zum Konflikt mit Petrus vgl. Gal. 2,11ff.

Paulus kommt zu klaren Resultaten:

1. Vom *soteriologischen Neuanfang in Christus her gesehen hat das Gesetz nur eine vorläufige Geltung. Zwar ist es heilig und gut (Röm. 7,12.16), aber es war nur ein „Zuchtmeister ... auf Christus hin, damit wir **durch den Glauben gerecht** würden". (Gal. 3,24)

2. Christus ist das Ende des Gesetzes: „Wer an den glaubt, der ist gerecht." (Röm. 10,4)

3. Sofern das Gesetz Gottes Forderung enthält, ist es allerdings auch für den Christen gültig. Nach wie vor bleiben die alttestamentlichen Gebote in ihrer göttlichen Setzung anerkannt und in ihrem ethischen Anspruch für den Christen verpflichtend. Aber sie haben nur eine **begrenzte heilsgeschichtliche Funktion**.

4. Insofern haben wir Freiheit vom Gesetz, als in und durch Christus von Gott für uns ein end-gültiger Neubeginn gesetzt wurde: „Zur Freiheit hat uns Christus befreit!" (Gal. 5,1; vgl. 2,4)

Paulus über sich selber: „... der ich am achten Tag beschnitten bin, aus dem Volk Israel, vom Stamm Benjamin, ein Hebräer von Hebräern, nach dem Gesetz ein Pharisäer, nach dem Eifer ein Verfolger der Gemeinde, nach der Gerechtigkeit, die das Gesetz fordert, untadelig gewesen ..." (Phil. 3,5f.)

Freiheit – man erinnere sich an Luther – meint aber auch hier zugleich **Bindung**:

– An die Stelle alter Regelungen ist „das Gesetz Christi" (Gal. 6,2) getreten. Es gilt für den Christen **nicht als Messgerät frommer Leistungen, sondern als selbstverständliches Gebot des Erbarmens und der Liebe,** ähnlich wie für Luther die Werke „Früchte" des Glaubens sind: „Einer trage des andern Last!" (ebda.)

– Ganz eindeutig kommt **die Gerechtigkeit des Menschen aus dem Glauben und nicht aus den Werken des Gesetzes** (Röm. 3,28). Diese von Paulus inhaltlich oft wiederholte

vgl. Kap. 3.2.2

Maxime war für Luther die Grundlage seiner reformatorischen Erkenntnis.

– Somit steht der Mensch nicht mehr unter dem Gesetz, sondern unter der **Gnade** (Röm. 6,14).

„So ist nun die Liebe des Gesetzes Erfüllung." (vgl. Röm. 13,9 f.)

Über die „Neuartigkeit" des Liebesgebotes mag man allerdings trefflich streiten. Ist er im neuen Bund stärker als im alten, im Christentum nachhaltiger und intensiver als im Judentum? Vor allzu vorschnellen und eindeutigen Urteilen muss man sich hüten. Wenn Paulus schreibt (Gal. 5,14), dass „das ganze Gesetz" in dem mosaischen Gebot „Liebe deinen Nächsten wie dich selbst!" (3. Mose 19,18) erfüllt sei, so klingt dies teilweise ähnlich wie die Antwort Jesu auf die Frage der Pharisäer nach dem höchsten Gebot (Mt. 22,34 ff.). Im Kern war also die Forderung der Nächstenliebe im alten wie im neuen Bund umfassend und zentral.

*„Nicht daß wir tüchtig sind von uns selber, uns etwas zuzurechnen als von uns selber; sondern daß wir tüchtig sind, ist von Gott, der uns auch tüchtig gemacht hat zu Dienern des neuen Bundes, nicht des Buchstabens, sondern des Geistes. Denn der Buchstabe tötet, aber der Geist macht lebendig."
(2. Kor. 3,5 f.; vgl. auch Röm. 7,6)*

„Freiheit vom Gesetz" aber heißt bei Paulus konkret:

– frei zu sein von dem beständigen Zwang, aus eigener Kraft vor Gott gerecht werden zu müssen;

– frei zu sein von einem religiösen Leistungsperfektionismus, bei dem der Mensch „zwangsläufig" das Seine vor Augen hat – anders als die Liebe, die „nicht das Ihre (sucht)" (1. Kor. 13,5);

– frei zu werden von einer Erstarrung im Formalen, im Äußerlichen, im bloßen Wortlaut und damit von der Gefahr, das Wesentliche, den Inhalt, den „Geist" zu vergessen;

vgl. Röm. 1,17; 3,21 f.; Gal. 3,11

– offen zu werden für das Vertrauen in das Heilsgeschehen durch Jesus Christus, durch welches allein der Mensch vor Gott gerecht wird;

– bereit zu werden, sich für die Not des Nächsten einzusetzen;

– folglich alles andere als Schrankenlosigkeit oder Willkür, sondern persönlichen Glauben und praktisches mitmenschliches Handeln.

Gegenüber der christlichen Freiheit haben menschliche Gesetzmäßigkeiten und gesellschaftliche Unterschiede ihre Bedeutung verloren (vgl. Gal. 3,28).

zum Begriff der Sünde s. Kap. 2.3

Die Freiheit von der Sünde

„Gesetz" und „Sünde" haben einen gemeinsamen negativen Bezugspunkt: Er liegt in der Vergötzung des Ichs, in der Verabsolutierung des eigenen Wollens und Könnens. „Sünde" ist wesentlich bestimmt durch

– den Widerspruch gegen den Willen Gottes;

– menschliche Anmaßung;
– Lieblosigkeit.

„Freiheit von der Sünde" bedeutet also vor allem, **dass der Mensch sich Gott zur Verfügung stellt und seinem Willen gehorsam ist**. Gemeint ist nicht, dass der Mensch nunmehr auf geheimnisvolle Weise von der Möglichkeit zur Sünde befreit wäre und hinfort nicht mehr sündigen könnte oder wollte. Eine solche Annahme wäre unsinnig, weil sie der menschlichen Natur und jeglicher Lebenserfahrung widerspräche.

vgl. Röm. 6,12–14

Befreit ist der Mensch vielmehr von dem Zwang zur Sünde, von dem existenziellen Ausgeliefertsein an ihre beherrschende Macht. Er lebt nun in einer neuen *ontologischen Wirklichkeit: im Zustand der Gnade. Zum Wesen der Sünde gehört es, dass der Mensch glaubt, aus eigener Kraft das Leben gewinnen zu können und souverän zu sein wie Gott. Gerade dadurch aber verfällt er ihrer Herrschaft und der Macht des Todes: Er verliert sich selbst. Die Freiheit des Glaubenden besteht nun gerade darin, dass er, da er nicht mehr im Zustand der Sünde lebt, als ein von der Sünde und damit dem ewigen Tod „Losgekaufter" auch nicht mehr sich selbst gehört (vgl. 1. Kor. 6,19 f.).

Gen. 3,5
„Der Sünde Sold ist der Tod." (Röm. 6,23; vgl. 1. Kor. 15,56)
„Zustand der Sünde" meint primär keine Anhäufung von bösen Taten, sondern eine vom Wesen der Sünde umfassend negativ bestimmte Lebensform.

Das bedeutet, dass der Glaubende
– das Fundament seines Daseins nicht in sich selbst, sondern in Gott findet;
– alle Existenzängste und substanziellen Fragen nach Leben und Sterben getrost Gott hinlegen und ihre Auflösung ihm anheim stellen darf;
– sich in diesem und für jenes Leben ganz der Gnade Gottes anvertrauen darf;
– sich als Eigentum Gottes von diesem angenommen und damit erlöst weiß;
– für Gott lebt und seinem Willen gehorsam ist.

vgl. Psalm 37,5

Eine solche Freiheit ist **umfassend**.
Sie bedeutet allerdings nicht:
– die Befreiung vom lebensnotwendigen Sorgen und Planen;
– den Verlust von Problemen aller Art;
– die Lösung aus allen bindenden Normen.

Freiheit bedeutet vielmehr auch in diesem Zusammenhang gleichzeitig **Bindung**. Der Glaubende lebt im existenzbestimmenden Sinne nicht mehr im Zustand des „Fleisches" (griech. = sarx). Paulus meint damit, dass das Denken, Wollen und Handeln des Menschen nicht von Gott und seinem Willen geprägt werden, sondern von der Macht der Sünde, von irdisch-menschlichen und damit vergänglichen Kategorien. Der Glaubende aber lebt im Zustand des Geistes (griech. = pneuma), in der

„Alles ist euer: ... es sei Welt oder Leben oder Tod, es sei Gegenwärtiges oder Zukünftiges, alles ist euer, ihr aber seid Christi, Christus aber ist Gottes." (1. Kor. 3,21–23; vgl. Röm. 8,38f.)
vgl. Röm. 8,3f.

vgl. 1. Thess. 1,9;
Röm. 14,18; 16,18;
Röm. 6,16f., 18 („Denn
indem ihr nun frei geworden
seid von der Sünde, seid ihr
Knechte geworden der
Gerechtigkeit.")

*eschatologischen Existenz. Diese aber ist wesentlich mitbestimmt vom **Dienen** und als ein Leben „in Christus" nicht nur für die Gegenwart klar strukturiert, sondern auch von der Zukunft her begründet. Das Dienen geschieht gegenüber Gott oder Christus und in der ethischen Praxis gegenüber dem Nächsten als Tat der Liebe. Sie setzt das Wollen voraus, sich auch im konkreten Handeln nicht von der Sünde beherrschen zu lassen, sondern sich Gott hinzugeben (vgl. Röm. 6,11 ff.).

> Freiheit ist bei Paulus also nicht nur Bindung, sondern auch Forderung. In der realisierten Forderung wird Freiheit sichtbar und aktuell.

vgl. Gal. 5,22f.;
Röm. 14,17; 15,13

In der durch den „Geist" begründeten *eschatologischen Existenz des Glaubenden sind außer der Liebe auch die Freude und der Friede die das Leben des Einzelnen und das der Gemeinschaft bestimmenden Daseinskräfte. Freiheit heißt bei Paulus auch: Verantwortung für den Nächsten (vgl. z. B. 1. Kor. 8–10; Röm. 14 f.).

Die theologische Konzeption des Paulus spricht auf Seiten des Menschen nicht von einem zwangsläufig geschehenden heilsgeschichtlichen Automatismus. Denn

vgl. 1. Thess. 3,5;
1. Kor. 7,5; 2. Kor. 2,11

- die Entscheidung, „nach dem Fleisch" oder „nach dem Geist" zu leben, bleibt jedem Menschen freigestellt;
- ein noch so überzeugender *soteriologischer Neubeginn schützt im konkreten Lebensvollzug nicht vor Verfehlungen, wie natürlich auch Paulus weiß;

„Denn das Gute, das ich
will, das tue ich nicht; sondern das Böse, das ich nicht
will, das tue ich." (Röm.
7,19; vgl. Kontext)
„Sie sind allesamt Sünder
und ermangeln des Ruhmes, den sie bei Gott haben
sollten." (Röm. 3,23)

- „Fleisch" und „Geist" sind einander widerstreitende Kräfte im Menschen (Gal. 5,17), was, wie Paulus am eigenen Leib spüren muss, dem Guten häufig genug nicht zum Sieg verhilft.

Auch die glaubenden Menschen können aus eigener Kraft nicht die „Gerechtigkeit" Gottes erlangen. Nüchtern und konsequent formuliert Paulus: „Durch das Gesetz kommt Erkenntnis der Sünde." (Röm. 3,20)

Prinzipiell aber gilt – und das ist das grundlegend Neue der paulinischen Lehre und Erkenntnis –, dass in Christi Tod und Auferstehung die *eschatologische Gerichtsentscheidung ergangen ist, ohne dass der Mensch zuvor die Werke des Gesetzes erfüllt und damit selbst die Voraussetzungen der Rechtfertigung erbracht hätte.
Der Anbruch des Heils in Jesu Tod, Auferstehung und Erhöhung ist bereits vollzogen. Der Mensch ist gerechtfertigt und von Gott angenommen.

„... und werden ohne Verdienst gerecht aus seiner Gnade durch die Erlösung, die durch Christus Jesus geschehen ist." (Röm. 3,24)

„Ihr seid reingewaschen, ihr seid geheiligt, ihr seid gerecht geworden durch den Namen des Herrn Jesus Christus und durch den Geist unseres Gottes." (1. Kor. 6,11)

Mit der Rechtfertigung des Menschen ist auch die **Versöhnung** mit Gott vollzogen. Beide Prozesse bzw. Resultate sind ausschließlich Gottes Tat und von wahrhaft universaler Bedeutung.

Gottes Entschluss ist verkündet, sein Angebot ist gegeben. Die positive Reaktion des Menschen, die Bereitschaft zur Akzeptanz des göttlichen Heilsplanes, überhaupt nur seine Antwort – sie bleiben und blieben, damals wie heute, allzu oft bei allzu vielen aus. Paulus ist sich nicht zu schade, in der Vollmacht seines Apostelamtes und gleichsam als Stellvertreter Christi, den noch Zögernden und Zaudernden – man muss sich das einmal klarmachen! – um die Zustimmung zu dessen eigenem Heil zu bitten:

„Gott war in Christus und versöhnte die Welt mit sich selber und rechnete ihnen ihre Sünden nicht zu und hat unter uns aufgerichtet das Wort von der Versöhnung." (2. Kor. 5,19; vgl. Röm. 5,10)

„Laßt euch versöhnen mit Gott!"

2. Kor. 5,20

Zwar bleibt es nicht aus, dass auch der Glaubende, obwohl er es nicht will, weiterhin sündigt. Denn er lebt in seiner leiblichen Existenz ja noch immer „im Fleisch", wenn auch nicht „nach (also: gemäß) dem Fleisch" (vgl. 2. Kor. 10,3). Er hat sich in der ihm geschenkten, nun mit völlig anderen Vorzeichen versehenen Lebensform in der Welt zu bewähren – was auch ein Scheitern nicht von vornherein ausschließt. Paulus betont sehr deutlich, dass auch der Glaubende keineswegs schon vom Jüngsten Gericht befreit ist.

Röm. 14,10; 2. Kor. 5,10; vgl. auch Phil. 3,12–14

Für den Glaubenden haben sich Grundlagen, Maßstäbe und Zielrichtung des Lebens geändert. Er ist „zum Gehorsam befreit", sein Leben „nach dem Geist" ist durch Vertrauen, Hingabe und Preisgabe des alten Selbstverständnisses bestimmt. Dieses neue Leben ist in der durch Gottes Heilstat in Christus begründeten „neuen Schöpfung" selbst seinem Wesen nach Glaube – so wie der Glaube seinerseits „Leben" ist.
Dieser Glaube ist
– kein Werk des „Gesetzes", das als pietätvolles Pflichtpensum (krampfhaft) erbracht werden müsste;

„Ist jemand in Christus, so ist er eine neue Kreatur; das Alte ist vergangen, siehe, Neues ist geworden." (2. Kor. 5,17)

69

- keine fromme Leistung, die von Gott entsprechend anzu-
erkennen und zu belohnen wäre;
- sondern vielmehr „reines Empfangen" (G. Bornkamm),
vertrauender Gehorsam gegenüber dem ergangenen und
immer wieder neu geschehenen Wort Gottes, Gewissheit
(Röm. 4,21; 1. Thess. 1,5) und Gottesfurcht (1. Kor. 2,1 ff.;
Röm. 11,20 ff.; Phil. 2,13 f.).

Zu einem solchen Leben im und aus dem Glauben ist der
nun nicht mehr der Sünde verfallene Mensch des neuen
Äons von Gott **befreit**.

Äon = Zeitraum; Weltalter

> Freiheit ist nach Paulus nicht eine Wesensbestimmung
> des (souveränen) Menschen, sondern die Heilsgabe der
> Befreiung von Gesetz, Sünde und ewigem Tod.

Die Freiheit vom ewigen Tod

Mit überwältigender Konsequenz schließt sich bei Paulus der
Kreis der Lehre und des neuen Lebens: Wer die Freiheit des
Glaubenden vom ewigen Tod in dieser Form behauptet und
lehrend verkündet, muss **erfahren** haben, dass das Leben stärker ist als der Tod. In der Tat haben die neutestamentlichen Auf-
erstehungszeugnisse sehr viel mit persönlichen Erfahrungen –
die aber bis zu einem gewissen Grad objektivierbar sind (!) – der
wahrhaftig und zu Recht „Betroffenen" zu tun.

vgl. zum Thema „Kreuz und Auferstehung Jesu" hier und für das Folgende den Band „Abiturwissen Jesus Christus", S. 96 ff.; 140 ff.

*Die folgenden Ausführungen beziehen sich allein auf die Erlösungslehre des **Paulus**; Weiteres zu diesem Thema findet sich in Kap. 7.*

Um Missverständnisse zu vermeiden:
- Mit „Tod" (und dem begrifflich dazugehörigen Vokabular)
meint Paulus nicht zuerst das biologische Lebensende, sondern, neben anderem, einen *ontologisch bestimmten und
darüber hinaus auch im Jenseits zu denkenden Zustand
ewiger Gottesferne;
- „Freiheit vom Tod" (natürlich ist damit nicht die Aufhebung des Sterbens gemeint) muss folglich eine in der Auferweckung Jesu durch Gott jetzt schon gegründete, in ihrer
vollen umfassenden Seinswirklichkeit aber erst in der
Zukunft vollendete positive, lebens-volle und gott-nahe
Seinsform des Menschen beinhalten.

Für Paulus waren Tod und Auferstehung Jesu Christi feststehende Tatsachen. Im Übrigen hätte ein philosophisch geschul-
ter, umfassend gebildeter, theologisch und rhetorisch bis in
kleinste Nuancen differenziert denkender und schreibender
Mann wie er seine Lehre gewiss nicht auf Spekulationen oder
psychogene Visionen – in diesem Sinne hatten schon viele seiner Zeitgenossen die Auferstehung Jesu gedeutet – gegründet.

Die paulinische Lehre von der Freiheit des Menschen vom ewigen Tod ist ebenso folgerichtig wie radikal.

Sie ist in sich logisch und konsequent, denn:

1. Der Glaubende und durch die Taufe in die Gemeinschaft mit Christus Aufgenommene hat die Gabe des „Geistes" (pneuma) erhalten als „Unterpfand" der Heilszukunft.

   2. Kor. 1,22; 5,5; vgl. Röm. 8,23

2. Dank dieser Gabe ist uns die künftige Auferstehung gewiss: „Wenn nun der Geist dessen, der Jesus von den Toten auferweckt hat, in euch wohnt, so wird er, der Christus von den Toten auferweckt hat, auch eure sterblichen Leiber lebendig machen durch seinen Geist, der in euch wohnt." (Röm. 8,11)

3. Das Leben „im Geist" aber ist für den Glaubenden Grundlage und Norm der neuen *eschatologischen Existenz.

   vgl. oben S. 67 ff.

4. Da aber „unser alter Mensch" mit Jesus gekreuzigt und damit der „Leib der Sünde vernichtet" – also das Leben auf der vormals bestimmenden Basis von „Gesetz", „Sünde" und „Fleisch" ein für allemal zerstört – wurde, werden wir, so wie Christus auferweckt wurde, mit ihm leben.

   Röm. 6,3 ff.; 7,4–6

Entsprechend zugespitzt, beinahe schroff, von der Gesamtargumentation her durchaus schlüssig, jedoch ohne eine Alternative zu geben, kann Paulus somit formulieren:

> „Ist aber Christus nicht auferstanden, so ist unsre Predigt vergeblich, so ist auch euer Glaube vergeblich. Hoffen wir allein in diesem Leben auf Christus, so sind wir die elendesten unter allen Menschen."

1. Kor. 15,14.19; vgl. auch V. 32

„Tod" meint also bei Paulus in theologischem Sinn eine negative Qualifikation des Seins und der Seinsbestimmung des Menschen, die Sphäre der Sünde, gewissermaßen den früheren Zustand des Menschen, der aber eben nun durch Christi Auferweckung vom Tode end-gültig aufgehoben ist. Mit „Tod" bzw. den zugehörigen Begriffen bezeichnet Paulus nicht nur das Entgelt der Sünde, sondern auch das Trachten des „Fleisches".

Röm. 6,23

Diese Verderben bringende, substanziell sündhafte menschliche Seinsebene wird immer dann offenkundig,

Röm. 8,6; vgl. V. 13; Gal. 6,8

– wenn der Mensch in Gegensatz und Widerspruch zu Gott oder dem (göttlichen) „Geist" tritt;

– wenn der Mensch als Grund und Ziel seines Lebens allein sich selbst versteht und sich in seinem absoluten Selbstbehauptungsdrang alles ausschließlich um ihn dreht;

– wenn (dies kritisiert Paulus nicht selten bei seinen Gegnern) angebliche religiöse Vorzüge und unangemesser

vgl. Phil 3,4 ff.; 2. Kor. 11,16–12,10; Gal. 3,3

Gesetzeseifer zum Versuch der Selbstrechtfertigung, zur Aufrichtung einer „eigenen Gerechtigkeit" und damit zur Missachtung der Erlösung in Christus führen;

Gal. 5,19ff.24
– wenn grobsinnliche Leidenschaften und Begierden den Menschen beherrschen.

Ein Sichbestimmenlassen von eigenen Gesetzmäßigkeiten gehört aber andererseits zum Wesen des Menschen überhaupt. Im neuen Leben des Glaubenden sind allerdings Glaube und sittliche Konsequenz einander zugeordnet – in der Praxis indes ließ eine solche Zuordnung, wie Paulus sehr wohl wusste und häufig erlebte, oft genug zu wünschen übrig. Darum findet sich in seinen Briefen nicht selten eine Verknüpfung von Heilsaussagen und Mahnungen, sprachlich-strukturell realisiert durch eine Verbindung von **Indikativ** und **Imperativ**. Dabei haben Zuspruch und Aufruf häufig denselben Inhalt, z. B.:

z. B. Röm. 6,2ff.11ff.;
15,1ff.; 1. Kor. 6,1ff.12ff.;
Gal. 5,1; Phil. 2,1ff. u. ö.

– „Wenn wir im Geist leben, so laßt uns auch im Geist wandeln" (Gal. 5,25);
– „Wie sollten wir in der Sünde leben wollen, der wir doch gestorben sind?... Haltet dafür, daß ihr der Sünde gestorben seid und lebt Gott in Christus Jesus." (Röm. 6,2.11)

Nach allem lassen sich die folgenden heilsgeschichtlichen Fakten konstatieren bzw. die weiteren Konsequenzen formulieren:

1. „So gibt es nun **keine Verdammnis** für die, die in Christus Jesus sind. Denn das Gesetz des Geistes, der lebendig macht in Christus Jesus, hat dich **frei** gemacht von dem Gesetz der Sünde und des Todes." (Röm. 8,1 f.)

2. Das „Gesetz des Geistes" bzw. das „Sein in Christus" sind *eschatologische Begriffe bzw. Seinszustände – universal, endgültig, gottgewollt. Demgegenüber verblasst zuletzt für den glaubend vertrauenden Menschen vielleicht nicht selten die Frage nach dem physischen Ende (s)eines individuellen Lebens (und nimmt ihm doch nichts – oder doch einiges? – von seiner Bitterkeit).

„Ich habe Lust, aus der Welt zu scheiden und bei Christus zu sein, was auch viel besser wäre; aber es ist nötiger, im Fleisch zu bleiben, um euretwillen."
(Phil. 1,23f.)

3. Angesichts der neuen gottgegebenen Wirklichkeit, die welt- und heilsgeschichtliche Dimensionen umfasst und den Tod des Einzelnen bei weitem übergreift, kann Paulus sogar formulieren: „Christus ist mein Leben, und Sterben ist mein Gewinn." Und er hofft, dass das „Sein mit Christus" unmittelbar nach seinem Tode eintreten wird.

4. Eine solche Freiheit vom Tod als ein Befreitsein von der ewigen Verdammnis aktualisiert sich für den Glaubenden in einer souveränen Freiheit gegenüber der „Welt" und den sie bestimmenden Mächten:

- „Welt" meint hier den alten, zu Ende gehenden Äon, der unter der Herrschaft des Todes steht und zu dessen notwendigen Besonderheiten daher das Leiden gehört. Der Glaubende kann – in den hier geschilderten Zusammenhängen – wohl nicht unbedingt eine Antwort auf die Frage nach dem Sinn des Leidens im Allgemeinen finden. Er kann aber vielleicht doch, aus den neuen Möglichkeiten seines Lebens und damit aus einem neuen Selbstverständnis heraus, ein anderes Verständnis des Leidens gewinnen, welches ihn über dasselbe Herr werden lässt. Mit anderen Worten: Die in einer tiefen religiösen Gewissheit fest verwurzelte **Hoffnung** (ein bei Paulus zentraler Begriff) auf ein Weiterleben nach dem Tod kann auch Schlimmstes tragbarer machen. Mit „billigem Trost" hat dies wahrhaftig nichts zu tun. (Und wo wäre, im Übrigen, die Alternative?!)

  vgl. Röm. 5,1–5; 8,24f.

- „Welt" meint auch den Kreislauf der Angst, dem der ständig nur sich selbst vertrauende und sein Ego verabsolutierende Mensch früher oder später allzu häufig verfällt. Wenn der Glaubende befreit ist von den Zwängen und Sorgen um das Vergängliche – in dem Sinne, dass er diese Welt nicht als die alleinige, letztgültige Wirklichkeit ansieht, an die er sich als an etwas doch Vergehendes mit Leib und Seele bindet –, dann ist er auch frei von den Gesetzmäßigkeiten der Bosheit dieser Welt, denen er von sich aus nicht zu folgen hat. Der oft notwendige Kampf um das tägliche Brot, die Bedrängnisse des Lebens, die Sorgen des Alltags – sie bleiben natürlich bestehen, aber sie müssen nicht in der Ausweglosigkeit, im *Fatalismus enden. Sie besitzen für den Glaubenden – und um die Gnade einer solchen Überzeugung darf man durchaus immer wieder bitten – einen anderen Stellenwert.

- „Welt" meint aber ganz und gar nicht einen Rückzug aus dem Alltag, eine beschauliche Passivität, ein unbeteiligtes Darüberstehen, ein Nichtstun, eine spirituelle Jenseitsschwärmerei. Damit wären das Leben des Christen „in der Welt" und seine Aufgaben völlig verkannt. Paulus selbst gibt mit seinem rastlosen Engagement, mit seinem unermüdlichen Einsatz für das Heil des Nächsten wohl nicht das schlechteste Beispiel für die „weltliche Existenz" eines Christen. Und seine vielen Mahnungen zu einer sozialen Gestaltung des Gemeindelebens und damit zu einer praktischen Bewältigung des Alltags blieben nicht ohne konkrete Auswirkungen.

  vgl. z. B. Röm. 12

vgl. auch 1. Kor. 3,21–23

5. Die Freiheit von der ewigen Verdammnis kann dem glaubend vertrauenden Menschen die Angst vor dem Sterben nehmen und vor dem, was „danach kommt". Wenn er sich in diesem und in jenem Leben bei Christus geborgen weiß, verliert auch der Tod für ihn seinen Schrecken:

 – „Keiner lebt sich selber, und keiner stirbt sich selber. Leben wir, so leben wir dem Herrn; sterben wir, so sterben wir dem Herrn. Darum: wir leben oder sterben, so sind wir des Herrn. Denn dazu ist Christus gestorben und wieder lebendig geworden, daß er über Tote und Lebende Herr sei." (Röm. 14,7–9)

 – „Ich bin gewiß, daß weder Tod noch Leben, weder Engel noch Mächte noch Gewalten, weder Gegenwärtiges noch Zukünftiges, weder Hohes noch Tiefes noch eine andere Kreatur uns scheiden kann von der Liebe Gottes, die in Christus Jesus ist, unserm Herrn." (Röm. 8,38 f.)

vgl. 1. Kor. 15,55: „Tod, wo ist dein Sieg? Tod, wo ist dein Stachel?"
zum Thema „Auferstehungshoffnung" vgl. „Abiturwissen Jesus Christus", S. 152 ff.

 – „Der letzte Feind, der vernichtet wird, ist der Tod." (1. Kor. 15,26)

6. Freilich – Fakten im Sinne naturwissenschaftlicher Beweise, „Sicherheit" (die konkret nachzuprüfen und damit objektivierbar wäre) anstatt glaubender „Gewissheit" kann Paulus nicht liefern. Ein Wissenwollen dieser Art widerspräche dem Wagnis des Glaubens und würde seiner Sache nicht gerecht. Paulus selbst hat in seinen bekannten Ausführungen über die Auferstehung in 1. Kor. 15 – die Einzelheiten lese man dort nach – gegenüber einem solchen Anliegen eine eindeutige Antwort parat, die deutlich genug ist. So verzichtet er auch darauf, innerhalb des hier beschriebenen dramatischen kosmischen Vorgangs bestimmte Details des künftigen Auferstehungslebens auszumalen. Trotz der verwendeten eindrucksvollen Bilder sind Sprache und Argumentation im Ganzen durchaus nüchtern und sachlich, weit entfernt von überschwänglicher Schwärmerei und eiferndem Enthusiasmus.

vgl. 1. Thess. 4,13–17; zu 1. Kor. 15,3b–5 s. S. 62

„Es könnte aber jemand fragen: Wie werden die Toten auferstehen, und mit was für einem Leib werden sie kommen? Du Narr …" (1. Kor. 15,35 f.)

So finden sich z. B. Sentenzen (V. 14,19), knappe, z. T. anaphorisch-dialektisch formulierte Thesen (V. 20,26, 42–44), rhetorische Fragen (V. 29, 55) u. a.

Eine solche Art der
 – theologisch äußerst kompakten,
 – strukturell und rhetorisch teilweise recht differenzierten,
 – von der thematischen Ausführlichkeit her aber dann doch eher gemäßigten und zurückhaltenden
Darstellung ist der Authentizität des Inhalts absolut angemessen. Diese gründet allein auf dem **Faktum** der Auferstehung Jesu Christi und dem Überzeugungsvermögen des Paulus. Für den heutigen Leser ist sie, im Rahmen des Möglichen, auch dem „sachlichen" Verstehen zugänglich und damit ebenso eine rationale Herausforderung.

„Nun aber ist Christus auferstanden von den Toten als Erstling unter denen, die

Die **Auferstehung Christi** ist die **Grundlage** und der **Ursprung** der Auferstehung aller Glaubenden. Gleichzeitig deutet Paulus hier im Rahmen seiner Adam-Christus-Typologie die Möglichkeit eines **göttlichen Allerbarmens** an, durch welches **alle** Menschen gerettet werden.

Ebenso grundsätzlich und entschieden wie die Ausführungen in 1. Kor. 15, unter bewusstem Verzicht auf spekulative Illustrationen, sind die weiteren Hinweise des Paulus auf die – ihrem Wesen nach für die jetzt Lebenden unsichtbare – künftige Auferstehungswirklichkeit:

- Die „Herrlichkeit" soll offenbart werden (Röm. 8,18; 2. Kor. 4,17).
- Wir werden mit Gott bzw. mit Christus zusammen leben (1. Thess. 4,17; 5,10; 2. Kor. 5,8).
- An die Stelle des Lebens „im Glauben" wird ein Leben „im Schauen" treten (2. Kor. 5,7).
- „Wir sehen jetzt durch einen Spiegel ein dunkles Bild; dann aber von Angesicht zu Angesicht. Jetzt erkenne ich stückweise; dann aber werde ich erkennen, wie ich erkannt bin." (1. Kor. 13,12)

*entschlafen sind. Denn da durch **einen** Menschen der Tod gekommen ist, so kommt auch durch **einen** Menschen die Auferstehung der Toten. Denn wie sie in Adam alle sterben, so werden sie in Christus alle lebendig gemacht werden."* (1. Kor. 15,20–22)

„Unsre Trübsal, die zeitlich und leicht ist, schafft eine ewige und über alle Maßen gewichtige Herrlichkeit, uns, die wir nicht sehen auf das Sichtbare, sondern auf das Unsichtbare. Denn was sichtbar ist, das ist zeitlich; was aber unsichtbar ist, das ist ewig." (2. Kor. 4,17f.)

4 Anthropologische Entwürfe

Die hier vorgenommene schwerpunktmäßige Auswahl (Goethe; Lessing; Rousseau; Hobbes; Lorenz) lässt sich durch den Einbezug weiterer Denkkonzepte nach verschiedenen Perspektiven hin ergänzen. Zu den in den Lehrplänen in diesem Zusammenhang teilweise auch genannten Autoren Marx, Nietzsche, Sartre und S. Freud vgl. ausführlich „Abiturwissen Religionskritik", S. 52 ff.: 99 ff.; 125 ff.; 151 ff.; zu Nietzsche vgl. hier Kap. 6.1.2, zu S. Freud vgl. Kap. 6.2.2

__typos__ (griech.) = Gestalt, Vorbild

Dieser Aspekt wird relevant z. B. bei der Analyse von Goethes „Prometheus"-Text (s. u.).

Wenn in diesem Kapitel aus so unterschiedlichen und jeweils eigenen Gesetzen verpflichteten Bereichen wie „Literatur", „Philosophie" und „Verhaltensforschung" im Einzelnen z. T. ganz erheblich voneinander abweichende Konzeptionen und Strukturen vom Menschen vorgestellt werden, so geschieht dies vor allem deswegen, um zu Grundzügen und Aspekten des christlich-theologischen Menschenbildes bestimmte inhaltsreiche Alternativen, ggf. auch Ergänzungen, vor Augen zu führen. Separate Auseinandersetzungen mit den verschiedenen Positionen schließen sich an.

Dabei ist von der Sache her, trotz aller Detailarbeit an den Texten, eine gewisse Verallgemeinerung nicht nur unvermeidbar, sondern auch notwendig. Denn es geht hier häufig um **Typisches**, das miteinander verglichen werden soll, und nicht um inhaltlich unangreifbare Standorte. Typisches aber erscheint nicht in reiner Form, sondern auf dominierender Basis. Abweichungen bzw. Ergänzungen gegenüber dem Muster, dem Modell sind daher nicht die Ausnahme, sondern die Regel. Es bleibt dahingestellt, ob bzw. inwieweit eine auch nur partielle Alternative ein Lehrgebäude als Ganzes ins Wanken bringen kann, wenn an die Stelle des Typischen das Grundsätzliche tritt. In diesem Kapitel wird, bei Alternativen oder auch Analogien zu christlich-theologischen Denkmodellen, ständig „verglichen", nicht nur in den ausdrücklich dafür eingerichteten Kapitelabschnitten. Dies setzt voraus, dass ein gewisser theologischer Grundkonsens, etwa bei der Frage nach der Person Gottes, erforderlich ist und hier auch formuliert wird. Solches erfolgt auch dann, wenn zu bestimmten Aspekten in der modernen Theologie teilweise sehr kontrovers diskutiert wird. Natürlich haben die im Folgenden zur Sprache gebrachten anthropologischen Konzeptionen der einzelnen Dichter und Denker, so wenig wie jede Philosophie oder Religion, keine in jeder Beziehung fertigen „Lösungen" zur metaphysischen Bestimmung des Menschen parat. Vor allzu schnellen und pauschalen Schlussfolgerungen, man habe bei bestimmten Entwürfen nunmehr einen „Ersatz" zur „christlichen Lehre" gefunden, ist also zu warnen. Ernst und (mögliche) Nachdrücklichkeit nicht-christlicher Konzepte bleiben davon unberührt.

4.1 Der prometheisch-faustische Mensch (Goethe)

Die Kenntnis der Texte wird, hier wie auch in Kap. 4.2, vorausgesetzt.

Der phänomenologischen Erarbeitung dieses Menschen-Typus, der, allein und ausschließlich mit solchen Persönlichkeitsmerkmalen ausgestattet, in der Wirklichkeit nur schwerlich anzutreffen sein dürfte, dienen als literarische Grundlage die Hymne „Prometheus" und die Tragödie „Faust" von Johann Wolfgang von Goethe.

Während der „Prometheus"-Text in klarer Kontraststruktur prägnante Postulate erhebt, ergebnishafte Aussagen gestaltet und somit „typisch Prometheisches" formuliert, umgreifen die „faustischen" Charaktereigenschaften nur bestimmte Wesensmerkmale dieser literarischen Figur. Dabei ist in der Forschung allerdings keineswegs klar umrissen, was unter dem „faustischen" Menschen denn nun eigentlich genau zu verstehen sei (vgl. Kap. 4.1.2).

Abb 12
Johann Wolfgang von Goethe (1749–1832)

4.1.1 Aufbegehren

Die „Prometheus"-Hymne – „Ode" ist als Gattungsbezeichnung ebenso zutreffend – entstand wahrscheinlich im Herbst des Jahres 1774 im Zusammenhang eines perspektivisch erweiterten (Prometheus sorgt für seine Geschöpfe etc.) zweiaktigen Dramenentwurfs. Das Gedicht, monologische Rollenlyrik, ist hingegen ein in sich abgeschlossenes Werk. Wegen dessen nicht überhörbarer antichristlicher Zuspitzung zögerte Goethe zunächst, es unter seinem Namen zu veröffentlichen. Erst nachdem der Text ohne Wissen des Verfassers gedruckt worden war, nahm Goethe das Gedicht 1789 in seine „Schriften" auf.

Zorn, Anklage, Spott, Verachtung, Selbstbehauptung und menschenbildendes schöpferisches Wirken – mit diesen Begriffen lassen sich das trotzige Fürsichsein, die feindliche Ferne des Prometheus zu Gottvater Zeus umschreiben. Dadurch, dass Goethe die antike Vorlage änderte, schuf er in dem nun entstandenen Vater-Sohn-Verhältnis, wie es zunächst scheint, die Voraussetzungen für einen gezielten antichristlichen Affront (s. u.).

*Die „Prometheus"-Hymne (Text nach der Hamburger Goethe-Ausgabe, Bd. 1) ist nur **ein** Teil der Lebensphilosophie des jungen Goethe (dazu Näheres am Ende des Kapitels).*

In der griechischen Mythologie ist Prometheus der Sohn des Titanen Iapetos, bei Goethe ist er Sohn des Zeus. Die Titanen sind das von den „Ureltern" Uranos (Himmel) und Gaia (Erde) abstammende zweite Geschlecht der Götter. Von Zeus besiegt, erscheinen sie als Gegenkräfte zur Weltordnung der olympischen Götter.

Abb. 13
„Prometheus bringt dem Menschen das Feuer". Zeichnung von Rudolf Jettmar.

Prometheus

*Die Prometheusgestalt
wurde in dichterischen Kreisen beliebt mit der Entstehung des Geniegedankens
im 18. Jahrhundert.*

Bedecke deinen Himmel, Zeus,
Mit Wolkendunst!
Und übe, Knaben gleich,
Der Diesteln köpft,
5 An Eichen dich und Bergeshöhn!
Mußt mir meine Erde
Doch lassen stehn,
Und meine Hütte,
Die du nicht gebaut,
10 Und meinen Herd,
Um dessen Glut
Du mich beneidest.

78

Ich kenne nichts Ärmer's
Unter der Sonn' als euch Götter.
15 Ihr nähret kümmerlich
Von Opfersteuern
Und Gebetshauch
Eure Majestät
Und darbtet, wären
20 Nicht Kinder und Bettler
Hoffnungsvolle Toren.

Da ich ein Kind war,
Nicht wußte, wo aus, wo ein,
Kehrte mein verirrtes Aug'
25 Zur Sonne, als wenn drüber wär'
Ein Ohr, zu hören meine Klage,
Ein Herz wie meins,
Sich des Bedrängten zu erbarmen.

Wer half mir wider
30 Der Titanen Übermut?
Wer rettete vom Tode mich,
Von Sklaverei?
Hast du's nicht alles selbst vollendet,
Heilig glühend Herz?
35 Und glühtest, jung und gut,
Betrogen, Rettungsdank
Dem Schlafenden dadroben?

Ich dich ehren? Wofür?
Hast du die Schmerzen gelindert
40 Je des Beladenen?
Hast du die Tränen gestillet
Je des Geängsteten?

Hat nicht mich zum Manne geschmiedet
Die allmächtige Zeit
45 Und das ewige Schicksal,
Meine Herrn und deine?

Wähntest du etwa,
Ich sollte das Leben hassen,
In Wüsten fliehn,
50 Weil nicht alle Knabenmorgen-
Blütenträume reiften?

Hier sitz' ich, forme Menschen
Nach meinem Bilde,
Ein Geschlecht, das mir gleich sei,
55 Zu leiden, weinen,
Genießen und zu freuen sich,
Und dein nicht zu achten,
Wie ich.

Johann Wolfgang von Goethe

Im Ganzen lässt sich solche – zweifellos beabsichtigte, wenngleich sicher auch nicht einseitig zu verengende – Kritik wie folgt aufschlüsseln:

1. Der Gott des Prometheus ist ein ausschließlich mit negativen Attributen ausgestattetes Wesen, erhabener Eigenschaften weder fähig noch würdig:
   – seine Existenz ist die eines „Schlafenden" (Z. 37);
   – er ist erbarmungslos, nicht zum Helfen bereit (Z. 29 ff.; 39 ff.);
   – ihn bestimmen Zwänge (Z. 6 ff.) und Affekte (Z. 12). Er ist nicht souverän, sondern „Knaben gleich" (Z. 3);
   – Hoheit und Hoheitsansprüche sind nur das Produkt der Unmündigkeit seiner Verehrer (Z. 13 ff.).

2. Vor allem aber leugnet Prometheus die Allmacht des obersten Gottes. Dieser ist, hierin den Menschen gleich, seinerseits der „allmächtigen Zeit" (griech.: Chronos) und dem „ewigen Schicksal" (griech.: Moira) – uralten höchsten Göttern, die noch über den Olympiern stehen – zum Gehorsam verpflichtet (Z. 44 ff.).

vgl. hierzu Mt. 5,9; Lk. 20,36; Joh. 1,12; Röm. 8,14.16.19.21 u. a.

3. Das neu geschaffene Vater-Sohn-Verhältnis wird zur Folie der christlichen Vorstellung von der Gotteskindschaft. Prometheus' rebellische Absage gilt einem Herrschergott, der seine Grenzen überschreitet, einem Despoten, der den Raum des prometheischen Schaffens einengt, somit dem Menschen von sich aus nicht freundlich gesinnt ist.

Mit Sicherheit ist die prononcierte Stellung des Schlusswortes der dritten Strophe (Z. 28), mit dem ein zentraler Lehrbegriff der christlichen Theologie angesprochen ist, nicht zufällig.

4. Prometheus meldet bei seinem Gegner-Gott unüberhörbare Besitzansprüche an: „**meine** Erde" (Z. 6) – „**meine** Hütte" (Z. 8) – „**meinen** Herd" (Z. 10). Damit sind alle (natürlich auch Goethe bekannten) Vorstellungen von „Abhängigkeit" und „Verpflichtung", von „Gabe" und „Geschenk" aus Gen. 1 und 2 über Bord geworfen. Der beanspruchte Freiraum uneingeschränkter Autonomie spiegelt sich in eindrücklicher Anfang/Schluss-Bindung: Dem Befehl an Zeus („Bedecke"/Z. 1) korrespondiert in markanter Diktion die Beschwörung des Ichs (Z. 58).

Sie bleibt allerdings dem irdischen Leid ausgesetzt (Z. 55 ff.).

5. Eine wahrhaft „schöpferische" Einsamkeit ist die Basis für

den Zeitpunkt des größten Gegensatzes. Anklage und Protest verdichten sich zu präsentisch-provozierendem Geschehen (dreihebiges „Híer sítz' ích"/V. 52): Prometheus „übernimmt" die Aufgabe, die, nach „klassischem" Verstehensmuster, einzig (dem) Gott vorbehalten ist – er schafft Menschen nach seinem Bilde (V. 52 ff.).

Anscheinend erhalten sie sogleich auch das Leben durch ihn.

Damit ist – ungeachtet jeden Selbstwertgefühls des „Genies" – doch sehr eindeutig
- der christliche Gedanke der Gotteskindschaft vollends ad absurdum geführt;
- die Gottebenbildlichkeit des Menschen (Gen. 1, 27), wenngleich hier natürlich auf fiktionaler Basis, „bestritten" und damit auch die Relation verschoben: Der Mensch ist nicht mehr „(Ab)Bild" Gottes als des „Urbildes", sondern selber zum „Urbild" geworden;
- nicht mehr Gott der Ursprung allen Lebens, vielmehr ist der Mensch in seiner Funktion als Leben schaffender Souverän an die Stelle Gottes getreten.

Auseinandersetzung mit Goethe (I)

Bei Goethes „Prometheus" handelt es sich um einen lyrisch-fiktionalen Text, nicht um ein philosophisches Lehrgebäude, einen exakt gearbeiteten theoretischen Entwurf. Schon deswegen lässt sich, neben anderen, inhaltlichen Gründen (s. u.), hier nicht einfach von „Goethes Meinung" sprechen. Darum ist die folgende „Kritik der Kritik" auch keine Widerlegung der „Weltanschauung" einer einzelnen Person, sondern eine Sachdiskussion bestimmter theologisch-literarischer Aspekte.
Mit solchen Einschränkungen lässt sich gleichwohl formulieren:
1. Es wird zunächst deutlich, dass gewisse für den christlichen Glauben grundlegende Attribute Gottes in dem „Prometheus"-Text fehlen. Zu diesen „Eigenschaften Gottes" gehören
   - seine Allmacht, die keine Grenzen kennt;
   - die bestimmende Kraft der Liebe;
   - seine geschichtliche Erfahrbarkeit durch Fürsorge und Erbarmen, die in der Person Jesu Christi konkrete Gestalt erhielt.
Der prometheische Herrschergott ist mit diesem Gott nicht identisch. Vorwiegend passiv und in seiner postulierten Erd-Ferne beinahe statisch, gleicht er in seiner erbärmlichen Hilflosigkeit eher einer Karikatur. Die Inkongruenz der Gottesbilder lässt einen ernsthaften Vergleich folglich kaum zu.

Dem steht nicht entgegen, dass auch nach christlichem Verständnis Gott keineswegs immer nur als der Fürsorgende und der Liebende erfahren werden kann. Eine solche Situation, die über den literarischen Moment hinausweist und existenzielle menschliche Grunderfahrungen des schweigenden, nicht antwortenden, nicht helfenden Gottes widerspiegelt, zeichnet die dritte Strophe (V. 22 ff.). Hier ist indirekt auch die theologische Antwort auf die Frage nach dem Leid, nach dem „Deus absconditus", dem „verborgenen Gott", gefordert.

Bei einer inhaltlichen Bezugsetzung der Gottesbilder geht es hier allerdings nicht um *empirische Alternativen, sondern um *metaphysische Prioritäten.

In der griechischen Götterwelt vor und unter Zeus war allerdings das Entmannen, Schlachten und Verspeisen naher Familienmitglieder nichts Ungewöhnliches.

2. Ähnlich verzerrt stellt sich das Motiv der Gotteskindschaft dar. Auch dort sind die Bezüge äußerlich und flüchtig und die von Goethe mit der Fiktion eines Vater-Sohn-Verhältnisses offenbar beabsichtigte Zuspitzung der Kritik erscheint nicht sehr geglückt. Denn die für den christlichen Vorstellungsbereich in dem Begriff der Gotteskindschaft von vornherein eingeschlossene Sphäre der Vertrautheit und des innigsten Geborgenseines – sollte sie zwischen Vater Zeus und Sohn Prometheus überhaupt jemals bestanden haben – wird von dem rebellischen Filius keines Wortes gewürdigt und klingt somit im Text überhaupt nicht an. Das Motiv wird insofern sachfremd verwendet und wirkt „aufgesetzt". Damit aber verschieben sich ein zweites Mal die Bezugsebenen: Die Kritik verfehlt ihr Ziel, weil das Visier falsch eingestellt ist.

3. Sprache und stolzes Ich-Bewusstsein des Redenden spiegeln Anspruch und Besitzdenken, fordern gottunabhängige Souveränität und Herrschaft über das Leben. Ganz sicher spielt in ein solches Aufbegehren vom christlichen Standpunkt aus der theologische Begriff der „Sünde" mit hinein.

Nicht in seiner Auseinandersetzung mit dem Gottesbild, sondern eher in seiner Kritik an Rang und Rolle des Menschen trifft Goethe wesentliche Aussagen der kirchlichen Tradition. „Sünde" ist Selbstbehauptung vor dem Göttlichen, und diese demonstriert Prometheus zur Genüge. Zwar erlaubt der fiktionale Rahmen auch hier ein Abweichen von der theologischen Sachebene. Denn der Trotz des Prometheus richtet sich nicht, wie beim Menschen in der Sündenfallgeschichte (Gen. 3), gegen das Göttliche an sich, sondern gegen den despotischen Willkür-Gott Zeus. Auch ist sich der Aufbegehrende des „Leidens" und „Weinens" (vgl. Z. 55) als (mit) bestimmender Faktoren seiner

Existenz „schon" bewusst. Gleichwohl ist das biblische „Sein wie Gott" durch die Herrschaft über das Leben im Akt des Menschenbildens nicht mehr nur Wunsch und Wille, sondern konkrete Tat geworden.

vgl. Gen. 3,5

Das Menschenmachen, das andernorts nur im literarischen Labor gelingt und heute wiederum in der Gentechnologie drohende Aktualität besitzt, ist fiktionaler Vorgang und Metapher zugleich. Man würde indes zu weit gehen, Goethe in diesem Punkt gezielte Blasphemie zu unterstellen. So direkt der Anklang an Gen. 1,27 auch ist, verbieten doch schon die mythologische Einkleidung und die pointierte Zuspitzung dichterischer Gestaltungselemente vorschnelle Schlussfolgerungen.

vgl. „Faust II", V. 6819 ff.

Der „Mensch als Menschenbildner" steht hier vor allem für
– die mythische Übersteigerung des Genies, für die Unbedingtheit des Genius, der, wie Faust, nach Höchstem strebt und vor gesetzten Grenzen nicht Halt macht;
– das Gefühl des Schöpferischen;
– die Absolutsetzung des Ichs.

Das Motiv wurzelt sicher auch in dem Geniebewusstsein, dem schwärmerischen Empfinden „göttlicher" Kraft, welches nicht nur von dem jungen Goethe, sondern ebenso von nicht wenigen seiner poetischen Zeitgenossen beinahe kultisch zelebriert wurde.

4. Da indes die kritischen Einwände gegenüber christlichen Denkbildern hier wie im ganzen Text unüberhörbar sind, ist Goethes Furcht vor der kirchlichen *Orthodoxie verständlich. Letztliche Klarheit über das Ausmaß antichristlicher Tendenzen lässt sich jedoch nicht erreichen. Denn es handelt sich zwar um mehr als nur um „mitschwingende Nuancen", andererseits aber ganz sicher nicht um eine antitheologische Streitschrift. Eine einseitige Interpretation und vorschnelle Vereinfachung bzw. Wertung ist auf jeden Fall nicht angezeigt.

5. Solches verbietet auch der etwa ein halbes Jahr zuvor entstandene „Ganymed"-Hymnus. Dieser thematisiert in enthusiastischem Lobpreis die innere Erfahrung einer Vereinigung des Ichs mit der Gottheit, die sich mit überschwänglicher Pracht in der frühlingshaften Natur „alliebend" offenbart. Der „Prometheus"-Text ist also, allenfalls, nur **eine** Seite im Welt- und Seinsverständnis des jungen Goethe.

Eine Gesamtbeurteilung des prometheisch-faustischen Menschentypus erfolgt am Ende des nächsten Kapitels.

„Faust I", V. 382f. – Zitiert wird auch hier nach der Hamburger Goethe-Ausgabe (Bd. 3).

Ein erster dramatischer Entwurf, der „Urfaust", entstand zwischen 1772 und 1775; Teil I erschien 1808, Teil II 1832.

4.1.2 „… daß ich erkenne, was die Welt im Innersten zusammenhält …"

Waren schon bei der „Prometheus"-Hymne der Bedeutungstransfer wie auch der Bezugskontext zwischen Werk und Verfasser nicht in eindeutig-linearer Weise direkt herzustellen, so ist der Sachverhalt bei der Frage, wer oder was der „faustische Mensch" sei, noch viel komplizierter. Goethe arbeitete an seiner zweiteiligen „Faust"-Tragödie, bisweilen mit langen Unterbrechungen, rund sechzig Jahre (!). Die Hauptgestalt des Werkes erfuhr nun aber durch die Nachwelt eine solche Vielzahl von z.T. extrem unterschiedlichen Beurteilungen und Bewertungen bis hin zu ideologisch gefärbten Verfälschungen, dass eine eindeutige Definition des „faustischen Typus" nicht ohne weiteres möglich ist.

Abb. 14
Faust in der Studierstube
(Will Quadflieg als Faust)

Dennoch lässt sich unter den notwendigen Voraussetzungen (die gerade bei vorgeprägten Deutungsmustern oft gern missachtet wurden) natürlich umschreiben, welche Wesenseigenschaften und Verhaltensformen den „faustischen Menschen" – eine Wortbildung, die Goethe im dichterischen Bereich selbst niemals verwendet hat – prägen bzw. mitbestimmen.

Zu solchen (im Folgenden näher diskutierten) Voraussetzungen gehören

- eine ideologie- und vorurteilsfreie Textbetrachtung;
- die Beachtung der literarischen Gattung: Goethes „Faust" ist eine **Tragödie**;
- eine umfassende Werkanalyse, also der Verzicht auf eine einseitig-*präjudizierende Perspektive, die in Faust z.B. **nur** den Teufelsbündler sieht;
- die Erkenntnis der Transferproblematik, der Nicht-Identität von „Literatur" und „Leben".

Die folgenden Ausführungen geben zunächst einen allgemeinen Überblick über verschiedene grundsätzliche Deutungsaspekte, thematisieren sodann zwei tragende inhaltliche Strukturprinzipien des Dramas („Faust als Erkenntnissuchender"; „Der Bund mit Mephisto") und formulieren schließlich, in einer weiteren Auseinandersetzung mit Goethe, einige wesentliche Schwerpunkte zur Gesamtdeutung.

„Faustisches" – und kein Ende?

Das anthropologische Grundkonzept der Faustfigur ist in sich schon komplex genug. Ohne Mühe lassen sich *ambivalente Gegensatzpaare bilden: Faust ist

- sowohl der trocken-gelehrte Stubenhocker als auch der jugendliche Liebhaber;
- „Knecht" (V. 299) des Herrn und widergöttlicher Empörer;
- gleichermaßen Vertragspartner des Teufels wie pantheistischer Gottesverehrer;
- zügelloser Genussmensch, jedoch auch Gründer neuer Lebensräume („Faust II", V. 11559 ff.)

u.a.m.

Eine exakte Definition des ungemein facettenreichen und vielfach differenzierten Typus des „faustischen Menschen" lässt sich also schon auf Grund solcher Gegenüberstellungen kaum leisten.

vgl. die Abhandlung von H. Schwerte, „Das Faustische" – Eine deutsche Ideologie, in: Aufsätze zu Goethes „Faust I", S. 86–105

„Bald ist Faust der verdammte Verbrecher, bald der Heros der Menschheit oder Heros der Nation; bald das ‚Faustische' ein Schimpfwort, bald ein Geheimniswort humanen oder nationalen Auftrags." (Schwerte, a.a.O., S. 87)

Der Pantheismus ist eine religionsphilosophische Lehre, nach der Gott und Welt eins sind und die in der Natur eine Offenbarung Gottes erkennt; vgl. dazu Fausts „Glaubensbekenntnis" V. 3432 ff.

Hinweise auf das Vieldeutige und Zwiespältige des „Faustischen" finden sich in Fausts eigenen Worten: „Zwei Seelen wohnen, ach! in meiner Brust,/Die eine will sich von der andern trennen;/Die eine hält, in derber Liebeslust,/Sich an die Welt mit klammernden Organen;/Die andre hebt gewaltsam sich vom Dust/Zu den Gefilden hoher Ahnen." (V. 1112ff.)

Sicher ist, dass in der Gestalt Fausts das Phänomen des Menschlichen überhaupt repräsentiert wird. Eine literarische Figur wird somit zum Abbild umfassender anthropologischer Komplexität. Im fiktionalen Bereich findet man schwerlich ebenbürtige Vergleichsmuster.

Es kann deswegen nicht erstaunen, dass Individuen und ideologische Bewegungen, Epochen, Weltanschauungen und Religionen „ihren" Faust suchten und zumeist auch fanden. Nicht selten geschah dies vor allem dann, wenn weltanschauliche Vorgaben die Deutung dominierten, in souveräner Missachtung von Text und Intention(en) des Autors. Je nach der Bewertung der Faustgestalt verselbständigte sich dabei das Adjektiv „faustisch" und erhielt die unterschiedlichsten Bedeutungen. Keineswegs war in ihm von vornherein jener „Hochklang" angelegt, den manche Generationen des 19. und 20. Jahrhunderts, oft nationalistisch verblendet, zu spüren glaubten.

Einige Beispiele von „Faust"-Deutungen, abhängig von der jeweiligen Couleur, zeigen die Bandbreite der Interpretation:

Mystizismus (griech.-lat.) = Wunderglaube; (Glaubens)schwärmerei

- Die *Aufklärung (1720–1785), streng rationalistisch orientiert, bezichtigte Goethe des Mystizismus;
- die Romantik (1798–1832) dagegen, mehr dem Dunklen und Geheimnisvollen, dem Traumhaften und Verborgenen, der „Unendlichkeit" zugeneigt, kritisierte die Glorifizierung wissenschaftlichen Hochmuts;

Goethe kannte den „Faust"-Stoff als Volksbuch (wahrscheinlich in der 1674 veröffentlichten Fassung des Nürnberger Arztes Johann Pfitzer) und, seit den Kinderjahren in Frankfurt, als Puppenspiel. Letzteres war eine der vielen Nachgestaltungen der vermutlich um 1592 entstandenen „Tragicall History of D. Faustus" des englischen Dichters Christopher Marlowe (1564–1593). Dieses Schauspiel stellt seinerseits eine erste Dramatisierung des Volksbuches dar.

- die katholische Kirche warf Goethe *hybride Unmoral, ja Gotteslästerung vor;
- von protestantischer Seite aus bemängelte man ungeistigen Materialismus;
- mit der Reichsgründung von 1871 entstand aus der neuen nationalen Euphorie heraus bei vielen das Verlangen, die Nation in einem dichterischen Symbol repräsentiert und glorifiziert zu sehen: In grotesker Fehldeutung und Umwertung von Goethes Drama wurde Faust zum Idealbild des „deutschen Geistes", zum Symbol des „ewig-deutschen Wesens";
- in den Jahren 1933–45 befleißigte sich nationalsozialistisches Weltmachtstreben gleichfalls eines ideologisierenden Missbrauchs der Faustgestalt.

Eine solche, teilweise schon in den Jahren 1840–1870 sich vorbereitende nationalistisch-euphorische Auslegung

- „vertauscht" anthropologische Denkbilder der Dichtung mit eigenen Vorstellungen vom Menschen, ersetzt also Literatur durch Weltanschauung;

- beruft sich somit nur scheinbar auf Goethes Dichtung;
- besitzt eine falsche Realperspektive, indem sie fiktionale Entwürfe zu realen Verhaltensforderungen erhebt;
- negiert Fausts Schuld und Verbrechen;
- ignoriert die Grundform des Tragischen.

Erkenntnisdrang

Es wäre von der Konzeption des Dramas her verfehlt, wenn man zwischen Fausts hohem Streben nach umfassender Erkenntnis (V. 382 f.) und seinem Teufelsbündnis einen unmittelbaren Zusammenhang erkennen wollte. Dies verbietet sich aus inhaltlichen Gründen. Faust, der Buchgelehrsamkeit, des trockenen, traditionsgläubigen Rationalismus überdrüssig (V. 354 ff.), beschwört aber auch von sich aus zunächst keine satanischen Mächte, die ihm Wissen, Macht und Genuss verschaffen sollen.

Goethe änderte seine Vorlage, indem er die Figur des **Erdgeistes** einschaltete, die wirkende Kraft der Natur. Ihn ruft Faust, ihm gilt die magische Beschwörung (V. 460 ff.). Doch der Geist des Menschen ist dem Erdgeist nicht gewachsen (V. 512 f.). Dieser entschwindet wieder und verstärkt somit nur Fausts Verzweiflung. Ein weiteres Mal wird dessen Erkenntniswille, der auf dem Weg der Wissenschaft nicht weiterkam, nunmehr im Bereich der Magie auf seine Grenzen verwiesen. Nur Mephistopheles bleibt Faust, „keiner von den Großen" (V. 1641), ein „Schalk" (V. 339), der „Geist, der stets verneint" (V. 1338), mithin ein nur kümmerlicher Ersatz für das, worauf sich sein vorrangiges Streben richtete.

Es bleibt also festzuhalten, dass Faust die Wette mit Mephisto erst eingeht, **nachdem** der „große Geist" ihn „verschmäht" und die Natur sich vor ihm „verschlossen" hat (V. 1746 f.).

Zuletzt sieht Faust, verhöhnt vom Erdgeist und angewidert von der trockenen Pedanterie des herzueilenden Famulus Wagner (V. 518 ff.), den einzigen Weg zu vollkommener Erkenntnis im Selbstmord. Nicht aus Verzweiflung, sondern um zu wissen, was nach dem Tode kommt, ist er zum Freitod bereit (V. 690 ff.). Die mit dem Klang der Osterglocken und der Auferstehungschöre verbundenen Kindheitserinnerungen – und nicht etwa ein neu erwachter christlicher Glaube – halten ihn zwar „vom letzten, ernsten Schritt zurück" (V. 782), doch wird man in einem solchen „zufälligen Zusammentreffen" wohl eher ein Walten der göttlichen Vorsehung (s. u.) erkennen dürfen.

In Goethes Dichtung ist Fausts Teufelsbündnis, anders als im vorgegebenen Stoff, als Wette und nicht als Pakt zu verstehen, da, ganz abgesehen von der Dominanz der göttlichen Gnade (s. u.), Faust sich eine „Rettungsklausel" ausbedingt (V. 1699 ff.) und somit die Möglichkeit, die Wette zu gewinnen, wenigstens formal besteht (vgl. unten). – Zur Rolle des Erdgeistes im Drama vgl. ferner die (allerdings nicht unumstrittenen) Stellen V. 3217 ff.; 3241 ff. sowie S. 137, Z. 16 f.; S. 138, Z. 11.

Der Bund mit Mephisto

vgl. V. 11404 ff.; 11433 f.

Wenn der greise Faust am Ende des Dramas „im höchsten Alter" rückblickend sein Leben betrachtet, stehen unerfüllbares Wunschdenken und resignative Einsicht in einem *fatalistischen Gleichklang zusammen. Hat sich Fausts Leben gelohnt?

vgl. V. 1749 ff.

In der Tat hatte der gescheiterte Gelehrte bei seinem Bund mit Mephisto gierig die Auskostung „sinnlicher", also sexueller, Leidenschaften verlangt. Während der Faust des Volksbuches bald nach dem Pakt damit beginnt, den Teufel nach Himmel, Hölle und mancherlei Wissenschaft auszufragen, weiß Goethes Faust, dass Mephisto seinen Wissensdrang nicht befriedigen kann („Was willst du armer Teufel geben?"; V. 1675).

vgl. V. 1660–1670; 1675–1687 – Allerdings hat er, im Falle eines Verlustes der Wette, die Möglichkeit, ewig verdammt zu sein, auch von sich aus nicht ausgeschlossen.

Deswegen fängt er mit solchen Fragen gar nicht erst an. Faust hat also nicht für irdische Genüsse dem Teufel seine Seele verkauft. Auch bedeutet sein Bündnis mit Mephisto für ihn keine unbedingte Abwendung von Gott, sondern, mittelbar zumindest, sogar eine Bestätigung dafür, dass seine ewige *metaphysische Unruhe auch gegen alle Versuche Mephistos, ihn „mit Genuß (zu) betrügen", weiterhin besteht. Dadurch dass Faust dem Genuss**augenblick** keine Dauer verleihen will, bleibt sein Streben nach höherer Erkenntnis trotz all seiner Genussgier der vorrangige Wunsch. Folgende Verse bilden das Kernstück der Wette:

„Ward eines Menschen Geist, in seinem hohen Streben,/Von deinesgleichen je gefaßt?" (V. 1676 f.)

> FAUST: Werd' ich beruhigt je mich auf ein Faulbett legen,
> So sei es gleich um mich getan!
> Kannst du mich schmeichelnd je belügen,
> Daß ich mir selbst gefallen mag,
> Kannst du mich mit Genuß betrügen,
> Das sei für mich der letzte Tag!
> Die Wette biet' ich!
> MEPHISTOPHELES: Topp!
> FAUST: Und Schlag auf Schlag!
> Werd' ich zum Augenblicke sagen:
> Verweile doch! du bist so schön!
> Dann magst du mich in Fesseln schlagen,
> Dann will ich gern zugrunde gehn!
>
> (V. 1692–1702)

vgl. V. 3249 f.: „So tauml' ich von Begierde zu Genuß,/Und im Genuß verschmacht' ich nach Begierde."

Auch erwartet Faust von dem Teufelsbündnis keineswegs die beständige Vermittlung ungetrübter sexueller Freuden: „Du hörest ja, von Freud' ist nicht die Rede./Dem Taumel weih' ich mich, dem schmerzlichsten Genuß,/Verliebtem Haß, erquickendem Verdruß./Mein Busen, der von Wissensdrang geheilt ist,/Soll keinen Schmerzen künftig sich verschließen,/Und was der ganzen Menschheit zugeteilt ist,/Will ich in meinem innern Selbst genießen,/Mit meinem Geist das Höchst' und Tiefste greifen,/Ihr Wohl und Weh auf meinen Busen häufen,/Und so mein eigen Selbst zu ihrem Selbst erweitern,/Und, wie sie selbst, am End' auch ich zerscheitern." (V. 1765–1775) Faust will also **das ganze Menschsein** verkörpern, sich keineswegs nur auf die angenehmen Bereiche des Lebens einrichten. Er will seine Person exemplarisch machen für alle Seiten des Menschenwesens, eine Art „Urbild" sein für die Universalität der menschlichen Existenz.

Goethes „Faust"-Dichtung wird damit nach Anlage und Verlauf zum **Menschheitsdrama** schlechthin. Und wie Faust am Ende seines Lebens der göttlichen Gnade für wert und würdig befunden wird, kann auch **der Mensch**, der „immer strebend sich bemüht", der Erlösung teilhaftig werden.

„Wer immer strebend sich bemüht,/Den können wir erlösen." (V. 11936 f.) – Man beachte den sentenzhaften Allgemeincharakter des Doppelverses, aber auch das nur die Möglichkeit andeutende „können" (nicht „werden" oder „müssen"!).

Freilich steht Faust erst am Anfang seiner „schönen Fahrt" (V. 1850). Doch auf die Tragödie des Gelehrten folgt die des Liebenden, des Künstlers und des Herrschers, und schon bald muss der Teufelsbündler erkennen, „daß dem Menschen nichts Vollkommnes wird" (V. 3240).

Was Faust allerdings auf seiner Lebensreise alles anstellt, um zu seinen stets wechselnden Zielen zu gelangen, ist wohl mancherseits „urbildlich" (da solches ja nun wahrhaftig auch dem „wirklichen Leben" nicht fremd ist), gewiss aber nicht „vorbildlich": Er stürzt andere Menschen ins Verderben, wird an ihrem Tod (mit)schuldig und hat vor allem sich selbst und seine eigenen Pläne vor Augen:

– Faust zerstört die einfache, aber geschlossene Welt Gretchens, ihre Glaubenssicherheit, ihre inneren und äußeren Bindungen und wird schuldig an ihrem Tod, den sie, verurteilt wegen Kindesmord (V. 4508), von Henkers Hand erleidet.

Die Kerkerszene (V. 4405 ff.) bildet den Abschluss der Gretchentragödie.

– Damit trägt er Mitschuld am Tod seines Kindes.

– Zuvor hatte er Gretchens Mutter, die sein intimes Zusammensein mit der Geliebten hätte stören können, durch ein teuflisches Mittel allzu wirksam betäuben lassen.

vgl. V. 3505 ff.; 4507

– Valentin, Gretchens Bruder, der sich Faust und Mephisto in den Weg stellt, wird gleichfalls umgebracht.

vgl. V. 3698 ff.

– Fausts Plan eines Dammbaus, den er noch als Hundertjähriger verwirklichen will, ist wohl weniger auf eine soziale Motivation (denn davon steht nichts im Text) als vielmehr auf die Lust zurückzuführen, im Triumph über die Elemente die eigene Macht zu genießen. Um in egoistischer „Selbstverwirklichung" dieses Ziel zu erreichen, schließt er Gewaltanwendung nicht aus.

vgl. zum Ganzen V. 11043 ff.; 11131 ff.; 11275 ff.; 11350 ff.; 11370 ff.

– Auch am Ende seines Lebens lädt Faust noch Blutschuld

Die Aufzählung lässt sich noch ergänzen: Als Handelsherr schickte Faust seine Schiffe aus, als Piratenflotte kamen diese zurück (vgl. V. 11171 ff.).
„Man hat Gewalt, so hat man Recht" (V. 11184) – gilt Mephistos teuflische Weisheit ohne Widerspruch?

auf sich. Er möchte den Platz erwerben, auf dem die Hütte von Philemon und Baucis steht, eines in Liebe gealterten gesegneten Paares. Denn von dort hat er die beste Aussicht auf seinen neuen Besitz, das Land, das er dem Meere abgewann. Mephisto löst das Problem auf seine Weise und Faust nimmt die Ermordung der beiden Alten wie auch den Tod des „Wandrers", der sich zur Wehr setzt, in Kauf, ohne zuvor friedliche Lösungen zu bedenken.

In all diesem Tun und Handeln zeigen sich herrschaftliches Machtstreben, Egoismus, Verantwortungslosigkeit, Menschenverachtung, Gleichgültigkeit zumindest – solche Wesenszüge sind ganz ohne Zweifel auch „faustische" Elemente.

> Ist dem Menschen, der mit freiem Willen, rastlos und tätig, weitblickend und stark seine Welt aufbaut, eine solche Gefährdung so nahe?

Auseinandersetzung mit Goethe (II)

Die bislang – auch oben zur Deutung des „Prometheus"-Textes – formulierten Warnungen vor einer allzu unmittelbaren Beurteilung werden hier noch durch zwei weitere Faktoren verstärkt:

– Der anthropologische Ganzheitsaspekt der „Faust"-Dichtung, ihr Gleichnischarakter verbietet von der Sache her die Reduzierung auf **ein** Verstehensmuster. Eine Deutung vom christlich-theologischen Standpunkt hat folglich bestimmte Prioritäten zu betonen, perspektivische Schwerpunkte zu setzen. Auch wenn diese sich vom Gesamtverständnis her teilweise wiederum relativieren lassen, schließt dies eine inhaltlich eindeutige Stellungnahme keinesfalls aus. Andererseits sind „Überschneidungen" durchaus gegeben.

– Die ungewöhnlich lange Arbeit am „Faust"-Stoff – darüber ist sich die Forschung im Prinzip einig – lässt gewisse inhaltliche Spannungen innerhalb des Gesamtwerkes (die aber aus der Sicht des alten Goethe wohl bewusst akzeptiert wurden) im Einzelnen als durchaus möglich erscheinen.

So ergeben sich nach allem folgende Deutungsresultate:

vgl. auch V. 308 f.
Person und Erlösungstat

Jesu Christi nehme man hier nicht zum gemeinsamen Bezugspunkt. Überhaupt sind Bezüge zwi-

1. Die Einbettung der „Faust"-Handlung in den Rahmen göttlicher Fürsorge und **Prädestination**, szenisch gestaltet durch die Anfang/Schluss-Bindung aus „Prolog im Himmel" (V. 243 ff.) und „Bergschluchten" (V. 11844 ff.), hebt menschliches Vergehen – darin christlichen Glaubensprinzipien durchaus vergleichbar – letztlich zwar in der umfassenden göttlichen Liebe auf.

2. Dies mindert aber in keiner Weise – auch hier besteht ein Grundkonsens zur theologischen Anthropologie – die **Selbstverantwortung** und damit auch das **Schuldigwerden** des Menschen. Faust lädt zweifellos in mehrfacher Hinsicht (s. o.) Schuld auf sich, auch wenn sich über deren Ausmaß und den Mangel an Veranwortung im konkreten Fall möglicherweise streiten lässt.

Fausts Schuld besteht, abgesehen von seinen Einzelverfehlungen, jedoch zweifelos darin,

- dass er durch seinen Bund mit Mephisto hätte wissen müssen, dass der Teufel das Menschliche nicht achtet und folglich Rücksichten nicht kennt;
- dass er dennoch sein (wirklich immer so hehres?) Streben verabsolutiert und in maßloser Ich-Überschätzung nur die eigene Selbstverwirklichung vor Augen hat.

Hier zeigt sich am deutlichsten die Nähe zu Prometheus, und hier ist vom Standpunkt der christlichen Sündenlehre eindeutige Kritik gefordert.

schen Goethes Werk und der christlichen Lehre niemals in identischer, sondern, allenfalls, in analoger Weise zu sehen.

Handelt Faust bei seinem Gefecht mit Valentin nicht „in Notwehr"? Hat er wissen können, dass das Schlafmittel für Gretchens Mutter zum Tode führt? Solche und ähnliche Argumente bleiben allerdings vordergründig, *präjudizieren leicht und vergessen Grundsätzliches.

> In der Hochschätzung der menschlichen *Hybris liegt das bestimmende Element des prometheisch-faustischen Menschentypus.

3. Das Problem der Schuld leitet über zur Frage nach der Funktion des **Bösen**. Natürlich ist, in „direktem" Sinne verstanden, eine Verbindung des Menschen mit dem Dämonischen, dem Widergöttlichen die Sünde schlechthin. Doch auch hier werden durch Goethes Kunst der Differenzierung allzu klare Strukturen relativiert. So wie der Text Faust keine eindeutig bösen Taten, sondern allenfalls „Irrtümer" zumisst und auch Fausts Bündnis mit dem Teufel ja keine grundsätzliche Abkehr von seinem Streben nach Erkenntnis bedeutet, bleibt Mephisto selbst weniger der reine Vertreter des Bösen als vielmehr der „Geselle", „ein Teil von jener Kraft, die stets das Böse will und stets das Gute schafft." (V. 1335 f.)

vgl. V. 317

vgl. V. 340ff.

Hier spiegelt sich der *Theodizeegedanke der deutschen Klassik. Eine solche Rolle des Bösen ist dagegen der christlichen Theologie unbekannt. Zwar ist auch aus ihrer Sicht im *metaphysischen Sinn das Böse in seiner Macht eingeschränkt und der Verfügungsgewalt Gottes unterworfen, doch bleibt es bis zum end-gültigen Sieg Gottes am Ende der Zeiten kein Helfer zum Guten, sondern auf Erden wirkmächtig genug.

Die deutsche Klassik als Literaturepoche gilt für die Zeit von 1786 bis 1832.

4. Menschliches Leben und Streben kommt auf dieser Welt nicht zur Vollendung. Der **Tod** unterbricht Fausts rastloses Tun und auch christlicher Frömmigkeit ist der Gedanke eines

„Laß uns erkennen, wie kurz unser Leben ist, damit wir zur Einsicht kommen!" (Psalm 90,12)

„Das Drüben kann mich wenig kümmern" (V. 1660); „Nach drüben ist die Aussicht uns verrannt;/Tor, wer dorthin die Augen blinzelnd richtet." (V. 11442f.)

Die in der Szene „Bergschluchten" (V. 11844ff.) konkretisierte Fülle von Ideen und mythologischen Bildern kann hier nur angedeutet werden.

*Entelechie (griech.) = „was sein Ziel in sich selbst hat"; ein innewohnendes Formprinzip, eine (vor)gegebene *ontologische Struktur, ein unabänderliches Wesensgesetz. Nach dem griechischen Philosophen Aristoteles (384–322 v. Chr.) ist die erste Entelechie eines lebensfähigen Körpers die Seele. Fausts Entelechie ist zwar nicht mehr irdisch, doch befindet sie sich erst im „Puppenstand" (V. 11982), d. h. sie ist von ihrer Vollendung noch so entfernt wie die Puppe vom Schmetterling.*

tragischen Gebrochenseins der menschlichen Existenz nicht fremd. Doch während ein entschiedener und konsequenter Christ das Denken an ein Leben nach dem Tod in seine irdische Existenz grundsätzlich integriert, schiebt Faust den Gedanken an das „Drüben" – schon zu früheren Zeiten, aber auch noch im hohen Alter – in *hybrider Selbstüberschätzung von sich weg: Solche Sorge hat er „nie gekannt" (vgl. V. 11432).

5. Die Existenz eines **Jenseits** ist christlicher Glaubensgrundsatz wie auch Goethes Überzeugung, dessen literarische Darstellung ein kühner dramaturgischer Entwurf. In der **Erlösungslehre** bestehen allerdings zwei wesentliche Unterschiede:
   – bei Goethe fehlt der christologische Aspekt;
   – das Leben nach dem Tode ist, anders als im Christentum, kein grundsätzlicher *ontologischer Neubeginn, kein „seliges Schauen", sondern eine „Umartung" (vgl. V. 12099) dessen, was bereits in der Entelechie der irdischen Existenz angelegt ist. Auch im Jenseits, in einer nur erahnbaren „Geisterwelt" des liebenden Einanderhelfens, Füreinanderbittens und Einanderlehrens, ist die Entwicklung der Entelechie hin zur Weltseele nicht abgeschlossen. Dem Aufwärts„streben" in höhere Regionen aber muss die **Liebe** „von oben" begegnen, ohne die alles Streben vergebens ist.

Tragendes Prinzip ist, hier wie dort und unbeschadet aller inhaltlich-strukturellen Unterschiede im Einzelnen, die **göttliche Gnade**.

6. Der „Chorus mysticus" schließlich, gebündelte Lebensweisheit des über achtzigjährigen Goethe verkündend, beschwört den **Gleichnischarakter der Welt** (V. 12104f.). Wenn alles Irdische aber Symbol, Abglanz, „Gleichnis" von etwas Höherem ist, dann ist es auch sinnvoll. Sollte christliches Weltverständnis von der Sinn-losigkeit dieses Daseins überzeugt sein?

4.2 Humanität als Utopie? (Lessing)

In diesem Kapitel geht es nicht um die Herausarbeitung eines bestimmten Menschen-„Typus", sondern um ein komplexes Denkmodell auf theologisch-philosophischer Grundlage. Hier spielt das Tun des Guten, in überkonfessioneller Zielrichtung und frei von allen Vorurteilen, eine entscheidende Rolle. Wie brisant und aktuell Lessings Gedanken gerade in unserer multikulturellen Gesellschaft sind, nicht zuletzt auch angesichts der Situation in einem Unruhegebiet wie z. B. in Israel, wird dabei in besonderem Maße zu zeigen sei.

Für den Zusammenhang dieses Kapitels bleibt das Folgende zu beachten:

Abb. 15
Gotthold Ephraim Lessing
(1729–1781)

– In Lessings zahlreichen theologischen und philosophischen Schriften spiegelt sich keine „Lehre", kein „System" wider. Solches hätte dem Charakter von Werk und Verfasser wenig entsprochen. Selbst innerhalb eines einzelnen Textes kann es zu inhaltlichen Spannungen kommen. Auch in der Forschungsliteratur gibt es zu bestimmten Fragen, etwa bezüglich des Verhältnisses Lessings zum Christentum, sehr unterschiedliche Ergebnisse. Sachlich absolut eindeutige theologisch-philosophische „Resultate", z. B. zum Problem des Zusammenhangs von „Vernunft" und „Offenbarung", sind also bei Lessing nicht (immer) zu erwarten. Dazu war er zeitlebens selbst zu sehr ein Suchender, ein Fragender.

– Solches ist nicht als Mangel zu verstehen. Lessings absolut integre Persönlichkeit, seine Bescheidenheit und seine (nicht anzuzweifelnde!) tiefe Frömmigkeit („mit dem Kopf ein Heide, mit dem Herzen ein lutherischer Christ"), der Scharfsinn des kritischen Kalküls und der beißende Spott seiner Polemik bestimmen den Charakter seiner Werke. Diese Faktoren, aber auch und vor allem seine immerwährende Wahrheitssuche und der unverkennbare Ernst seiner ethischen Forderungen lassen das Fragmentarische fast als eine Notwendigkeit erscheinen.

– Vorrangig in diesem Kapitel sind keine werkbezogenen theologischen Spekulationen, sondern die existenzielle Wichtigkeit und **anthropozentrische** Gültigkeit der religiösen Aussagen.

– Die oben erwähnte Schwierigkeit, Lessing inhaltlich genau festzulegen, hängt mit einer speziellen *hermeneutischen Grundsituation zusammen: In seinen eindeutig vom Prinzip der Dialektik, der Auseinandersetzung, des (direkten oder indirekten) dialogischen Stils geprägten Arbeiten ist

„Wenn Gott in seiner Rechten alle Wahrheit und in seiner Linken den einzigen immer regen Trieb nach Wahrheit, obschon mit dem Zusatze, mich immer und ewig zu irren, verschlossen hielte, und spräche zu mir: wähle! ich fiele ihm mit Demut in seine Linke und sagte: Vater, gib! die reine Wahrheit ist ja doch nur für dich allein!" („Eine Duplik". G. E. Lessing, Gesammelte Werke in zehn Bänden. Hrsg. v. P. Rilla. Bd. 8, S. 27)

„Lessing arbeitet mit Ausrufe- und Fragezeichen. Durch seine Sätze klingt Beschwörung und Hohngelächter. Er hat immer einen Adressaten … Seine Philosophie ist nicht im Zimmer und … nicht am Kamin geboren … Lessing hat immer ein Gegenüber." (H. Thielicke)

exoterisch (griech.) = für
Außenstehende, allgemein
verständlich;
esoterisch (griech.) = nur für
Eingeweihte verständlich

beständig die Frage zu stellen, ob ihr Verfasser denn nun „exoterisch" oder „esoterisch" redet. Das heißt: Spricht er in dem jeweiligen Text nur vordergründig, verdeckt er die Wahrheit, verschleiert er aus Gründen der „Erziehung" und Hinführung zum Eigentlichen (noch) das Wesentliche? Oder redet er direkt, unmissverständlich, glasklar? – Eine solche gerade auch in „Nathan dem Weisen" (s. u.) wesentliche Äußerungsform bzw. Verstehenstechnik war keine rhetorische Marotte des Verfassers, sondern häufig genug wohl auch Ausdruck der eigenen Entscheidungsunsicherheit bei theologischen Problemfragen.

Beim „Nathan" resultierte sie nicht zuletzt aus dem Zwang der äußeren Notwendigkeit. Sie schien hier für Lessing die einzige Möglichkeit zu sein, nicht mit dem Staat und der vorherrschenden religiösen Lehrmeinung in Konflikt zu geraten und dennoch – hinter der Maske des Theaterdichters, des Rhetorikers oder eben aus pädagogischer Strategie – das sagen zu können, was ihm am Herzen lag. Wie war es zu dieser Situation gekommen?

4.2.1 Gegen Zwang und Konvention

Kamenz liegt 37 km nord-
östlich von Dresden.

Gotthold Ephraim Lessing, als Sohn eines protestantischen Pfarrers in Kamenz in der Oberlausitz geboren, hatte als Zwölfjähriger auf Grund der Bemühungen seines Vaters einen Freiplatz in der Kursächsischen Fürstenschule St. Afra in Meißen erhalten. Sehr wichtig war dort der Religionsunterricht, mit dem die Jugendlichen teilweise bis zu fünfundzwanzig Stunden in der Woche traktiert wurden. Nach dem Abitur im Jahr 1746 immatrikulierte sich Lessing als Student der Theologie und Philologie in Leipzig. Fürstenschüler bekamen dort ein Stipendium. Doch brach er, nachdem er sich auch kurzzeitig als Mediziner versucht hatte, sein Studium ab und ging über Wittenberg nach Berlin, entschlossen, den freien Schriftstellerberuf als Existenzgrundlage zu wählen.

Mit der „Inspirationslehre"
ist die in vielen Religionen
verbreitete Überzeugung
gemeint, dass Wissen und
Erkenntnis, besonders in
heiligen Büchern, durch
göttliche Eingebung, durch
den göttlichen Geist (lat.
„spiritus" = Hauch) vermittelt werden. In der Verbal-
Inspiration sind auch die
Worte und Buchstaben der
Heiligen Schrift in die Offenbarung eingeschlossen.

Elternhaus und Ausbildung hatten ihn mit zwei sein gesellschaftliches Umfeld prägenden theologischen Geistesrichtungen bekannt gemacht, der *Orthodoxie und dem Pietismus:
– Unter der altprotestantischen ***Orthodoxie** versteht man die nachreformatorische evangelische Theologie. Ihre Voraussetzung war das unbedingte Zutrauen zur absoluten Wahrheitserkenntnis, ihre Basis eine detaillierte Inspirationslehre. In Gestalt des Hamburger Hauptpastors Johann Melchior Goeze (1717–1786) sollte Lessing diese durchaus

94

streitbare Form konservativ-dogmatischen Denkens in späteren Jahren noch unmittelbarer zu spüren bekommen.

– Mit dem **Pietismus** war Lessing schon früh durch das nahe gelegene Herrnhut wohl vertraut. Diese im 17. Jahrhundert einsetzende religiöse Bewegung des Protestantismus zeichnete sich vor allem durch eine persönliche Herzensfrömmigkeit und praktizierte Nächstenliebe aus.

pietas (lat.) = Frömmigkeit; Herrnhut (Bez. Dresden) ist Stammort der pietistischen „Brüdergemeine".

Lessing, kritischer Freidenker und später sicher der berühmteste Literat in ganz Deutschland, folgte keiner dieser beiden Richtungen, sondern wurde – neben Kant – der kompetenteste Repräsentant der deutschen *Aufklärung. Intellektuelle Redlichkeit und absolute Aufrichtigkeit hatte er gewiss mit manchen seiner geistlichen Gegner gemein, ohne dass er freilich in seinen Schriften ein heimliches Heimweh nach der verloren gegangenen Herzensfrömmigkeit beständig hätte verleugnen können.

Nach vielen Jahren intensiven Schaffens als Dichter und Kritiker – bekannt, bewundert und angefeindet, mit finanziellen Gütern freilich nicht besonders gesegnet – erhielt er im Jahr 1770 vom Herzog von Braunschweig die schlechtbezahlte Stelle eines Bibliothekars in Wolfenbüttel, die er bis zu seinem Tode innehatte.

Während dieser Tätigkeit hatte er in den Jahren 1774–78 die sog. „Wolfenbütteler Fragmente" – als Herausgeber, nicht als Autor, also durchaus distanziert und keineswegs vorbehaltlos – veröffentlicht, als angebliche Schätze der herzoglichen Bibliothek. In Wahrheit jedoch handelte es sich bei diesen **„Fragmenten eines Ungenannten"** um nachgelassene Schriften des angesehenen Hamburger Orientalisten und Gymnasialprofessors Hermann Samuel **Reimarus** (1694–1768).

Der Vorgang erregte in Deutschland ungeheures Aufsehen. *Orthodoxe Theologen, allen voran Goeze, aber auch freisinnige Vertreter der Kirche fühlten sich provoziert und wiesen die Texte als Angriff auf den Offenbarungsglauben und die Bibel scharf zurück.

Lessing antwortete darauf u. a.

– mit 11 **„Anti-Goeze"** (1778), einem Juwel feinsinniger Wortkunst und geistreicher Polemik;

– der „Nötigen Antwort auf eine sehr unnötige Frage des Herrn Hauptpastor Goeze, in Hamburg" sowie mit der berühmten

– **„Erziehung des Menschengeschlechts"** (1780), einer in hundert Paragraphen gegliederten, weniger streitbar als bekennerhaft formulierten theologisch-philosophischen Schrift.

Reimarus vertrat eine natürliche Vernunftreligion und übte scharfe Bibelkritik. In seiner „Apologie oder Schutzschrift für die vernünftigen Verehrer Gottes" (so der Originaltitel) leugnete er den Offenbarungscharakter der Bibel und die Göttlichkeit Christi. Seinerseits hatte Reimarus auf eine Publikation verzichtet, um gläubige Christen nicht zu beunruhigen. Der Inhalt der Fragmente war der theologischen Fachwelt in der Sache im Übrigen keineswegs neu.

Auch während der Auseinandersetzung gab Lessing den wahren Autor nicht preis, ließ jedoch den Vermutungen seiner Gegner freien Lauf (erst 1814 wurde die Urheberschaft publik). Im Übrigen sind Goezes eigene Texte, wie leicht nachzulesen ist, keineswegs einfallslos und bieder, sondern gleichfalls geistreich und scharfsinnig genug – was die Literaturgeschichte (Wer kennt nicht Lessing! Doch wer liest schon Goeze?) bisweilen

gern verschweigt. „Ich muß
versuchen, ob man mich auf
meiner alten Kanzel, auf
dem Theater wenigstens
noch ungestört will predigen
lassen." (Brief an Elise Reimarus vom 6. 9. 1778)
Im April 1779 war das
Schauspiel druckfertig. Die
Uraufführung (14. 4. 1783 in
Berlin) hat Lessing nicht
mehr erlebt.

Als sich der Herzog von Braunschweig dazu überreden ließ,
Lessing die Zensurfreiheit zu entziehen, gab dieser dennoch
nicht auf. Er griff auf seinen eigenen, bis 1750 zurückverfolg-
baren Dramenentwurf zurück, um den Theologen auf der ihm
eigenen Kanzel entgegenzutreten: Es entstand sein einzigar-
tiges „dramatisches Gedicht" (so Lessings eigene Benennung)
„Nathan der Weise".

4.2.2 Aufklärung als Lernprozess

Der Aussagegehalt dieses Schauspiels und der „Erziehung des
Menschengeschlechts" (EdM) nebst den sich daraus ergebenden Konsequenzen stehen im Zentrum der folgenden Ausführungen.
Nicht nur in diesen beiden Schriften war es Lessing darum zu
tun, von der theoretischen akademischen Diskussion weg zu
einem **Christentum der Tat** zu kommen, das der einzelne
Gläubige, unbelastet von den historisch gewordenen, oftmals
erstarrten Formen und Normen eines theologischen Systems
und frei von gelehrten Konstruktionen praktizieren konnte. Ein
solches Christentum ließe sich, wie Lessing in seinem kurzen
Text „Das Testament Johannis" sinngemäß ausführt, auf die
Worte „Kinderchen, liebt euch!" reduzieren. Diese Unterscheidung zwischen theologischer Lehre und gelebtem Christentum
ist gemeint, wenn Lessing in den „Gegensätzen des Herausge-
bers", also in seinem Kommentar zu den Reimarus-„Fragmenten", den Buchstaben gegen den Geist und die Bibel gegen die
Religion ausspielt. Denn er formulierte: „Der Buchstabe ist
nicht der Geist; und die Bibel ist nicht die Religion."

vgl. dazu 1. Joh. 4,7 ff.
„Zufällige Geschichtswahr-
heiten können der Beweis
von notwendigen Vernunfts-
wahrheiten nie werden"
(„Über den Beweis des
Geistes und der Kraft";
Bd. 8, S. 12); „Das, das ist
der garstige breite Graben,
über den ich nicht kommen
kann, so oft und ernstlich
ich auch den Sprung ver-
sucht habe. Kann mir
jemand hinüber helfen, der
tu' es; ich bitte ihn, ich
beschwöre ihn. Er verdient
ein Gotteslohn an mir."
(ebda., S. 14)

„Die Religion Christi ist diejenige Religion, die er als
Mensch selbst erkannte und
übte; die jeder Mensch mit
ihm gemein haben kann...
Die christliche Religion ist
diejenige Religion, die es für
wahr annimmt, daß er mehr

Es gab für Lessing in der Tat gewichtige Argumente, die ihn an
der Eindeutigkeit des Christentums und seiner ethischen Forderungen zweifeln ließen. Denn:
– Zum einen ist das **Christentum** – wie auch das Judentum
  und der Islam – eine **geschichtlich gewordene Offenbarungsreligion** und damit allen Bedingungen und Zwängen
  der Wirklichkeit unterworfen. Warum sollte sich gerade in
  ihm alle Weisheit spiegeln – und sich somit, wenn überhaupt,
  auch die rationale Einsicht in die Notwendigkeit des Guten
  ergeben?
– Ebenso wenig lassen sich, zum andern, die Religion Christi
  und die christliche Religion in eins setzen. Vor allem ist die
  Zerstrittenheit ihrer Anhänger alles andere als überzeugend und richtungweisend: „Die christliche (Religion) ...
  (ist) so ungewiß und vieldeutig, daß es schwerlich eine einzige Stelle (in den Evangelisten) gibt, mit welcher zwei Men-

schen, so lange als die Welt steht, den nämlichen Gedanken verbunden haben." (ebda., S. 539)

– Schließlich muss es äußerst **fragwürdig** bleiben, ob ein Christ in moralischer Hinsicht überhaupt **selbstlos und uneigennützig** handelt. Die Frage stellen heißt, sie zu verneinen. Strafte und lohnte das Alte Testament noch „unter Schlägen und Liebkosungen" wie der Vater beim Kind, so lehrte das Neue Testament – „das zweite beßre Elementarbuch für das Menschengeschlecht" – die Unsterblichkeit der Seele. Über dieses Stadium einer im Grunde egoistischen **Lohnmoral** ist die Menschheit nicht hinausgekommen.

Was tun? Wer wollte dem allem überzeugend widersprechen? Scheint die Argumentation nicht einleuchtend genug zu sein?

Lessing gab sich nicht mit dem Aufzeigen von Fakten und Missständen zufrieden. Er fand eine ebenso eindeutige, für die Zeit der *Aufklärung charakteristische Antwort:

> Die Menschen müssen zum Guten erzogen werden.

Ein solcher Erziehungsprozess ist nun aber wahrhaft umfassend, Völker und Zeiten übergreifend. Er schließt folgende Voraussetzungen ein:

– **Jeder Mensch trägt in sich die Anlage zum Guten.**
– **Das Gute ist lehrbar und lernbar.**
– **Alle Menschen – und damit auch alle Religionen – sind gleich bzw. gleichberechtigt.**

Fromme Wünsche? Wie gesagt, Lessings Philosophie ist nicht am Kamin geboren und hat auch dort nicht ihren Platz:

– Lessings Humanitätsbotschaft hat ihren Sitz im Leben in Jerusalem, der Stadt der drei großen monotheistischen Weltreligionen, zur Zeit der Kreuzzüge, inmitten von Gewalt, Feindschaft und Intoleranz.
– Nathan, ein reicher Jude – ausgerechnet ein Jude ist in diesem Lehrstück der „Weise", ein Novum in der Literatur! – hat in den Kriegswirren seine gesamte Familie verloren.
– Der Patriarch von Jerusalem – „ein dicker, roter, freundlicher Prälat", im Übrigen eine Karikatur Goezes – hätte diesen Nathan, der, in demütig/verständiger Einsicht in den göttlichen Vorsehungsplan (s. u.), **dennoch** ein sonst verloren gewesenes Christenkind aufgezogen hatte, am liebsten sofort auf dem Scheiterhaufen verbrannt („Tut nichts! Der Jude wird verbrannt"; IV,2).

als Mensch gewesen, und ihn selbst als solchen zu einem Gegenstand ihrer Verehrung macht." („Die Religion Christi"; Bd. 8, S. 538)

vgl. EdM (Bd. 8, S. 590 ff.), § 16 ff.

EdM, § 64

Es spielt hierbei keine Rolle, was konkret unter dem „Guten" zu verstehen ist. In allen großen Religionen existieren ethische Elementargebote, aus denen sich ohne Schwierigkeiten ein überkonfessioneller Grundkonsens ableiten ließe. Man stelle sich einmal vor, er würde beherzigt!

NATHAN. Ihr wißt wohl aber nicht, daß wenige Tage/Zuvor in Gath die Christen alle Juden/Mit Weib und Kind ermordet hatten; wißt/Wohl nicht, daß unter diesen meine Frau/Mit sieben hoffnungsvollen Söhnen sich/Befunden, die in meines Bruders Hause,/Zu dem ich sie geflüchtet, insgesamt/Verbrennen müssen ... Als/Ihr kamt, hatt ich drei Tag und Nächt in Asch/Und Staub vor Gott gelegen und geweint. –/Geweint? Beiher mit Gott auch wohl gerechtet,/Ge-

zürnt, getobt, mich und die Welt verwünscht;/Der Christenheit den unversöhnlichsten/Haß zugeschworen…
(„Nathan der Weise" IV,7)

Salah ad-Din (arab.), Sultan von Ägypten und Syrien (1138?–1193), schlug am 3./4. 7. 1187 ein großes Kreuzfahrerheer und eroberte dann u. a. Akkon und Jerusalem. Aus diesem Anlass unternahm Kaiser Friedrich I. Barbarossa 1189 den 3. Kreuzzug. Saladin war ein frommer Muslim, von ritterlicher Gesinnung und hochangesehen bei Freund und Feind.

vgl. EdM, § 85f. – Lessings Einteilung der Geschichte in drei Abschnitte geht auf die Lehre des Theologen Joachim von Fiore (von Floris; um 1130–1202) von den drei Zeitaltern (des Vaters, des Sohnes und des Heiligen Geistes) zurück.

Damit geht er über seine Vorlage aus dem „Decamerone" (Giornata I, Nov. 3) des italienischen Dichters Boccaccio (1313–1375) und natürlich auch über die motivlichen Ursprünge – eine um 1100 in Spanien von aufklärerischen Juden erfundene gleichnishafte Erzählung – weit hinaus.

– Der „junge Tempelherr", ein besonders eifriger christlicher Kämpfer, wird erst auf dem Richtblock begnadigt u. a. m.

Nach **Saladins** kühler Begrüßung („Tritt näher, Jude! – Näher! – Nur ganz her! –/Nur ohne Furcht"; III,5) und hoheitsvoll distanzierten Frage nach der wahren Religion erzählt Nathan die berühmte Ringparabel (III,7), bei deren Ende der Sultan betroffen und so gänzlich verwandelt reagiert („Ich Staub? Ich Nichts?/O Gott! … Nathan, lieber Nathan!/… sei mein Freund").

Saladin lernt verstehen, dass keine der geoffenbarten Religionen, auch die seine nicht, den Anspruch erheben darf, gegenüber den anderen die bessere zu sein. Im Prozess dieses inneren Gewahrwerdens steigt er, der Herrscher, hinab (oder: hinauf?!) zu dem nun nicht mehr verachteten Juden.

Denn Nathan hat die geschichtliche Gebundenheit der Offenbarungsreligionen und damit ihren auch nur relativen Wahrheitscharakter erkannt. Er, der „Weise", verkörpert die dritte, die „aufgeklärte" Bewusstseinsstufe, „die Zeit eines neuen ewigen Evangeliums", wo der Mensch **„das Gute tun wird, weil es das Gute ist, nicht weil willkürliche Belohnungen darauf gesetzt sind".**

Eine solche Erkenntnis gründet aber auch auf der **rationalen** Einsicht, dass das Gute getan werden muss. Sie basiert auf der **Übereinstimmung** dieser eigenen Einsicht mit der als höheres Walten begriffenen göttlichen Vorsehung (Lessing: „Vorsicht"). Auch dann, wenn die äußeren Umstände, wie bei der Annahme Rechas an Kindes Statt durch Nathan, zunächst so eindeutig dagegen sprechen.

Wie aber lässt sich – da die Welt nicht aus lauter Weisen besteht und Juden, Christen und Muslime, noch dazu in Zeiten der Religionskriege, auf ihrer angestammten Religion beharren – ein solcher Lernprozess universalen Ausmaßes realisieren? Ist eine weltgeschichtliche Entwicklung hin zur dritten Stufe unter diesen Umständen überhaupt vorstellbar?

Lessing bedient sich hier in seiner eigenen Version der „Ringparabel" als aufklärerischer Pädagoge des Doppelsinns aus **„exoterischer"** und **„esoterischer"** Rede. Der Wettstreit zwischen den drei Religionen, welche denn von ihnen die wahre sei, soll konkret durchgeführt werden. Jeder Einzelne soll sich bemühen, die Echtheit **seines** Rings unter Beweis zu stellen. In Wahrheit und für den Wissenden ist diese Auseinandersetzung jedoch nur **ein pädagogisches Mittel für den guten Zweck**. Denn der „Esoteriker" weiß, dass **keine** Offenbarungsreligion die absolute Wahrheit für sich beanspruchen kann – „der echte Ring vermutlich ging verloren".

Doch sollen ihre Anhänger, im **ethischen Wettstreit** und nicht mehr in polemischem Gezänk oder gar mit Waffengewalt, zueinander in Konkurrenz treten. Nach bestem Wissen und Gewissen und zutiefst davon überzeugt, dadurch die Priorität **ihrer** Religion zu demonstrieren, sollen sie bemüht sein, die „geheime Kraft" des Rings, „vor Gott und Menschen angenehm zu machen, wer in dieser Zuversicht ihn trug", offenbar werden zu lassen.

> Lessing überträgt also den Prozess des rationalen Erkennens in den Bereich des sittlichen Handelns.

Gleichsam **unmerklich**, so der unausgesprochene Schluss der Parabel, wird die vormalige Rivalität eines Tages einmünden in die Stufe, auf welcher der „Weise" schon längst angekommen ist und wo er das praktiziert, was er als notwendig erkannt hat:

NATHAN: Wohlan!
  Es eifre jeder seiner unbestochnen,
  Von Vorurteilen freien Liebe nach!
  Es strebe von euch jeder um die Wette,
  Die Kraft des Steins in seinem Ring an Tag
  Zu legen! komme dieser Kraft mit **Sanftmut**,
  Mit **herzlicher Verträglichkeit**, mit **Wohltun**,
  Mit **innigster Ergebenheit in Gott**
  Zu Hilf! ... So sagte der
  Bescheidne Richter.

(III,7)

Auseinandersetzung mit Lessing

Lässt sich an der Eindeutigkeit dieser Forderungen, an der Notwendigkeit solchen Denkens und Tuns überhaupt ernsthaft zweifeln?

1. Natürlich darf man auch hier, wie bei allen dichterischen und philosophischen Texten dieser Art, das geistige Produkt eines Einzelnen, sei es auch noch so ausgefeilt und überzeugend, nicht mit der Wirklichkeit verwechseln. Gleichwohl lässt sich ohne Einschränkung feststellen, dass **die sittlich-religiöse Botschaft von Lessings „Nathan" in ihrer Einheit von Denken und Handeln** bis heute und bis ins alltägliche Tun hinein nicht selten so etwas wie eine „Geheimreligion vieler Gebildeter" darstellt.

2. Dies schließt nicht aus, dass gründlich arbeitende Philologen – da ja kein menschliches Werk vollkommen ist – auch im „Nathan" von jeher hier und dorten einige Unpässlichkeiten zu bekritteln hatten:

Zu Beginn des Schauspiels kommt Nathan von einer Reise zurück, auf der er ausstehende Gelder einzutreiben hatte: „Schulden einkassieren ist gewiß/Auch kein Geschäft, ... das/So von der Hand sich schlagen läßt." (I,1)

Unter einem „Rührstück" versteht man die Abart des bürgerlichen Trauerspiels und der Tragikomödie in der Zeit der *Aufklärung.

„Gott lohnt Gutes, hier getan, auch hier noch." (I,2; vgl. auch III,7 u. a.)

vgl. Lessings „Hamburgische Dramaturgie", 33. Stück

– So hat man sich gestört an dem ständigen Herumwerfen mit Geld und gemeint, Lessing habe, da sein Schauspiel ja ohnehin sehr idealtypisch angelegt sei, seinen eigenen Finanznotstand gleich mitidealisiert.

Aber Nathan ist ja keineswegs nur der Weise, Edle, Gute, sondern nicht zuletzt ein reicher Kaufmann, wohl vertraut auch mit den unangenehmen Seiten dieses Berufes. Gerade aber indem Nathan eine solche Tätigkeit mit den ethischen Forderungen des Richters aus der Ringparabel zu vereinbaren weiß, **erhält die menschliche „vita activa", das arbeitsreiche Schaffen des Menschen in der „Welt" als Mittel zur Vollendung des Geschichtsplans** einen hohen Stellenwert.

– Der Schluss des Schauspiels ist zugegebenermaßen etwas sentimental. Denn alle wichtigen Personen der Handlung, mit Ausnahme Nathans (!), sind, als Zeichen der Zusammengehörigkeit der Offenbarungsreligionen, miteinander verwandt. Dies wurde nicht selten beanstandet.

Aber dieses Ende ist gattungsbedingt (Restelemente des sog. „Rührstücks") und als sinnfälliger, bühnenwirksamer Schlussakkord eines insgesamt stark lehrhaften Schauspiels verzeihlich, ja begrüßenswert.

– Ferner hat man Nathans gute Tat an dem Christenkind Recha als Ausdruck unpolitischer Individualethik gewertet. Und man hat in einer einzelnen guten Handlung Nathans, die zeitlich noch vor Beginn des Dramas liegt, im Drama selbst aber zur Bedingung des guten Endes gemacht wird, von der motivlichen Durchführung her strukturelle Mängel gesehen.

Aber dieser Aufbau ist notwendig, weil der Autor damit auf die Existenz eines göttlichen Vorsehungsplanes (s. o.) verweisen will. Er ist folglich auch Ausdruck von Lessings eigener religiöser Hoffnung und Überzeugung. Insofern ist die **Handlung des „Nathan"** die auf der Bühne aktualisierte ***Theodizee der Geschichte**.

– Gewiss auch lässt sich Anstoß nehmen an der allzu idealistischen und idealisierenden Konzeption des Schauspiels. Solches sei unrealistisch und in Lessings theoretischen Schriften nur selten anzutreffen.

Aber auch hier gilt: Der „Nathan" ist Dichtung, ein Schauspiel für das Theater und dessen Gesetzen unterworfen, keine theologische Streitschrift. Und für das Drama fordert Lessing aus didaktischen Gründen eine Überordnung der Charaktere über die Realität.

3. Zweifellos lassen sich von Seiten der christlich-theologischen Tradition her Einwände gegen Lessing formulieren. Der – konstruierte, erhoffte, vielleicht sogar doch geglaubte – Gang der Weltgeschichte hin in die „Zeit eines neuen ewigen Evangeliums", wann immer sie erreicht sein mag, legt die Möglichkeit nahe, **dass der Mensch** in der Endzeit seiner Entwicklung, besonders dann im Stadium seines sittlich vollkommenen Reifezustands, **Gott nicht mehr braucht.** Er ist dann, so könnte man folgern, auf die „Richtungsstöße" des Weltenlenkers nicht mehr angewiesen, weil er nun selber sittlich autonom geworden ist. Auch hier gibt es genügend Freiräume für Spekulationen, Hypothesen, feinsinnige Analysen.

Es gibt bei Lessing Hinweise, dass er Andeutungen oder Vorzeichen dieser Zeit mit Beginn der Reformation erkannt zu haben glaubte, weil hier das Prinzip der Vernunft vorherrschend geworden sei.

Eindeutige Ergebnisse – wie sollte es bei Lessing anders sein?! – finden sich hierzu nicht, wohl aber Spannungen und „Gegensätze", vgl. z. B.: „Und warum sollten wir nicht auch durch eine Religion, mit deren historischen Wahrheit, wenn man will, es so mißlich aussieht, gleichwohl auf nähere und bessere Begriffe vom göttlichen Wesen, von unserer Natur, von unsern Verhältnissen zu Gott geleitet werden können, **auf welche die menschliche Vernunft von selbst nimmermehr gekommen wäre?"** (EdM, § 77) – „Erziehung gibt dem Menschen nichts, was er nicht auch aus sich selbst haben könnte; sie gibt ihm das, was er aus sich selber haben könnte, nur geschwinder und leichter. Also gibt die Offenbarung dem Menschengeschlechte **nichts, worauf die menschliche Vernunft, sich selbst überlassen, nicht auch kommen würde,** sondern sie gab und gibt ihm die wichtigsten Dinge nur früher." (EdM, § 4)

Allerdings bleibt zu fragen, wie weit man mit noch so gründlichen Textuntersuchungen, auch mit dem Denkmodell der esoterischen bzw. exoterischen Redeweise nebst allen Spielarten, letztlich dem **Menschen** Lessing gerecht wird. Konnte bzw. wollte er sich eine solche „Beseitigung Gottes", nicht nur aus religionspolitischen, gesellschaftlichen und damit auch aus beruflichen Gründen, sondern vor allem seinem eigenen Gewissen gegenüber, wirklich überhaupt „leisten"?

4. Weiterhin gehört es zu den Grundzügen christlicher Anthropologie, dass der Mensch Sünder ist, dies in seinem irdischen Leben bleibt und nur durch Christi Tod und Auferstehung gerettet wird. Ein dauerhafter künftiger **Zustand sittlicher Autonomie** in Sein und Tat erscheint von daher, ganz abgesehen von seiner unrealistischen Ausrichtung, schon im Ansatz **theologisch fragwürdig.**

5. Am Ende des vielzitierten EdM-Textes ist vieles unsicher, muss vieles unklar bleiben (entsprechend stark divergieren die Forschungsmeinungen): Geht es um eine Erlösung des Einzelnen oder um eine moralisch-religiöse Erhebung der Menschheit? Wie verbindet sich beides miteinander?

vgl. EdM, § 94, 98, 100; mit der hinduistisch-buddhistischen Karma-Lehre (altind.

101

karma = Tat) haben solche Vorstellungen nichts zu tun (Fehlen des Vergeltungs-gedankens/keine Einbezie-hung des Tierreichs/keine Vervollkommnung innerhalb des Kreislaufs).

„Der Mensch ward zum Tun und nicht zum Vernünfteln erschaffen … Was hilft es, recht zu glauben, wenn man unrecht lebt?" („Gedanken über die Herrnhuter"; Bd. 7, S. 186, 192) u. v. m.

Dominierend bei diesem Ineinanderfließen von zeitlicher und ewiger Betrachtungsweise wird hier die Vorstellung von der **Seelenwanderung** und der individuellen **Wieder-geburt** bis hin zur sittlich-humanen Vollendung. So faszinierend solche Überlegungen auch sein mögen – mit dem christlichen Gedanken der Auferstehung und des ewigen Lebens bei Gott haben sie **wenig oder nichts gemein**.

6. Lessing war zweifellos ein hervorragender Theologe oder, vielleicht besser, ein scharfsinniger Philosoph, der sich in theologischen Fragen sehr gut auskannte. Mit dem christlichen Glaubensverständnis, das **„Glauben"** vor allem als **„Vertrauen"** begreift (bzw. begreifen sollte), tat er sich allerdings sehr schwer. Aber wer will hier kritteln und trennen?!

Kann man Lessing zur Festschreibung theologisch-dogmatischer Fragen also kaum gewinnen, so bleiben doch

– seine **kritischen Einwände und Erinnerungen**;
– seine **Forderungen der ethischen Praxis**, seine vielfach formulierten **Aufrufe zum moralischen Handeln**

den entsprechenden Stellen des Neuen Testaments sehr ähnlich. Als **Mahner zu einem konsequent gelebten, praktischen Christentum** ist seine Stimme unüberhörbar.

7. Gern wird Lessing als Lehrer weltanschaulicher Toleranz, als „Berufungsinstanz" für das Geltenlassen anderer Meinungen verstanden. Zu gern wird allerdings im heutigen Sprachgebrauch, häufig aus Bequemlichkeit und der mangelnden Bereitschaft zu persönlichem Engagement, „Toleranz", mit „Gleichgültigkeit", „Teilnahmslosigkeit", ja „Desinteresse" „verwechselt". **Lessings Toleranzbegriff** aber meint kein bloßes Geltenlassen, sondern, ganz im Sinne der Postulate der Ringparabel, **aktives ethisches Tun**. Wie wichtig eine solche Unterscheidung für alle Gebiete unserer multikulturellen Gesellschaft ist, liegt auf der Hand.

8. Wenn die Gültigkeit von Lessings Ideen an den konfessionellen Grenzen nicht Halt macht, so wird sie dies noch viel weniger an den nationalen tun. Zweifellos kann man seine Schriften nicht als **Nachschlagewerk** zur Lösung realpolitischer Probleme verwenden. Aber wo wären seine Forderungen der Humanität heute auf eine fatale Weise **aktueller** als im wieder einmal umstrittenen **Jerusalem**, einer Stadt, die, stellvertretend für ganz Israel, auch in der Moderne immer wieder von Gewalt und Zerstörung heimgesucht wird wie zu Nathans Zeiten?!

Man muss sich klarmachen, dass sowohl jüdische als auch palästinensische Hardliner ihre politischen Ansprüche und damit auch ihre kämpferischen Aktionen auf religiöse Quellen gründen.

Abb. 16 Palästinenser im Kampf mit israelischem Militär

Beide verfeindeten Gruppierungen berufen sich mit ihren Gebietsforderungen auf Abraham und auf die an diesen ergangenen göttlichen Verheißungen (vgl. Gen. 13 ff.). An Abrahams Grab in Hebron kulminiert darum nicht selten der tödliche Hass, Hebron selbst hat als Streitobjekt schon symbolischen Stellenwert.

Religiöse und theologische Aufklärungsarbeit tut hier dringend Not. Denn ein gründliches Lesen der heute politisch hochbrisanten Vätergeschichten macht deutlich, dass Gott **allen** Nachkommen Abrahams das Land für alle Zeiten zusagte, **sowohl den Juden**, die sich von Abrahams Sohn Isaak herleiten, **als auch den Palästinensern**, die sich auf Abrahams ersten Sohn Ismael berufen. Denn:

Gottes Verheißung gilt für ABRAHAM:

„Und der HERR sprach zu Abram: ... Ich will dich zum großen Volk machen und will dich segnen ... All das Land, das du siehst, will ich dir und deinen Nachkommen geben für alle Zeit und will deine Nachkommen machen wie den Staub auf Erden." (Gen. 12,1 f.; 13,15 f.; zu Abram/Abraham s. S. 23)

Der unmittelbare biblische Bezug wird z. B. im Vorspann zu einer landeskundlichen Broschüre („Israel von A–Z. Daten, Fakten, Hintergründe". Copyright by Ministry of Foreign Affairs, Jerusalem), die auch von der israelischen Botschaft in Deutschland verschickt wird, dargelegt. Dort ist zu lesen: „,Israel sollst du heißen ... ein Volk und eine Menge von Völkern sollen von dir kommen ... das Land, das ich Abraham und Isaak gegeben habe, will ich dir geben und will's deinem Geschlecht nach dir geben.' (1. Mose 35,10–12) Israel ist die alt-neue Heimat des jüdischen Volkes: Sein Anfang ist schon in der Bibel belegt, und seine Geschichte erstreckt sich über Jahrhunderte bis zu seiner Wiedererstehung als souveräner Staat im Jahre 1948. Die Unabhängigkeitserklärung Israels gibt bekannt: ‚Der Staat Israel … wird auf Freiheit, Gerechtigkeit und Frieden im Sinne der Visionen der Propheten Israels gestützt sein …‘“ – Zur Rolle Abrahams im Koran vgl. z. B. Sure 14, 36–42

Gottes Verheißung gilt für ISAAK:

„Da sprach Gott: … Sara, deine Frau, wird dir einen Sohn gebären, den sollst du **Isaak** nennen, und mit ihm will ich meinen ewigen Bund aufrichten und mit seinem Geschlecht nach ihm.“
(Gen. 17,19) u. a. m.

Gottes Verheißung gilt für ISMAEL:

„Für **Ismael** habe ich dich auch erhört. Siehe, ich habe ihn gesegnet und will ihn fruchtbar machen und über alle Maßen mehren … Ich will ihn zum großen Volk machen.“
(Gen. 17,20) u. a. m.

Einen dauerhaften politischen Frieden zwischen Juden und Palästinensern wird es nur geben, wenn sich beide Völker über die biblische und im Koran später aufgenommene Tradition verständigen.

„Wohlan! Es eifre jeder seiner von Vorurteilen freien Liebe nach …“ – eine Utopie?

Abb. 17
Jean-Jacques Rousseau
(1712–1778)

4.3 Der Mensch – von Natur aus gut? (Rousseau)

Man könnte vermuten, dass ein Künstler oder Schriftsteller, dessen geistige Fortwirkung so umfassend ist, dass mit seinem Namen eine bestimmte Denkweise bzw. Weltanschauung für alle Zeiten verbunden bleibt („Rousseauismus“), ein inhaltlich exakt strukturiertes und begrifflich klar überschaubares Werk hinterlassen hat. Bei Rousseau ist dies mitnichten der Fall. Der gebürtige Genfer, der mit seinen Forderungen nach Gleichheit und menschlicher Unverdorbenheit zu Recht als **einer der geistigen Wegbereiter der Französischen Revolution** gilt, hat, anders als etwa Immanuel Kant, keine aus vielerlei Einzelsätzen erwachsene „Lehre“ formuliert. Es findet sich bei ihm keine feste und fertige Doktrin. Gerade aber deswegen war sein Einfluss auch auf stark unterschiedliche Epochen, z. B. die Zeiten des **„Sturm und Drang“** (1767–1785), der **„Klassik“** (1786–1832) und der **„Romantik“** (1798–1835) in Deutschland, gleichermaßen prägend. Er war einer der Repräsentanten der französischen Aufklärung, gleichzeitig jedoch ihr Überwinder. Denn zum einen forderte er eine von der **Vernunft** bestimmte sittliche Lebensweise, zum andern trat er vehement für die Freiheit des **Gefühls**, für das „Recht des Herzens“ ein. Während ihm seine Kritiker vorwarfen, er würde den Einzelnen der Gemeinschaft opfern, und in ihm den Begründer des

Totalitarismus sahen, empfingen gleichwohl auch unterschiedliche Sachgebiete von ihm zahlreiche Anregungen. Dies gilt generell für **Philosophie** und **Theologie**(geschichte), in besonderem Maße jedoch auch für
- die **Soziologie**;
- die **Pädagogik**;
- die **Literatur**.

Die Vielfalt und die Weite von Rousseaus geistigem **Werk** sind gewiss auch ein Abbild seines facettenreichen, ganz und gar unbürgerlichen **Lebens**, in dem sich u. a. Folgendes zutrug:
- Mit sechzehn Jahren riss der junge Rousseau nach einer unglücklichen Kindheit von zu Hause aus.
- Er floh zu der bedeutend älteren Mme. de Warens in Annecy, die ihm zur mütterlichen Geliebten wurde.
- Zweimal wechselte er sein christliches Bekenntnis: 1728 trat er in Turin zum Katholizismus über, 1754 kehrte er in Genf zur reformierten Kirche zurück.
- In den folgenden Jahren überwarf er sich mit fast allen Freunden und Gönnern, oft konnte er kaum seinen Lebensunterhalt sichern.
- Seine gesellschaftskritischen Schriften, mit denen er sich in einen schroffen Gegensatz zum *„Ancien régime"* stellte, führten zu seiner Verurteilung durch das Parlament und den Erzbischof von Paris. Dem Haftbefehl entzog er sich durch Flucht ins Ausland.
- Seine fünf Kinder, die er in der (erst später legalisierten) Ehe mit Thérèse le Vasseur zeugte, brachte er allesamt im Findelhaus unter.

Das Werk „Émile ou de l'éducation" („Emil oder Über die Erziehung"; 1762) ist halb ein psychologischer Roman, halb ein pädagogisches Lehrbuch. Hier vertritt Rousseau den später oft richtungsweisenden Gedanken einer kindgemäßen, freien, individuellen, gegen schädliche äußere Einflüsse abgeschirmten Erziehung.

Mit dieser „alten Regierungsform" ist besonders die bourbonische Herrschaft in Frankreich vor 1789 gemeint.

4.3.1 Vorsicht vor Schlagwörtern!

Um Missverständnisse zu vermeiden, ist es vor der Darstellung einiger wesentlicher Grundgedanken aus Rousseaus Texten notwendig, zwei in Verbindung mit seiner Person gern genannte, jedoch oft falsch gedeutete Formulierungen zu hinterfragen. Denn diese können bei ungenauer Verwendung zu einer Fehldeutung des ganzen Werkes führen. Zum einen handelt es sich um den Ausruf „Zurück zur Natur!", zum andern um die Frage, in welchem grundsätzlichen Sinn die Aussage, der Mensch sei „von Natur aus gut", zu verstehen ist.
1. Rousseaus Anthropologie stellt dem Menschen im zivilisatorischen Stande den natürlichen Menschen gegenüber. Niemals aber ist bei Rousseau konkret von einem revolutionären, etwa gar noch ökologisch gefärbten Zurück zu

„Obgleich er [der Mensch] sich in diesem Stand mehrerer Vorteile beraubt, die er von Natur aus hat, gewinnt er dadurch so große andere, seine Fähigkeiten

üben und entwickeln sich, seine Vorstellungen erweitern, seine Gefühle veredeln sich, seine ganze Seele erhebt sich zu solcher Höhe, daß er – würde ihn nicht der Mißbrauch dieses neuen Zustands oft unter jenen Punkt hinabdrücken, von dem er ausgegangen ist – ununterbrochen den glücklichen Augenblick segnen müßte, der ihn für immer da herausgerissen hat und der aus einem stumpfsinnigen und beschränkten Lebewesen ein intelligentes Wesen und einen Menschen gemacht hat." („Gesellschaftsvertrag" I,8)

„Emile", Erstes Buch

Zu beantworten gewesen war die Frage: „Hat der Fortschritt der Wissenschaften und Künste zur Veredelung der Sitten beigetragen?"

Die Aufgabe lautete jetzt „Welches ist der Grund der ungleichen Bedingungen unter den Menschen, und sind diese durch das Naturgesetz gerechtfertigt?"

einer Art paradiesischem Urzustand die Rede. Wenn er sich selbst auch danach gesehnt haben mag und sein Leben bisweilen dieser Sehnsucht gemäß einzurichten versuchte, so war er doch realistisch genug, zu wissen, dass ein solches Zurück nicht mehr möglich sein würde. Ja, es wäre nicht einmal wünschenswert, denn bei einem Vergleich zwischen dem „Naturzustand" und dem „bürgerlichen Stand" erweist sich dieser, wie Rousseau unmissverständlich ausführt, für den Menschen als der eindeutig bessere. Die Ursachen vieler gegenwärtiger Übel liegen freilich in dem Missbrauch, den der Mensch der Neuzeit mit den zivilsatorischen Segnungen treibt. Überwinden ließen sich jene, wie Rousseau in seinem Roman „Émile" ausführt, nicht durch eine „Rückkehr in die Urwälder" (R. Spaemann), sondern durch den Fortschritt zur Lebensform einer neuen Natürlichkeit, die

– auf Selbstgenügsamkeit gründet,
– dem Gewissensanspruch des Menschen Rechnung trägt und
– von einem moralischen Bewusstsein, welches sich z. B. in der Pflichterfüllung äußert, getragen ist.

2. Wenn bei Rousseau davon die Rede ist, dass der Mensch von Natur aus gut sei (Näheres s. u.), so ist dies nicht im Sinn der ethischen Praxis gemeint. Hierzu haben dem Naturmenschen kritisches Denkvermögen und das moralische Bewusstsein gefehlt. Vielmehr ist dieser Gedanke stets als **Anlage** zum Guten zu verstehen: „Alles ist gut, wie es aus den Händen des Schöpfers kommt; alles entartet unter den Händen des Menschen."

4.3.2 Der Wilde und der Bürger

Am Anfang des Zeitraums von 1750–1764, in dem die bedeutendsten Schriften Rousseaus erschienen, stehen zwei philosophische Erörterungen bzw. Abhandlungen („Diskurse"), die als Antworten auf Preisfragen der Akademie von Dijon entstanden sind. Nachdem Rousseau mit seinem Diskurs „Über Kunst und Wissenschaft" (1750) den ersten Preis gewonnen hatte, stellte die Akademie im November 1753 ein zweites Mal eine Preisfrage, auf die Rousseau mit dem Diskurs über die Ungleichheit (1754) antwortete.

Hatte Rousseau schon in seiner ersten Abhandlung, die ihn über Nacht berühmt machte, in kritischer Verurteilung der Vernunft, der Wissenschaften und der Künste die Thesen vertreten, dass

- zunehmende Zivilisation und Gelehrsamkeit in aller Regel zu Lasterhaftigkeit und Ungleichheit unter den ursprünglich guten und freien Menschen geführt hätten;
- die Gesellschaft den Menschen versklavt und verdorben habe;
- die wissenschaftliche und künstlerische Tätigkeit nur Befriedigung von Neugier sei und damit ausschließlich eine Sache der Nichtstuer, also der sozial privilegierten Stände;
- die zivilisierte Gesellschaft mit ihren feinen Sitten nur die faktische Bösartigkeit und Unsittlichkeit der Menschen überdecke,

so greift er in seinem zweiten Diskurs noch weiter aus. In dieser Abhandlung über die Ungleichheit nimmt Rousseau – polemisierend, pointierend, summierend – staatsrechtliche Lehrmeinungen über die naturgegebenen Menschenrechte von Philosophen und Staatstheoretikern des 17. Jahrhunderts auf. Er stellt dabei, indem er den geschichtsphilosophischen Aspekt besonders betont, die grundlegende anthropologische Frage

- nach dem möglichen **Urzustand** und
- nach den **Ursachen der Ungleichheit** der Menschen.

Grundsätzlich unterscheidet Rousseau beim Menschen zwischen **zwei Arten der Ungleichheit**: der **natürlichen** und der **politischen**. Seine geschichtsphilosophische Konzeption beginnt, im Gegensatz übrigens zur biblischen Überlieferung, mit der Fiktion eines Urzustandes bzw. **Naturzustandes**, in welchem der „Wilde" *(homme sauvage)*

- noch nicht zivilisiert, also den Tieren nahestehend,
- geistig völlig unentwickelt,
- noch ohne Sprache,
- der einfachen Erfahrung entsprechend mit nur wenig Ideen und
- nicht in Gemeinschaften lebend,

ein im Vergleich zur entarteten Gegenwart unbedarft-unbekümmertes Dasein fristet: „Seine Begehren gehen nicht über seine physischen Bedürfnisse hinaus. Die einzigen Güter, die er in der Welt kennt, sind Nahrung, ein Weibchen *(une femelle)* und Ruhe; die einzigen Übel, die er fürchtet, sind Schmerz und Hunger." („Diskurs …", S. 107)
Vom Tier unterscheiden den „wilden Menschen" allerdings
- der freie Wille (im Gegensatz zu instinktabhängigen Verhaltensweisen) und
- die Vervollkommnungsfähigkeit *(perfectibilité;* im Gegensatz zum undynamischen Fertigsein der Tiere).

DISCOURS

SUR L'ORIGINE ET LES FONDEMENS
DE L'INEGALITE PARMI LES HOMMES.

Par JEAN JAQUES ROUSSEAU
CITOYEN DE GENÈVE.

Non in depravatis, fed in his quæ bene fecundum
naturam fe habent, confiderandum eft quid fit na-
turale. ARISTOT. Politic. L. 2.

A AMSTERDAM,
Chez MARC MICHEL REY.
M DCCLV.

Abb. 18
Originaltitelblatt

Hier sind vor allem Thomas Hobbes (1588–1679; s. dazu Kap. 4.4), John Locke (1632–1704), Hugo Grotius (1583–1645) und Samuel Pufendorf (1632–1694) zu nennen.

*Die **„natürliche oder physische"** Ungleichheit wird **„durch die Natur begründet"** und besteht „im Unterschied der Lebensalter, der Gesundheit, der Kräfte des Körpers und der Eigenschaften, des Geistes oder der Seele". Die **„moralische oder politische"** Ungleichheit wird **„durch die Zustimmung der Menschen begründet oder zumindest autorisiert"**. Sie besteht „in den unterschiedlichen Privilegien, die einige zum Nachteil der anderen genießen – wie reicher, geehrter, mächtiger als sie zu sein oder sich sogar Gehorsam bei ihnen zu verschaffen."
(„Diskurs …", S. 67)*

„Diskurs …", S. 140 ff., bes. S. 150 f.
(„Diskurs über den Ursprung und die Grundlagen der Ungleichheit unter den Menschen", hier abgekürzt als *„Diskurs …")*

„Diskurs …", S. 135

„Diskurs …", S. 151
„Von dem Augenblick an, da ein Mensch die Hilfe eines anderen nötig hatte, sobald man bemerkte, daß es für einen einzelnen nützlich war, Vorräte für zwei zu haben, verschwand die Gleichheit, das Eigentum kam auf, die Arbeit wurde notwendig und die weiten Wälder verwandelten sich in lachende Felder, die mit dem Schweiß der Menschen getränkt werden mußten und in denen man bald die Sklaverei und das Elend sprießen und mit den Ernten wachsen sah." („Diskurs …", S. 195, 197)

„Die Usurpationen [= widerrechtlichen Besitz- bzw. Machtergreifungen] der Reichen, die Räubereien der Armen, die zügellosen Leidenschaften aller erstickten das natürliche Mitleid und die noch schwache Stimme der Gerechtigkeit und machten so die Menschen geizig, ehrsüchtig und böse. Zwischen dem Recht des Stärkeren und dem Recht des ersten Besitznehmers erhob

Bemerkenswert bei dem von seinen Trieben beherrschten Naturmenschen ist indes die Fähigkeit zu einem schlichten, natürlichen **Mitleid** *(pitié* bzw. *pitié naturelle)* und, dadurch bedingt, die Anlage zu einer **natürlichen Güte** *(bonté naturelle)*. Diese dem Menschen gleichsam von Geburt an innewohnende Eigenschaft ist nun aber genau zu umgrenzen, denn sie ist nicht unmittelbar identisch mit unseren Vorstellungen von Nächstenliebe und moralischer Güte bzw. der Abkehr von schlechten Neigungen und Verführungen. Zu beachten ist,

– dass der Mensch im Naturzustand grundsätzlich ein moralisch Gutes oder Böses nicht kennt;

– dass das Mitleid eine Art Ausgleichsfunktion zur egoistischen Selbstliebe *(amour de soi)* des Naturmenschen darstellt und damit zur Arterhaltung beiträgt;

– dass Rousseau ausdrücklich unterscheidet zwischen dem „natürlichen Gefühl" des Mitleids – „im Naturzustand vertritt es die Stelle der Gesetze, der Sitten und der Tugend" – und der „erhabenen Maxime der durch Vernunft erschlossenen Gerechtigkeit", die in seinen Worten bezeichnenderweise identisch ist mit der „Goldenen Regel" der Bergpredigt (Mt. 7,12).

Was veranlasste den Menschen zur Abkehr von diesem offenbar allseits harmonischen Dasein? Dem „Naturzustand" folgt zunächst die **werdende Gesellschaft** *(société naissante)*. Der Mensch ist sesshaft und lebt im Familienverband, er kennt die Hütte, das Feuer, die Kleidung, elementare Erfindungen sind gemacht. Nach dieser mehr oder minder idyllischen „Kindheit" und „Jugend" der Menschheitsgeschichte jedoch bildet sich, sobald Ackerbau und Schmiedekunst Einzug halten, die **bürgerliche Gesellschaft** und damit die Basis der **sozialen Ungleichheit**. Denn der Zustand der Zivilisation ist ohne **Eigentum** und **Arbeitsteilung** nicht denkbar.
Der Grundstein war gelegt

– zur Trennung zwischen Arm und Reich,

– zur Macht und zum Missbrauch der Macht durch Ausbeutung und Unterdrückung,

– zum Kampf aller gegen alle, einer Situation, die sich nicht, wie Rousseau gegenüber Hobbes (s. Kap. 4.4) ausführt, schon im Naturzustand, sondern erst mit Beginn des dritten Zeitalters, dann aber eben bis zur Gegenwart, vorfindet.

Die Geschichte der Menschheit auf der Stufe der Zivilisation ist also die Geschichte einer durch Gesetze, Bürgerpflicht und Regierung bestimmten Gesellschaft, die Geschichte des **Staates**. Der Staat aber ist – im idealen Falle – das Volk selbst, eine freie gesellschaftliche Vereinigung, getragen vom Willen seiner Bürger:

„Finde eine Form des Zusammenschlusses, die mit ihrer ganzen gemeinsamen Kraft die Person und das Vermögen jedes einzelnen Mitglieds verteidigt und schützt und durch die doch jeder, indem er sich mit allen vereinigt, nur sich selbst gehorcht und genauso frei bleibt wie zuvor. Das ist das grundlegende Problem, dessen Lösung der **Gesellschaftsvertrag** *(contrat social)* darstellt."

Wichtig ist, dass der ideale **Gemeinschaftswille** *(volonté générale)* der Idealmenschen der eigentliche Staatswille ist, nicht der Wille einer Mehrheit *(volonté de tous),* selbst wenn viele, ja alle hinter ihr stehen sollten.

Solche idealtypischen, perfektionistischen Strukturen schlagen Brücken zu Kants „Kategorischem Imperativ" und zur „Goldenen Regel" der Bergpredigt. Es scheint, als habe Rousseau, der im „Diskurs" noch die Überlegenheit der „natürlichen Güte" gegenüber der „Goldenen Regel" – „dieses erhabenen Grundsatzes der durch Vernunft erschlossenen Gerechtigkeit *(cette maxime sublime de justice raisonée)*" – vehement verfochten hatte, in kühner Verbindung von Wunschbild und Vergangenheit eine neue alte Form gemeinsamer Lebensgrundlagen näherungsweise gefunden.

Hat Rousseau auch den zweiten Preis der Akademie von Dijon gewonnen? Bei einem Autor,

- der in seiner eingereichten Schrift mit überschäumendem Eifer doch recht unkonventionelle, nicht gerade staatserhaltende Parolen hinausruft;
- der jeglicher Zivilisation, aber damit **auch** dem Staat, in dem er lebt, mehr oder minder deutlich vorwirft, sie würde den Zustand des Unrechts legitimieren, ja dauerhaft fördern;
- der in seinem Erziehungsroman „Emile" fordert, der heranwachsende Mensch müsse ferngehalten werden von den verderblichen Einflüssen des Gesellschaftslebens, um seine gute Naturanlage sich entwickeln zu lassen;
- der am Ende seines Ausschreibungsbeitrages eine Formulierung wählt, die als Aufruf zum Umsturz verstanden werden kann –

bei einem solchen Autor wird die Entscheidung der Jury, keine vierzig Jahre vor dem Sturm auf die Bastille, nicht besonders schwer gefallen sein. Rousseau bekam den Preis **nicht**.

sich ein fortwährender Konflikt, der nur mit Kämpfen und Mord und Totschlag endete. Die entstehende Gesellschaft machte dem entsetzlichsten Kriegszustande Platz." („Diskurs …", S. 211, 213)

„Gesellschaftsvertrag" I,6

„Gemeinsam stellen wir alle, jeder von uns seine Person und seine ganze Kraft unter die oberste Richtschnur des Gemeinwillens." („Gesellschaftsvertrag" I,6)

*„Der erste, der ein Stück Land eingezäunt hatte und es sich einfallen ließ zu sagen: **dies ist mein** und der Leute fand, die einfältig genug waren, ihm zu glauben, war der wahre Gründer der bürgerlichen Gesellschaft. Wie viele Verbrechen, Kriege, Morde, wie viel Not und Elend und wie viele Schrecken hätte derjenige dem Menschengeschlecht erspart, der die Pfähle herausgerissen oder den Graben zugeschüttet und seinen Mitmenschen zugerufen hätte: ‚Hütet euch, auf diesen Betrüger zu hören; ihr seid verloren, wenn ihr vergeßt, daß die Früchte allen gehören und die Erde niemandem.'" („Diskurs …", S. 173)*

„Es ist offensichtlich wider das Gesetz der Natur …, daß eine Handvoll Leute überfüllt ist mit Überflüssigem, während die ausgehungerte Menge am Notwendigsten Mangel leidet." („Diskurs …", S. 271, 273)

Auseinandersetzung mit Rousseau

1. Ein Grundproblem bei der Deutung von Rousseaus Schriften liegt darin, dass man hier, wie oben schon angedeutet, nur schwer zwischen Person und Werk trennen kann. Mit anderen Worten: Der von starken Emotionen und inneren Widersprüchen bestimmte Charakter dieses ewig hin- und hergerissenen, unsteten und häufig unglücklichen, ja fast psychopathisch veranlagten Menschen führt in den Texten
   - nicht nur zu einer teilweise diffusen Terminologie und damit zu einem Mangel an sachlicher Präzision,
   - sondern mitunter auch zu **einseitigen und darum fragwürdigen Schlussfolgerungen**.

   Es ist z. B. ein Unding, ausnahmslos alle Leistungen von Geschichte und Kultur zu bestreiten und die Zivilisation pauschal zu verurteilen. Eine solche Position ist im Grunde so absurd, dass die Ernsthaftigkeit jeder diesbezüglichen Diskussion darunter leiden muss.

Der Naturbegriff ist von Anfang an verschwommen. Er wird immer unklarer, je mehr Rousseau darüber schreibt.

2. Was Rousseau dann im Gegenzug unter **Natur** bzw. dem Naturzustand versteht, bleibt ein idyllisches Traumland, ein Kunstprodukt von Wunsch und Phantasie. Mit unseren *ethnologischen Kenntnissen vom Leben primitiver Völker bzw. von der Frühgeschichte der Menschheit hat dieser fiktive anthropologische „Urzustand" wenig gemein.

3. In der Aussage ebenso unklar, aber von der Konfusion her konsequent bleibt die Behauptung einer **natürlichen Güte** *(bonté naturelle)* des Menschen. Ihre Definition als „Veranlagung" und nicht als „sittliche Tat" macht sie inhaltlich keineswegs eindeutig. Rousseau scheint die Schwierigkeit der Argumentation und der Abgrenzung gegenüber der „Goldenen Regel" selbst gespürt zu haben:

„Diskurs …", S. 151

   „Man muß eher in diesem natürlichen Gefühl *(ce sentiment naturel)* als in subtilen Argumenten die Ursache für den Widerwillen suchen, den jeder Mensch *(tout homme),* sogar unabhängig von den Maximen der Erziehung, dagegen verspüren würde, Böses zu tun."

   Dann aber muss klargestellt werden:
   - Diese Aussage ist, zumindest von der beanspruchten Allgemeingültigkeit her, keineswegs unbestreitbar. Warum sollte nicht ein fern von jeder Erziehung aufgewachsener Mensch die Neigung in sich verspüren, Böses zu tun, und noch dazu mit Lust?!
   - Rousseau begründet hier also nicht, sondern er reiht eine weitere Hypothese an die vorige.
   - „Güte" als „Gefühl" zu definieren, ist wenig aufschlussreich für die konkrete ethische Praxis.

110

- Demgegenüber legt die „Goldene Regel" den Akzent eindeutig auf das **Handeln**! vgl. dazu S. 138 f.
- Mit „subtiler Argumentation" hat sie überdies wenig zu tun. Sie ist, obwohl die Realität scheinbar gegen sie spricht, ein schlichtes *empirisches Postulat, geboren aus der Achtung vor dem anderen und der Erkenntnis der Notwendigkeit des Überlebens.

4. Die Bibel macht keine eindeutige Aussage darüber, ob der Mensch von Natur aus gut oder böse ist. Sie betont aber sehr wohl die anthropologische Grundkonstante der Sündhaftigkeit, des *essenziellen und existenziellen Widerspruchs des Menschen gegen Gott. Hiervon findet sich bei Rousseau nichts. Mit seiner **Ablehnung der Erbsündenlehre** wendet er sich eindeutig gegen die biblisch-augustinische Tradition. So etwas wie eine Urschuld der Menschheit im Übergang vom „Naturzustand" zur „Gesellschaft" zu sehen, wirkt demgegenüber vergleichsweise harmlos.

5. Mancher Aussteiger von heute wird seinen Rückzug aus der modernen Leistungsgesellschaft, seine Flucht auf den Bauernhof in der Toskana mit Rousseauschem Gedankengut etikettiert haben. Einer solchen Handlungsweise, die ja auf ähnliche Weise auch Rousseau selbst gern vollzog, muss – so verstehbar sie vom reinen Wunschempfinden manchem vielleicht auch sein mag – vom christlich-theologischen Standpunkt entgegengehalten werden, dass sie die **Aufgabe des Menschen verfehlt**.

> Keine Abkehr vom Mühevollen hin zu einer Scheinidylle, sondern verantwortungsbewusstes Handeln in der „Welt" ist christliches Lebensprinzip.

Denn auch Jesus predigte nicht, wie Johannes der Täufer, in der Wüste. **Sondern er ging zu den Menschen hin und kümmerte sich um ihre Nöte und Probleme**.

Im Übrigen lebte Jesus auch nicht von „Heuschrecken und wildem Honig" (vgl. Mk. 1,6), vielmehr feierte er gern.

6. Entsprechend müssen auch bestimmte in Rousseaus „Emile" vorgetragenen Erziehungsgrundsätze hinterfragt werden. Ganz zweifellos haben manche der dort dargestellten Bildungsprinzipien – z.B. ein genaues Studium der kindlichen Wesensart, das Beobachten, Fördern und Entwickeln der instinktiven Reaktionen des Kindes etc. – bei den pädagogischen Nachfahren Rousseaus reiche und wertvolle Früchte getragen.

Aber ein erzieherisches Konzept, das den Heranwachsenden jahrelang vor schädlichen äußeren Einflüssen abschirmen will, um ihn mit Zwanzig schließlich gestärkt und gesichert aus der pädagogischen Provinz in die Gesellschaft zu entlassen, erscheint nicht nur unter den heutigen Lebensumständen sehr fragwürdig.

7. Man kann und darf gewiss nicht immer und nicht unbedingt jede theoretische Äußerung vom Wert ihres praktischen Nachvollzugs her messen. Der Mensch ist ein unvollkommenes Wesen, er geriete in eine fatale Unausgewogenheit von Denken bzw. Reden und Handeln. Dennoch wird man, in Kenntnis der biographischen Zusammenhänge, Rousseaus **„Emile"** nur mit einer gewissen skeptischen Zurückhaltung verkraften können, wenn man sich daran erinnert, dass sein Autor die eigenen fünf Kinder nacheinander im **Findelhaus** ablud.

Abb. 19
Thomas Hobbes
(1588–1679)

4.4 Der Mensch – von Natur aus böse? (Hobbes)

Wie wir sahen, ist Rousseaus These von der „natürlichen Güte" des Menschen nicht so optimistisch, wie man oft geglaubt hat. Im Grunde ist sie eindeutig zivilisationsfeindlich und auch von daher nicht uneingeschränkt menschenfreundlich. Dennoch wird sie gern der Lehrmeinung des englischen Philosophen Thomas Hobbes gegenübergestellt, nach welcher der Mensch von Natur aus des Menschen Feind ist.

Ob beide Hypothesen tatsächlich theologisch und philosophisch stichhaltige Aussagen über einen fiktiven Urzustand der Menschheit darstellen oder ob sie nicht eher dazu dienen sollen, ein bestimmtes Denkmodell bzw. Weltbild gleichsam nachträglich zu legitimieren, wird am Schluss dieses Kapitels zu klären sein.

Vor der Textdiskussion und der notwendigen Auseinandersetzung mit Hobbes' Gedanken müssen hier jedoch zunächst einige historische und auch inhaltlich-strukturelle Einflussfaktoren skizziert werden, die für Hobbes' einseitig materialistische Sicht des Menschen von Bedeutung waren.

4.4.1 Die Bedingungen der Erkenntnis

Hobbes' Hauptwerk ist der „Leviathan" (englisch 1651), eine Schrift, die allgemein als das bedeutendste in englischer Sprache verfasste Werk der politischen Philosophie gilt. Seinen Zeitgenossen war das Buch „von furchterregender Fremdheit und Unverständlichkeit" (E. Hirsch) und auch der heutige

Leser wird von der kalten Nüchternheit vieler Textpassagen und der damit verbundenen Desillusionierung humanistischer und moralistischer Staatsdoktrinen in Erstaunen gesetzt. **Geschichtliche Ereignisse und eine von der naturwissenschaftlichen Betrachtungsweise abgeleitete mechanistische**

Der Originaltitel lautete „Leviathan or the Matter, Form and Power of a Commonwealth Ecclesiastical and Civil" („Leviathan oder Wesen, Form und Gewalt eines kirchlichen und bürgerlichen Gemeinwesens"). Die gestraffte lateinische Fassung erschien 1668. – Im Alten Testament ist der Leviathan der von Jahwe überwundene Chaos-Drache in Schlangengestalt, in der *Apokalyptik eine Erscheinungsform des Teufels. Eine detaillierte Beschreibung des Ungeheuers findet sich in Hiob 40,25 ff. (!).

Die Mechanik (griech. mechane = Werkzeug, Maschine) ist der älteste und grundlegende Zweig der Physik, der die Bewegungen materieller Systeme unter dem Einfluss von Kräften untersucht.

Abb. 20   Titelbild der englischen Erstausgabe

Anthropologie waren für die Konzeption des „Leviathan" bestimmend:
1. Für Hobbes' Staatslehre spielten vor allem zwei Faktoren eine entscheidende Rolle:

Die Ermordung König Heinrichs IV. von Frankreich durch den religiösen Fanatiker Ravaillac (14. 5. 1610) hatte Hobbes stark beeindruckt. Nachdem er viele Jahre später im französischen Exil die Verurteilung und Hinrichtung Karls I. miterlebt hatte, begann er mit der Ausarbeitung des „Leviathan".

„Philosophie ist die rationale Erkenntnis der Wirkungen oder Erscheinungen aus ihren bekannten Ursachen oder erzeugenden Gründen und umgekehrt der möglichen erzeugenden Gründe aus bekannten Wirkungen." (Hobbes, De corpore [Über die Körper] I, Kap. 1; zitiert nach W. Röd, Thomas Hobbes, in: Klassiker der Philosophie. Bd.I, S. 287)

„Die Menschen (legen es) bei ihren Unternehmungen nicht bloß darauf an, sich ein Gut zu verschaffen, sondern sich dasselbe auch auf immer zu sichern ... Zuvörderst wird also angenommen, daß alle Menschen ihr ganzes Leben hindurch beständig und unausgesetzt eine Macht nach der anderen sich zu verschaffen bemüht sind, ... weil sie ihre gegenwärtige Macht und die Mittel, glücklich zu leben, zu verlieren fürchten, wenn sie sie nicht vermeh-

- der von religionspolitischen Auseinandersetzungen geprägte englische Bürgerkrieg in der Mitte des siebzehnten Jahrhunderts, konkret also die Kämpfe zwischen König und Parlament bzw. zwischen Anglikanern, Katholiken und Puritanern;
- sicher aber auch die eigenen nachhaltig wirkenden Erkenntnisse über den schmählichen Niedergang der Staatsmacht.

Aus beidem hatte sich bei Hobbes die Einsicht gefestigt, dass der Staat, um solches zu verhindern, mit nahezu unumschränkter Vollmacht ausgestattet werden müsse. Diese Vollmacht sollte sogar die Herrschaft über die Religion miteinschließen.

2. Hobbes war *Empiriker. Er gehörte in seiner Zeit zu jenen Philosophen, die unter dem Eindruck der sich heranbildenden exakten Naturwissenschaft nach einer Neubestimmung des Wesens und der Funktion der Philosophie suchten. Die Methode der zeitgenössischen Naturwissenschaft war die analytische. In ihrem Rahmen werden Tatsachen auf gesetzesartige Prinzipien zurückgeführt und aus diesen wiederum Tatsachenaussagen, besonders auch Prognosen, abgeleitet, die eine *empirische Überprüfung zulassen.

Nach Hobbes, der selbst auch intensive naturwissenschaftliche Studien betrieb, gilt das Prinzip der mechanistischen Erklärbarkeit aller Tatsachen nicht nur für die Physik und die Mathematik, sondern auch für die Anthropologie. Angeblich wurde Hobbes durch Galilei, mit dem er persönlich zusammentraf, dazu angeregt, die Methode der zeitgenössischen Physik auf die Rechts- und Staatslehre zu übertragen.

Indem Hobbes den Grundsatz der rein mechanistischen Erklärung sämtlicher Fakten in seinen philosophischen Werken, auch im Bereich der Erkenntnistheorie, konsequent verfolgt, gelangt er zu folgenden Einsichten:

- **Es gibt keine „ewigen Wahrheiten".**
- **Es existieren keine absoluten Werte.**
- **Der Mensch besitzt keine Willensfreiheit.**

Angesichts solch kühner Resultate kann es nicht erstaunen, dass Hobbes sich zu seiner Zeit nicht selten scharfen Angriffen von theologischer Seite ausgesetzt sah. Sie reichten bis zu dem Vorwurf, er sei Atheist.

4.4.2 Der Mensch ist dem Menschen ein Wolf!

Die Frage nach der rechten Staatsform, die Hobbes im „Leviathan" auf rigorose Weise beantwortet (s. u.), lässt ihn bei der Analyse des menschlichen Naturzustandes, so wie er ihn versteht, beginnen.

Dieser Naturzustand, also die noch außerstaatliche Ur-Form des menschlichen Zusammenlebens, ist gekennzeichnet

- durch den **Selbsterhaltungstrieb**, der dem Menschen mit allen Lebewesen gemeinsam ist;
- durch das **Verlangen nach Lebenssteigerung**;
- durch die daraus nach dem mechanistischen Ursache-Wirkung-Prinzip hervorgehenden **Affekte**.

Die Folgen dieser Wesensbeschaffenheit, „daß die Natur die Menschen so ungesellig gemacht und sogar einen zu des andern **Mörder** bestimmt habe", sind eindeutig:
„Hieraus ergibt sich, daß ohne eine einschränkende Macht der Zustand der Menschen ... ein **Krieg aller gegen alle** (sei). Denn der Krieg dauert ja nicht etwa nur so lange wie faktische Feindseligkeiten, sondern so lange, wie der Vorsatz herrscht, Gewalt mit Gewalt zu vertreiben."

Auf den nahe liegenden Einwand, einen solchen „Krieg aller gegen alle" habe es nie gegeben und die Annahme eines solchen Naturzustandes sei eine bloße Hypothese, kontert Hobbes mit einer nicht ungeschickten Argumentation:

- Hätte Kain es jemals gewagt, seinen Bruder aus Neid zu ermorden, „wenn schon damals eine allgemein anerkannte Macht, die eine solche Greueltat hätte rächen können, dagewesen wäre?";
- jeder Bürgerkrieg mache deutlich, „wie das menschliche Leben ohne einen allgemeinen Oberherrn beschaffen wäre";
- lebten nicht alle souveränen Staaten der Gegenwart, bedingt durch ihre Rüstungspolitik und ihr gegenseitiges Misstrauen untereinander, in Wahrheit im Naturzustand?

Dieses Frühstadium der Menschheit sei auch den Maßstäben des traditionellen Rechtsempfindens fremd: „Jedem (muß) auch die gewaltsame Vermehrung seiner Besitzungen um der nötigen Selbsterhaltung willen zugestanden werden ... Bei dem Kriege aller gegen alle kann auch nichts ungerecht genannt werden. In einem solchen Zustande haben selbst die Namen gerecht und ungerecht keinen Platz ... Im Naturzustande (besitzen) alle ein Recht auf alles, die Menschen selbst nicht ausgenommen."

ren ... Der Wunsch nach Reichtum, Ehre, Herrschaft und jeder Art von Macht stimmt den Menschen zum Streit, zur Feindschaft und zum Kriege; denn dadurch, daß man seinen Mitbewerber tötet, überwindet und auf jede mögliche Art schwächt, bahnt sich der andere Mitbewerber den Weg zur Erreichung seiner eigenen Wünsche." („Leviathan" I, 11; S. 90 f. [zitiert wird nach der bei Reclam erschienenen Übersetzung von J. P. Mayer])

„Leviathan" I, 13; S. 116, 115

„Leviathan" I, 13; S. 116 f.

„Leviathan" I, 13; S. 114, 117, 119

„Leviathan" I,14; S. 119

Souverän (Subst., franz.) =
Herrscher; Landes-, Ober-
herr

„Um aber eine allgemeine
Macht zu gründen, unter
deren Schutz gegen aus-
wärtige und innere Feinde
die Menschen bei dem ruhi-
gen Genuß der Früchte
ihres Fleißes und der Erde
ihren Unterhalt finden kön-
nen, ist der einzig mögliche
Weg folgender: jeder muß
alle seine Macht oder Kraft
einem oder mehreren Men-
schen übertragen, wodurch
der Willen aller gleichsam
auf einen Punkt vereinigt
wird, so daß dieser eine
Mensch oder diese eine
Gesellschaft eines jeden
einzelnen Stellvertreter
werde und ein jeder die
Handlungen jener so
betrachte, als habe er sie
selbst getan, weil sie sich
dem Willen und Urteil jener
freiwillig unterworfen
haben... Auf diese Weise
werden alle einzelnen eine
Person und heißen Staat
oder Gemeinwesen. So ent-
steht der große Leviathan
...“ („Leviathan" II,17;
S. 155)

„Die Verpflichtung der Bür-
ger gegen den Oberherrn
kann nur so lange dauern,

Da nun aber ein Krieg aller gegen alle dem natürlichen Lebensverlangen des Menschen nicht entspricht und seinem Streben nach Sicherheit, Frieden und Wohlergehen entgegensteht, lautet die erste Vorschrift oder „allgemeine Regel der Vernunft": „Suche Frieden, solange nur Hoffnung darauf besteht." Aus diesem **ersten natürlichen** Gesetz folgt **das zweite**: „Jeder (muß) von seinem Rechte auf alles – vorausgesetzt, daß andere dazu auch bereit sind – abgehen und mit der Freiheit zufrieden sein, die er den übrigen eingeräumt wissen will." So kommt es

– zum Gesellschaftsvertrag,
– zur Gründung des **Staates**,
– zur Herrschaft des Souveräns.

Das Wesen des Staates definiert Hobbes wie folgt:
„Staat ist eine Person, deren Handlungen eine große Menge Menschen kraft der gegenseitigen Verträge eines jeden mit einem jeden als ihre eigenen ansehen, auf daß diese nach ihrem Gutdünken die Macht aller zum Frieden und zur gemeinschaftlichen Verteidigung anwende." („Leviathan" II,17; S. 155 f.)

Der Staat ist für Hobbes also die tragende Grundlage für das sittliche Zusammenleben unter den Menschen. Er ist gleichzeitig das allein mögliche Mittel

– zur **Überwindung** des **Rechtes der Natur**, also jener chaotischen Urzustände, und
– zur **Herstellung** eines sittlichen Zustandes innerhalb der menschlichen Gemeinschaft gemäß den **Gesetzen der Natur**, die identisch sind mit den Grundregeln des sozialen Verhaltens.

Als Hüter und Bewahrer der inneren Ordnung und als oberster Funktionsträger zur Abwehr der Bedrohung von außen besitzt der Staat in Gestalt seines Souveräns eine nahezu unumschränkte Vollmacht. Bei diesem „Souverän" ist weit eher an den einzelnen Herrscher als an eine Versammlung weniger oder gar aller zu denken. Die Monarchie rangiert bei Hobbes, zumindest tendenziell, eindeutig über der Demokratie.

Auseinandersetzung mit Hobbes

1. Schon bei diesen zuletzt genannten Überlegungen sind gewisse **Zweifel an der inneren Logik** des Hobbesschen Gedankensystems erlaubt. Zwar sieht Hobbes keine absolute Verpflichtung der Untertanen gegenüber der Staatsgewalt. Doch muss gefragt werden, warum viele einzelne Men-

schen eine Staatsmacht konstituieren sollen, die ihnen kraft der ihr verliehenen Autorität und Souveränität unter Umständen viel gefährlicher werden könnte, als es von Seiten feindlicher „Naturmenschen" jemals möglich gewesen wäre.

2. Doch zurück zu der hier eher interessierenden Frage nach der Bewertung des Daseins im **Naturzustand**.
Die Objektivität der Rechtsbemessung ist nicht gegeben, wenn, wie bei Hobbes geschehen (s. o.),

– **irgendeine Form von Gewalt als eine Grundlage des Daseins legitimiert (!) wird und die moralischen Kategorien von „gerecht und ungerecht" hier außer Kraft gesetzt sein sollen** (vgl. o.).
Dies gilt auch dann, wenn die Handlungen der Menschen im Naturzustand zunächst mechanistisch zu erklären und nicht moralisch zu bewerten sind.
Auch scheint die Übertragung neuzeitlicher Begriffe von Recht und Moral auf den Zustand der Anarchie bedenklich und auf ein eher **pessimistisches Menschenbild** des Autors hinzudeuten.
Und nach biblischem Verständnis ist die von Hobbes selbst angeführte Ermordnung Abels durch Kain – natürlich nicht im historischen, sondern im *ätiologisch-allegorischen Sinn – eine der **Ur-Sünden** der Menschheit schlechthin;

– **die Kategorien von Recht und Moral,** gleichfalls im Rahmen jenes verfehlten Übertragungsmodells, **in den Maßstab und Verfügungsrahmen des Einzelnen gestellt werden.**
Im Übrigen ergeben sich hier, zumindest potenziell, fatale Bezüge zur beanspruchten Allgewalt des Alleinherrschers (s. u.);

– **die sozialethischen Grundlagen eines Staates an seinen Grenzen enden.**

3. Der Übergang vom außerstaatlichen zum staatlichen Zustand geschieht nach Hobbes auf der Basis einer reinen Zweckethik. Sittliche Pflichten und Tugenden sind inhaltlich nicht in einer übergeordneten philosophischen oder religiösen Basis verankert. Sie sind ausschließlich pragmatisch bestimmt, Funktionselemente zur Schaffung eines friedlichen, geselligen, allen nützlichen und angenehmen Zusammenlebens.
Die Begründung sozialethischer Verhaltensweisen aus dem individuellen Nutzen – oder auch aus dem für viele Individuen beanspruchten Nutzen – ist allerdings sehr fragwürdig. Denn ein solches „System" stieße allzu bald an seine

als dieser imstande ist, die Bürger zu schützen; denn das natürliche Recht der Menschen, sich selbst zu schützen, falls es kein anderer tun kann, wird durch keinen Vertrag vernichtet." („Leviathan" II,21; S. 197)

vgl. S. 15 f.

117

eigenen, selbstgeschaffenen Grenzen. Und wo blieben hier beispielsweise der Begriff der **Menschenwürde** und die **Vorstellung von der menschlichen Gottebenbildlichkeit – Maßstäbe des Humanen**, die auch ohne einen direkt ausgesprochenen Bezug zur Bibel das heutige Bild vom Menschen in der westlichen Welt wesentlich prägen?

4. Kritik verdient gleichfalls **der Freiheitsbegriff von Hobbes**. War es schon verfehlt, die Freiheit des Menschen im Naturzustand mit der rechtlichen Freiheit gleichzusetzen, so kann Hobbes' Freiheitsverständnis bei seiner Darstellung des Prozesses der Staatsbildung ebenso wenig überzeugen. Der Staat wird logisch und ethisch nicht dadurch legitimiert, dass der Einzelne sich seiner Freiheit zugunsten eines Souveräns entledigt.

Wobei zusätzlich zu fragen wäre, ob er dazu überhaupt befähigt und berechtigt ist. Denn die Verantwortung für die eigene Freiheit schließt die Verantwortung für die Freiheit des anderen mit ein.

> Nicht das Aufgeben, sondern die Integration der eigenen Freiheit in die Gemeinschaft (und damit bis zu einem gewissen Grad auch ihre Aufrechterhaltung) schafft die Grundlage für ein verträgliches Zusammenleben und für die Festigung der Freiheit aller durch den Staat.

5. Eine merkwürdige Inkonsequenz erfährt Hobbes' pessimistisches Menschenbild bei seiner Vorstellung vom allgewaltigen **Souverän**, dem „sterblichen Gott". Dessen Weitblick und Fürsorge müssen offenbar nicht eingeschränkt werden, weil eben auch nur menschlich, sondern umfassend und grenzenlos sein. Nicht recht erklärlich bleibt Hobbes' unerschütterliches Vertrauen in die Richtigkeit der Anordnungen und Entscheidungen dieses Souveräns. Sollte es womöglich als die verkappte Grundlage zu **Willkürherrschaft** und **Despotie** und damit zur Errichtung eines neuen, jedoch nunmehr amtlich gesteuerten und legalisierten Naturzustandes zu verstehen sein?

zum Ausmaß der Rechte des Souveräns vgl. z. B. „Leviathan" II,26 (S. 230 f.): „Gelten in ein und demselben Staate hier und da gewisse besondere Gesetze, mögen diese noch so alt sein: ihr Ansehen hängt nicht von der langen Gewohnheit, sondern vom Willen des gegenwärtigen Oberherrn ab."

„Religion ist nicht Philosophie, sondern Staatsgesetz." („De homine" [„Über den Menschen"] 14,4; zitiert nach J. Hirschberger, Geschichte der Philosophie. Bd. II, S. 195)

6. Es passt in dieses Bild, wenn Hobbes, geprägt von den Religionskriegen seiner Zeit, dem Träger der Souveränität die **Herrschaft über alle Lehre und Unterweisung** im Land einräumt. Dieser hat über die Kirche all jene Befugnisse, die er um der Sicherheit und des Friedens willen für notwendig hält. Zu welch unseligen Konsequenzen es allerdings geführt hat, wenn der Staat über die Kirche regierte, zeigt die Geschichte zur Genüge.

7. Gewiss zitiert Hobbes bisweilen brav bestimmte Bibelstellen. So führt er z. B. die „Goldene Regel" der Bergpredigt (Mt. 7,12) als Beleg für sein „zweites natürliches Gesetz" an, aus dem Grundsatz heraus, dass

- für ihn die natürlichen Gesetze mit dem Gesetz Gottes zusammenfallen;
- das Wort Gottes uns auch nichts anderes lehre, was Vernunft und Rechtmäßigkeit uns ohnehin schon einsichtig machten;
- Jesus uns überhaupt keine neuen Gesetze gegeben, sondern nur den Gehorsam gegenüber den bestehenden eingeschärft habe.

Dabei „übersieht" Hobbes allerdings **nachhaltig** die nach Inhalt und Zielsetzung eklatanten **Unterschiede** zwischen der Bergpredigt bzw. der Bibel allgemein und seiner eigenen Lehre, z. B. in Bezug auf
- den theologischen „Überbau" der Ebenen von Recht und Moral und damit auch im Hinblick auf
- Rang und Rolle des Individuums. Hobbes' **materialistische Anthropologie**, in welcher **der Mensch das Maß aller Dinge** ist, verzichtet radikal auf irgendeine Anknüpfung an religiöse bzw. *transzendente Werte, auf die Annahme einer metaphysischen Verwurzelung des menschlichen Daseins, somit auch auf
- die Akzeptanz der *eschatologischen Neubegründung der menschlichen Existenz durch Tod und Auferstehung Jesu Christi;
- das Verständnis des Sündhaft-Bösen, das er nicht *ontologisch, sondern entwicklungsgeschichtlich begreift;
- die Bedeutung von Glaube und Religion allgemein: Für Hobbes tritt die Frage nach der Wahrheit der Religion völlig in den Hintergrund; Religion ist Glaubenssache, und der Glaube wird letztlich nach seiner Zweckmäßigkeit, nicht nach seiner Wahrheit beurteilt,

u. a. m.

Die Unvereinbarkeit von Hobbes' Grundgedanken mit den Ideen des Christentums, dies haben schon viele seiner Zeitgenossen erkannt, **ist offenkundig.** Ihr Einfluss, zumindest im Bereich der Staatslehre, auf die zeitgenössische wie die spätere Philosophie ist allerdings ebenso deutlich.

Schlussüberlegungen zu Rousseau und Hobbes

Die Auseinandersetzung darüber, ob der Mensch im Naturzustand (was immer darunter zu verstehen sein mag)
- friedlich und freundlich sei und erst die Zivilisation ihn verderbe und aggressiv mache **(Rousseau)** oder ob er
- ungesellig und mörderisch sei und nur vom Trieb zur Selbsterhaltung und von Machtgier bestimmt werde **(Hobbes),**

*Die gegenüber Rousseau vorgebrachten *ethnologischen Einwände gelten natürlich gleichfalls in Bezug auf Hobbes.*

ist natürlich nicht an diese beiden Philosophen gebunden. Schon zuvor hat man sich auf philosophischer und theologischer Basis vielfach über das „ursprüngliche" Sein des Menschen Gedanken gemacht und der Streit über die „wahre" Natur des Menschen reicht bis in die Gegenwart.

Es erscheint mehr als fraglich, ob eine definitive Antwort zu Gunsten einer der beiden Alternativen überhaupt möglich ist. Auch die **Bibel** setzt hier keine Prioritäten. Anders als die beiden Autoren umgreift sie allerdings

- die **Spannung** zwischen **Aussagen**, die den Menschen als Gottes gutes Geschöpf bestimmen, und solchen, die ihn als Sünder, also als Aufrührer gegen Gottes Schöpferwillen beschreiben. Diese Spannung bedingt auch den **Konflikt** zwischen dem **Glauben** an die gute Schöpfung Gottes und der **Erkenntnis** der Wirklichkeit der Sünde;
- den Menschen in seiner geschichtlichen **Ganzheit**. Keine irgendwie evolutionären, zeitabhängigen, sich wandelnden menschlichen Wesensstrukturen stehen zur Diskussion. Es gilt vielmehr die grundsätzliche, ungemein spannungsreiche, jedoch Erlösung verheißende ***Aporie**, dass der Mensch von Gott gerechtfertigt **und** Sünder **zugleich** ist.

Auch unter rein philosophischen Gesichtspunkten wäre es müßig, darüber zu streiten, wer nun „Recht hat", Hobbes oder Rousseau. Ebenso wird man nicht annehmen dürfen, dass bei beiden Autoren die jeweilige Aussage über den Naturzustand des Menschen am Beginn ihrer Überlegungen gestanden habe. Der Lehrsatz, dass der Mensch ursprünglich gut bzw. böse sei, wird nicht als thesenhafter Ausgangspunkt, sondern als – psychologisch notwendige und innerhalb des jeweiligen Denkmodells zweifellos konsequente – **Schlussfolgerung** zu werten sein. Als eine antizipatorische, gleichsam rechtfertigende **„Begründung"** der eigenen Lehre, die allerdings abhängig ist vom unterschiedlichen **Menschenbild** und **Erfahrungsspektrum** der Autoren.

Vereinfacht ließe sich dieser Denkprozess schematisch wie folgt darstellen:

Antizipation (lat.) = Vorwegnahme, Vorgriff

120

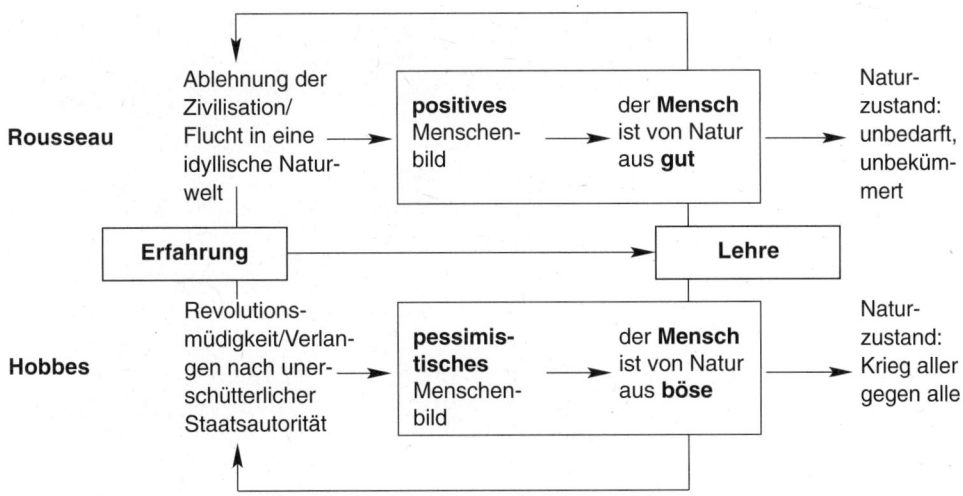

4.5 Auf die Gans gekommen (die Verhaltensforschung nach Konrad Lorenz)

Ein im Vergleich zu den bisher dargestellten Auffassungen vom Menschen völlig anderes anthropologisches Konzept legte der Verhaltensforscher Konrad Lorenz vor.

4.5.1 Was heißt „Verhaltensforschung"?

Unter „Verhaltensforschung" versteht man allgemein die Untersuchung der Verhaltensformen von Lebewesen, z. B. als psychologische oder sozialökonomische Verhaltenslehre. Im engeren Sinn ist sie ein Teilgebiet der Biologie, das sich mit der vergleichend-beschreibenden wie auch kausalanalytisch-experimentellen Erforschung des artspezifischen tierischen Verhaltens beschäftigt. Die Verhaltensforschung geht vorwiegend von der Beobachtung des Verhaltens von Wildtieren in ihrer natürlichen Umgebung, aber auch von Haus- und Käfigtieren aus (z. B. Löwen, Affen, Katzen, Hunde, Ratten, Gänse, Tauben, Bienen, Fische). Sie versucht zunächst ein Verhaltensinventar (Ethogramm) als Bestandsaufnahme der einem Tier arteigenen Verhaltensweisen zu erstellen. Dabei wird zwischen angeborenen, also instinktorientierten, und erlernten Formen unterschieden.

Hier spricht man von der „vergleichenden Verhaltensforschung", der „Ethologie" (griech. ethos = Brauch, Sitte, Gesetz).

121

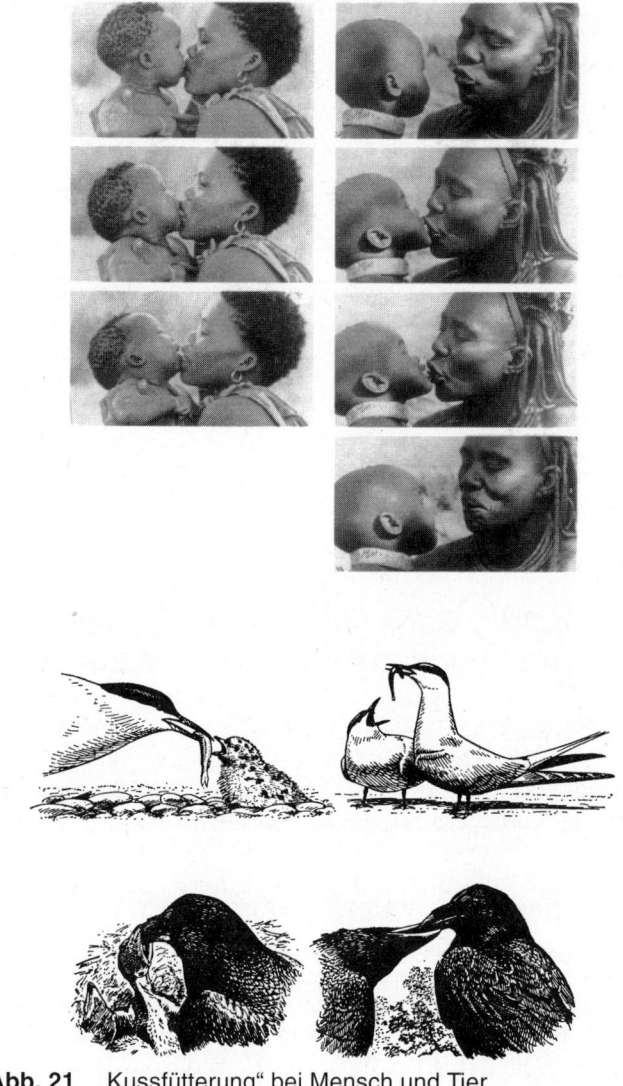

Abb. 21 „Kussfütterung" bei Mensch und Tier

Unter *„Stimmung"* versteht man ethologisch eine durch Hunger oder Geschlechtstrieb hervorgerufene Handlungsbereitschaft, die zu einem suchbestimmten bzw. zielgerichteten Verhalten und schließlich zu den triebbefriedigenden Endhandlungen führt.

Angeborenes Verhalten kann durch die Wirkung von
– **Stimmungen** oder durch den Einfluss äußerer
– Auslöser, die einen angeborenen Auslösemechanismus in Gang setzen,
zu Stande kommen.
Wesentliche Faktoren zur Ergebnisgewinnung sind die Form und Funktion von auslösenden **Signalen** und die durch sie hervorgerufenen Reaktionen im inner- und zwischenartlichen Verkehr sowie das Verhalten in der Beziehung zur außer- und

innerartlichen Umwelt. Folgende Einzelgebiete bilden dabei die Grundlage:

Nahrungserwerb – Feindanpassung – Rivalität – Aggression – Gruppenbindungen – Fortpflanzungsverhalten – Neugier – Spiel- und soziales Verhalten – soziale Strukturen bei Tiergesellschaften.

Weitere maßgebende Faktoren bzw. Beurteilungskriterien sind

- Lernvorgänge in Form der **Prägung** bzw. der Instinkt-Dressur-Verschränkung (z. B. durch Einsichtsverhalten);
- der hierarchische Aufbau im Kreis der (ggf. auch menschlichen) Bezugspartner;
- die stammesgeschichtliche („phylogenetische") Entwicklung wie
- die individuelle („ontogenetische") Reifung des Verhaltens.

Wichtige Voraussetzungen für die Entstehung der Verhaltensforschung schuf die Evolutionstheorie des britischen Biologen Charles Darwin (vgl. S. 12). Als Hauptbegründer der modernen Verhaltensforschung im Sinne eines Bindeglieds zwischen Human- und Tierpsychologie gilt Konrad Lorenz.

In seinem 1963 erschienenen, auch in Laienkreisen vielfach diskutierten, häufig wiederaufgelegten Werk „Das sogenannte Böse. Zur Naturgeschichte der Aggression", das im Folgenden als Diskussionsgrundlage dient, untersucht Lorenz anhand zahlreicher vergleichender Verhaltensstudien den auf den Artgenossen gerichteten Kampfantrieb bei Tieren. Die aus diesen Beobachtungen und Ergebnissen gezogenen – oder ggf. noch zu ziehenden – Schlussfolgerungen in Bezug auf das **menschliche** Verhalten sind nach Art und Inhalt zwar keineswegs unumstritten (s. u.). Doch geben sie aus biologisch-psychologischer Perspektive höchst aufschlussreiche Informationen über konstante Strukturen bestimmter kreatürlicher Reaktionsweisen und Lebensformen, die man für den Menschen, der nach theologischem Verständnis ja ebenfalls „Geschöpf", „Kreatur" ist, nicht in jeder Hinsicht von vornherein ausschließen kann. Auf jeden Fall muss sich auch der Theologe und der Geisteswissenschaftler mit den erarbeiteten Fakten und Resultaten auseinander setzen, wenn er sich nicht dem Vorwurf

- der perspektivischen Einseitigkeit,
- der idealistischen Schwärmerei oder
- des unangemessenen Hochmuts (Ist der Mensch wirklich die „Krone der Schöpfung"?)

aussetzen will.

*Ein Beispiel für die Reizwirkung bestimmter **Signale** innerhalb eines angeborenen Verhaltensmusters sind die Instinktbewegungen des kämpfenden männlichen Buntbarsches, die durch die blauglänzende, breitflächige Körperform und durch Bewegungsweisen des Rivalen ausgelöst werden, ohne dass der isoliert aufgezogene Fisch je einen solchen gesehen hat. Entsprechende Versuche mit Attrappen führen auf tierischer Seite nicht selten zu fatalen „Irrtümern".*

*Unter „**Prägung**" ist hier der Anpassungsvorgang zu verstehen, der ein angeborenes Verhaltensschema mit dem Einfluss von Erfahrung verbindet. Bei Tieren ist die Fixierung des Jungtiers (z. B. Entenküken auf Muttertier, bei künstlich ausgebrüteten Enten auch auf den zuerst erblickten menschlichen Pfleger) allerdings nicht auslöschbar.*

Zitiert wird nach der dtv-Ta-schenbuchausgabe Bd. 30025.

Das folgende Kapitel stellt aus dem Werk „Das sogenannte Böse" in Auswahl eine Reihe von Lorenz gesammelter Beobachtungen und Ergebnisse aus dem Tierreich zusammen und referiert dabei einige seiner Schlussfolgerungen, gerade auch in Bezug auf tierisch-menschliche Analogien.

In einem weiteren Kapitel werden sodann bestimmte Grundpositionen, u. a. auch die Frage nach der realen Übertragbarkeit auf den menschlichen Lebensbereich, diskutiert.

4.5.2 Über tierisches Verhalten

Es ist klar, dass in der experimentellen Tierpsychologie am Ende einer Versuchsreihe zumindest in den meisten Fällen für den Forscher, aber auch für den Leser mehr oder minder unausgesprochen die immer wieder neue Frage im Raum steht: Hätte der Mensch auch so reagiert?

Hierüber mag für das Folgende auf Seiten der Leser im Einzelfall ausführlich diskutiert werden.

*„Im freien Meere verwirk-licht sich das Prinzip ‚Gleich und gleich gesellt sich **nicht** gern' in unblutiger Weise, indem der Besiegte aus dem Territorium des Siegers flieht und von diesem nicht weit verfolgt wird. Im Aquarium dagegen, wo es keinen Ausweg gibt, bringt der Sieger den Besiegten oft kurzweg um." (S. 23)*

1. Nach Experimenten mit verschiedenen Fischarten im Meer und im Laboratorium kommt Lorenz zu dem Ergebnis, dass „Fische gegen Artgenossen um ein Vielfaches aggressiver sind als gegen andersartige Fische" (S. 25). Nicht zu verwechseln sei ein solches angriffsbetontes Verhalten mit dem „Kampf" zwischen dem Fresser und dem später Gefressenen, bei dem das Raubtier die Beute **niemals ausrottet**. „Immer stellt sich zwischen ihnen ein Gleichgewichtszustand her, der für beide, als Arten betrachtet, durchaus erträglich ist." (S. 31) Gleichwohl kommt Lorenz als guter Darwinist auch für die **intraspezifische Aggression**, dabei fröhlich aus dem „Faust" zitierend („... Ein Teil von jener Kraft,/Die stets das Böse will und stets das Gute schafft ..."), zu dem Ergebnis, dass ihre Leistung **arterhaltend** ist, und zwar in dreierlei Hinsicht (vgl. S. 37 ff.; 49):

intra (lat.) = innerhalb; „Spezies" (lat.) meint die besondere Art einer Gattung.

   – Sie gewährleistet die gleichmäßige Verteilung gleichartiger Tiere über den zur Verfügung stehenden Lebensraum;

   – sie schafft Selektion durch Rivalenkämpfe;

   – sie sorgt für die Verteidigung der Nachkommenschaft.

„Niemals haben wir gefunden, daß das Ziel der Aggression die Vernichtung der Artgenossen sei." (S. 53)

vgl. S. 54

Damit ist sie also keineswegs das „vernichtende Prinzip", sondern „ganz eindeutig... **Teil der system- und lebenserhaltenden Organisation aller Wesen, ...** vom großen Geschehen des organischen Werdens **zum Guten bestimmt**".

S. 61

2. Ferner gelangt Lorenz zu der Einsicht, „dass der Stau der Aggression um so gefährlicher wird, je besser die Mitglieder der betreffenden Gruppe einander kennen, verstehen

und lieben". Dies hat er gleichfalls in Tierexperimenten bewiesen und auch durch eigene Erfahrungen bestätigt gesehen. Im Übrigen kann jeder solches nachvollziehen, der schon einmal über einen längeren Zeitraum hinweg, womöglich noch auf engem Raum und mit geringen Außenkontakten, mit lieben Menschen zusammengelebt hat, z. B. in einer Ferienwohnung.

Doch auch hier weiß der Artenwandel Rat. Lorenz spricht von dem „genialsten Auskunftsmittel", „um die Aggression in unschädliche Bahnen zu leiten": Die **„Um- und Neuorientierung des Angriffs"** verhütet Schlimmes und Schlimmstes. „Man" – Tier wie Mensch – sucht sich zur Linderung des unerträglich gewordenen Aggressionsstaus ein Ersatzobjekt.

vgl. S. 62

3. Gleichwohl scheint arttypisches Verhalten auf ein Dilemma hinzusteuern. Denn einerseits kommt der intraspezifischen Aggression die Aufgabe zu, ihre für die Arterhaltung unentbehrlichen Funktionen (Beispiele s. o.) zu **erfüllen**. Andererseits aber müssen die Arterhaltung ernstlich schädigende Auswirkungen, z. B. tödliche Zweikämpfe um die Führungsposition, **verhindert** werden. Hier hat die Natur einen Mechanismus der **Tötungshemmung** vorgesehen, ein Kräftemessen der Rivalen ohne tödlichen Ausgang. Dadurch wird, zumindest in den meisten Fällen, zwar die arterhaltende Leistung des Rivalenkampfes, nämlich die Auswahl des Stärkeren, vollzogen, ohne dass jedoch ein Individuum zu Grunde geht oder auch nur „beschädigt" wird.

Nachdenkenswert erscheint in diesem Zusammenhang, dass Lorenz zwischen solchen verhaltensphysiologischen Mechanismen der Tötungshemmung im **Tier**reich und bestimmten Phasen in der kulturhistorischen Entwicklung der **Menschen**völker funktionale (also natürlich nicht inhaltliche) **Analogien** erkennt: Auf den mosaischen wie auch allen anderen Gesetzestafeln seien die wichtigsten Imperative bezüglich der Tabuisierung gewisser Verhaltensweisen eben nicht als Ge-bote, sondern als Ver-bote formuliert.

vgl. S. 110ff. mit Beispielen etwa des „Maulzerrens" bei Barschen oder des – gegebene Blößen des Rivalen nicht ausnutzenden – Geweihkampfes bei Damhirschen. – „Derartige Hemmungen, dem Artgenossen Schaden anzutun, gibt es im Reiche der höheren Wirbeltiere in unermeßlicher Zahl." (S. 116) Zu den Lebewesen mit den „verläßlichsten Tötungshemmungen" gehört ausgerechnet der Wolf (S. 129).

Abb. 22
Kontakte der besonderen
Art (Konrad Lorenz mit
Graugans)

Zu weiteren genetisch verankerten Schutzmechanismen gegenüber intraspezifischer Aggression gehören bei vielen Tieren (vgl. S. 120 ff.; 132 ff.; 137; 162 ff.):
- infantiles Verhalten;
- Demutsgebärden;
- „persönliche Bindungen" (s. unter 5.).

4. Intraspezifische Aggression, in arterhaltender Funktion nur im „sogenannten" Sinne „böse", kennt aber auch **das wirklich Böse** „im eigentlichen Sinne dieses Wortes", den „kollektiven Kampf einer Gemeinschaft gegen eine andere", was am Beispiel von Sippenkämpfen unter Ratten auf anschauliche Weise dargestellt wird (vgl. S. 154 ff.).

vgl. S. 162 ff. („Das Band") – Es kann somit auch nicht verwundern, dass Lorenz, bisweilen fast provokativ, zahlreiche Begriffe aus dem humanen Sprachbereich, bis hin zu emotional gefärbten Äußerungen (z. B. „das arme Kind" [gemeint ist ein Gänschen]) auf tierisches Verhalten überträgt.

5. Ganz ohne Zweifel nimmt Lorenz bei seinen zahllosen Verhaltensstudien den stärksten persönlichen Anteil dort, wo es ihm darum geht, scheinbar nur menschliche Riten, Reaktionen und Formen der Begegnung im Tierreich „wiederzufinden". Gewiss jeder Nicht-Biologe, aber wohl auch mancher Experte wird über die detaillierten Ergebnisse der Beobachtungen **persönlicher Bindungen** („Verhaltensweisen eines objektiv feststellbaren Zusammenhaltens") im Tierreich in höchstem Maße verblüfft sein.

Vor allem bei der Gemeinschaft der **Graugänse**, aber teilweise auch bei anderen Tierarten hat Lorenz u. a. festgestellt, dass

- **das persönliche Kennen bzw. Wiedererkennen des Partners** in allen nur möglichen Lebenssituationen als Voraussetzung jeder Gruppenbildung zu gelten hat (vgl. S. 163, 183);

- die lebenslange bedingungslose „eheliche" Treue zum idealtypischen Normalverhalten der Graugans gehört (mit der weisen Einschränkung allerdings, dass „Gänse auch nur Menschen" sind; vgl. S. 187);
- Gänse auch die Situation größter **Verlegenheit** kennen (wobei unter **jeder** Verlegenheit hier im objektiv-physiologischen Sinne „der Konflikt einander widersprechender Antriebe" verstanden wird; vgl. S. 180, 203);
- der Zustand des **Verliebtseins** bei weiblichen Gänsen ganz offensichtlich bemerkenswerte Ähnlichkeiten zum Verhalten einer Frau aufweist, who has fallen in love;
- „verwitwete" oder „geschiedene" Gänse, vor allem die weiblichen Tiere, in zweifacher Weise der Humansoziologie durchaus vergleichbare Lebensformen zeigen: Je häufiger „Scheidung" oder „Witwenschaft" eintraten, desto sexuell ungehemmter wurde die Gans, wohingegen bei langjährigen glücklichen Gans-„Ehen" nach Verlust des (männlichen) Partners Trauer, Bindungsängste, Einsamkeit und sexuelle Inaktivität beobachtet wurden (vgl. S. 194 f.);
- das Verhalten **„seelisch verkrüppelter"** Gänse zu dem von Waisenhauskindern deutliche Ähnlichkeiten aufweist, was auch für bestimmte **Gram-Reaktionen** gilt (vgl. S. 196 ff.);
- persönliche **Bindungen** und individuelle **Freundschaften** ausschließlich bei Tierarten mit einer hochentwickelten intraspezifischen **Aggression** auftreten.

6. Die **Schlussfolgerungen**, die Lorenz aus seinen Beobachtungen im Tierreich für den Menschen zieht, sind nicht weniger instruktiv (vgl. S. 208 ff.):
- Er warnt vor der allzu gern geübten dünkelhaften Einstellung des Menschen, sich „als Mittelpunkt des Weltalls, als etwas, das nicht zur übrigen Natur gehört, sondern ihr als etwas wesensmäßig Anderes, Höheres gegenübersteht", zu betrachten (S. 208).
- Ein großes Hemmnis für die menschliche Selbsterkenntnis sieht er in einer allzu engen Bindung an das Erbe der idealistischen Philosophie, sofern diese mit der Abneigung des Menschen gegen seine eigene Naturgesetzlichkeit verbunden ist.
- Wenig einsichtsfördernd sei auch die Neigung des Menschen zu der „hochmütigen Überbewertung des eigenen Verhaltens und seiner daraus folgenden Ausklammerung aus dem als erforschbar betrachteten Naturgeschehen". (S. 211)
- Vielfache Abneigung, ja „Abscheu" hat Lorenz be-

„Ein junges Weibchen, das sich verliebt, drängt sich niemals dem Geliebten auf, läuft ihm auch niemals nach, sondern findet sich höchstens ‚wie zufällig' an Orten, die er häufig besucht. Ob sie seiner Werbung geneigt ist, erfährt der Ganter nur durch das Spiel der Augen, sie sieht nämlich seinem Imponiergehaben nicht direkt zu, sondern schaut ‚angeblich' anderswohin, in Wirklichkeit schaut sie aber doch hin, und zwar, wie um die Richtung ihrer Blicke zu verbergen, ohne den Kopf zu drehen, mit anderen Worten, sie schielt aus dem Augenwinkel nach ihm, haargenau wie Menschenmädchen es tun." (S. 192)

*„Das persönliche Band, die Liebe, entstand zweifellos in vielen Fällen **aus** der intraspezifischen Aggression... Es gibt... sehr wohl intraspezifische Aggression ohne ihren Gegenspieler, die Liebe, aber es gibt umgekehrt **keine Liebe ohne Aggresion**."* (S. 205)

*„Wenn ich den Menschen für das **endgültige** Ebenbild Gottes halten müßte, würde ich an Gott irrewerden." (S. 216)*

„Das ist der Januskopf des Menschen: Das Wesen, das allein imstande ist, sich begeistert dem Dienste des Höchsten zu weihen, bedarf dazu einer verhaltensphysiologischen Organisation, deren tierische Eigenschaften die Gefahr mit sich bringen, daß es seine Brüder totschlägt, und zwar in der Überzeugung, dies im Dienste eben dieses Höchsten tun zu müssen." (S. 245)

S. 246 ff. Hier kann nur eine begriffliche Skizzierung erfolgen.

merkt vor der Tatsache, dass die Menschen selbst ein Teil der Natur sind, sowie gegenüber der „Erkenntnis Darwins…, dass wir mit den Tieren eines Stammes sind", und der „Einsicht Freuds, dass wir selbst noch von den gleichen Instinkten getrieben werden wie unsere vor-menschlichen Ahnen". (S. 212)

– Entschieden lehnt Lorenz die biblisch-theologische Lehre von der Gottebenbildlichkeit des (jetzigen) Menschen ab. Die gegenwärtig existierende menschliche Spezies sei nicht mehr als „das langgesuchte Zwischenglied zwischen dem Tiere und dem wahrhaft humanen Menschen", ausgestattet jedoch mit der Anlage, durchaus „noch etwas Besseres und Höheres" zu werden (S. 216).

– Wie sehr schließlich unsere natürlichen Tötungshemmungen durch fernwirkende Waffen und – vorgeblich im Dienst einer höheren Instanz – am Schreibtisch erteilte Unterschriften und Vollzugsbefehle „hinwegzivilisiert" wurden, wird warnend-konstatierend vermerkt (S. 227 f.).

7. An die Schlussfolgerungen knüpft Lorenz seine **Hoffnungen** für die Zukunft. Er sieht sie vor allem

– in der „Vertiefung unserer **Einsicht in die Ursachenketten** unseres eigenen Verhaltens" (S. 247);

– in der **Abreaktion von Aggressionen** nach dem Muster des Sports;

– in der **friedlichen Konkurrenz** nach Art der Raumflüge;

– in **persönlichen Bekanntschaften**, vor allem auch zwischen Menschen **verschiedener Nationen** und Parteien;

– im **unpolitischen Gebrauch wissenschaftlicher Einsichten**;

– im **Lachen** und im **Humor**.

Auseinandersetzung mit Konrad Lorenz

1. Angesichts der teilweise verblüffenden Beobachtungen und Versuchsergebnisse von Konrad Lorenz ist man leicht geneigt, tierische Verhaltensweisen vorschnell auf den Menschen zu übertragen. Dies geschieht gern

– entweder als direkter Analogieschluss

– oder in Form der umgekehrten Schlussfolgerung: So „menschlich", wie sich viele Tiere verhielten, z. B. dann, wenn ihre instinktive Tötungshemmung die Vernichtung des Artgenossen verhindere, sei der Mensch niemals gewesen. Dessen oftmals „tierisches" Verhalten lehre die Erfahrung und beweise die Geschichte zur Genüge.

Wenn aber einer solchen Argumentationsweise gegenüber von der anderen Seite dann thesenhaft theologisches Geschütz aufgefahren wird – der Mensch sei doch Gottes Geschöpf und dessen Ebenbild, Jesus habe die Nächstenliebe geboten etc. –, endet die Diskussion bestenfalls in einem verlegenen Patt. Der „moralische Sieger" allerdings ist die naturwissenschaftliche Fraktion, denn wer wollte es akzeptieren, dass religiöse Lehrsätze, die man dazu noch „glauben" müsse, einer *empirischen Realität „übergestülpt" werden, deren Eindeutigkeit hundertfach erkannt und bewiesen sei?! Muss christliche Sinngebung hier passen?

2. Auseinandersetzungen dieser Art unterliegen, noch **vor** der eigentlichen Sachdiskussion, einer dreifachen strukturellen Fehlsteuerung:

 – Sie verwechseln **Inhalt** und **Methode**: Theologie und Naturwissenschaft basieren **erkenntnistheoretisch** grundsätzlich auf unterschiedlichen Formen des Verständnisses von Wahrheit: Eine Glaubenswahrheit ist etwas anderes als eine naturwissenschaftliche Erkenntnis. Beide sind wesensverschieden, über ihre Rangordnung lässt sich streiten, unmittelbar miteinander vergleichen lassen sie sich aber nicht.

 Was natürlich niemals heißen kann, dass nicht, hier wie dort, Antworten auf Positionen der Gegenseite gesucht werden müssen.

 – Lorenz selbst hat in seiner Darstellung, in der er die Gültigkeit der intraspezifischen Aggression auch für den Menschen behauptet, generelle theologische Statements im Prinzip bereits „integriert". Schon von daher lässt sich also mit religiösen Überzeugungen nicht einfach „gegenhalten", sondern es muss die Diskussionsebene gewechselt werden.

 – Wer christliche Lehrsätze für zwangsweise zu akzeptierende, der Wirkichkeit auferlegte, unreale Gebilde hält, vergisst, dass sie zu ganz wesentlichen Teilen auf **Erfahrungen** von Menschen beruhen. Wenn man die Formen unmittelbarer göttlicher Offenbarung einmal außer Acht lässt, ist also auch hier die *empirische Realität die tragfähige gemeinsame Grundlage.

3. Mehr wert als gegenteilige Beteuerungen ist auf dieser Basis nun gewiss die Tatsache, dass Lorenz' kühner tierisch-menschlicher Transfer letztlich nicht mehr ist als eine **Annahme**, eine **Hypothese**, eine unbewiesene Behauptung. Sein Wahrheitsgehalt liegt also allerhöchstens bei fünfzig Prozent. Er ist und bleibt **Spekulation**, wenn sich der

Mensch phylogenetisch nicht auf eine Stufe mit dem Tier stellen lassen möchte.

4. Ohnehin umstritten sind Ursprung und Auslösefaktoren menschlicher Aggression. Diese sei – so hat man gegenüber Lorenz' Darstellung kritisch eingewendet – keineswegs, wie im Tierreich, endogener Herkunft, sondern, wie jedes Verhalten, gelernt und durch psychologische bzw. soziale, nicht jedoch durch instinktiv gegebene Umstände bestimmt. Es gebe beim Menschen keine instinktspezifische Triebverankerung der Aggression. Vielmehr sei diese durch Frustration hervorgerufen, also **erworben**. Auch der Begriff des **„Instinkts"** – als einer mitgegebenen, vorprogrammierten, stammesgeschichtlich übertragenen, angeborenen, organisierten Verhaltensform - sei kaum bzw. überhaupt **nicht auf den Menschen anwendbar**.

endogen (griech.) = von innen kommend, aus inneren Ursachen entstanden

5. Zwar schließt Lorenz eine Beziehung zwischen Erbgut und Umwelteinflüssen nicht aus. Doch bleibt er prinzipiell bei der Überzeugung, dass selbst die kompliziertesten menschlichen Verhaltensweisen „das unmittelbare Produkt genetisch verankerter Antriebsmechanismen" sind. Aber wo kämen wir hin, wenn der Mensch ausschließlich als das Produkt seiner Erbanlagen definiert würde?! Philosophie und Theologie – von allem anderen zu schweigen – hätten damit als maßgebende anthropologische Aussageinstanzen im Wesentlichen ihre Schuldigkeit getan und wären entbehrlich.

zitiert nach H. Haag, Vor dem Bösen ratlos?, S. 209

6. Ganz sicher würde es eine moralische, sozialethische etc. Argumentation schwer haben, menschlich verwerfliche Handlungen zu verurteilen, wenn diese als eine gleichsam naturhaft gegebene Zwangsveranlagung erklärbar und, vor allem, entschuldbar wären. Im Grunde wären **moralische Forderungen und Wertungen** sogar **sinnlos**, wenn Aggression – auf dem Wege der Evolution erworben – eben auch als Naturanlage des Menschen zu gelten hätte. Zwar rechtfertigt auch Lorenz Aggression keineswegs, und von ihrer Unwandelbarkeit und Unvermeidlichkeit ist er, wie er durch die Darstellung zahlreicher „Kompensationsmechanismen" in seinem Schlusskapitel deutlich macht, keineswegs überzeugt. Dennoch ist im Ganzen der Eindruck eines gewissen *fatalistischen Ausgeliefertseins vorherrschend. Und es muss zweifelhaft bleiben, ob die angeführten Befriedungsfaktoren wie Vernunft und Humor in der Lage sind, eine solche Aggressionsdominanz, wenn sie tatsächlich vorhanden wäre, dauerhaft zu zähmen.

> Analogien aus dem Tierreich sind zwar einerseits unentbehrlich, andererseits jedoch unzureichend, ja gefährlich irreführend, wenn sie Ausschließlichkeit beanspruchen.

7. Gegenüber Lorenz' Aggressionshypothese lässt sich mit gleichem Recht die Position vertreten – und, vor allem, *empirisch-experimentell verifizieren –, dass „**der Mensch von Natur zur Selbstbeherrschung geschaffen**..., gewissermaßen Kulturwesen von Natur (ist)". Am Beispiel der Triebnatur der menschlichen Sexualität wird dies deutlich: Niemand wird sie abstreiten, doch wird kaum jemand ernsthaft behaupten, sie sei nicht kultivierbar.

Dieser Überzeugung ist der Lorenzschüler I. Eibl-Eibesfeldt (vgl. z. B. Der Mensch – das riskierte Wesen, S. 209).

8. Selbstbeherrschung schließt **Selbstverantwortung** ein. **Der Mensch ist und bleibt für sein Tun verantwortlich,** er ist nicht seinen Trieben und Instinkten und auch nicht bedingungslos seinen Erbanlagen ausgeliefert. Nach theologischem Verständnis ist **der Mensch von Gott in die Verantwortung gerufen**.
9. Unbeschadet seiner stammesgeschichtlichen Verankerung ist der Mensch im christlich-theologischen Sinn
   – ein **Geschöpf Gottes, individuell in seiner Eigenart und Einzigartigkeit**;
   – als **Einzelwesen** und nicht als Teil einer Gattung definiert;
   – **nicht beliebig reproduzierbar**;
   – mit **Anlagen** und **Fähigkeiten** ausgestattet, die kein Tier besitzt, aber
   – zur sorgsamen (!) **Herrschaft über die Tiere** bestimmt (vgl. Gen. 1,28).

Man wird theologisch neu nachdenken müssen, wenn geklonte menschliche Individuen das Gegenteil beweisen sollten.

Lorenz spricht zwar nicht direkt davon, dass die nichtmenschliche Ordnung besser sei als die menschliche. Doch schließt er tendenziell eine solche Verschiebung der Wertebenen zumindest nie ganz aus. In der Konsequenz hieße dies aber dann, dass der Mensch gegenüber dem Tier qualitativ minderwertig sei. An diesem Punkt findet jedoch ganz eindeutig die **Evolutionslehre** nicht nur unter theologischen Gesichtspunkten ihr **Ende**.

Die überall feststellbare Mangelhaftigkeit des Menschen schließt hingegen keineswegs aus, dass er hinsichtlich seiner Gottebenbildlichkeit nicht noch in hohem Maße entwicklungsfähig wäre. Könnte dies z. B. nicht auch auf dem von Lessing vorgezeichneten Weg geschehen?

5 Der Einzelne in der Gemeinschaft: Der Weg ist das Ziel

Wenn wir hier inhaltlich anknüpfen an die Kapitel über Luther und Paulus, so soll dies geschehen durch die Rückerinnerung an drei wichtige Resultate.

Paulus und Luther wollen mir, beide auf ihre Weise, doch in vielem sehr ähnlich, weitergeben,

– **dass das glaubende Vertrauen auf einen gnädigen Gott zur tragfähigen Basis meines persönlichen Lebens werden kann;**
– **dass dieser Glaube mein eigenes Leben *transzendiert;**
– **dass mein Leben mit dem biologischen Ende nicht für alle Ewigkeit abgeschlossen ist.**

Ohne diese Grundlagen kommt eine theologische Anthropologie schlechterdings nicht aus.

Die Frage, wie der Einzelne sein Leben in Verantwortung vor Gott und den Menschen zu **gestalten** habe, hängt aufs Engste mit diesen Grundvoraussetzungen zusammen. Diese dürfen allerdings weder mit einseitigen Ideologisierungstendenzen noch mit verengten Moralstrukturen in einen direkten Zusammenhang gebracht werden.

Die Art und Weise einer solchen Lebensgestaltung bleibt in jedem Fall der Entscheidungsfreiheit des einzelnen Menschen überlassen. Auch innerhalb einer christlich bestimmten Daseinsauffassung sind die Inhalte und Grenzen des persönlichen Lebensverständnisses heute oftmals nur schwer festzulegen. Lebensmodelle und Heilsversprechungen gibt es wie Sand am Meer.

Ungeachtet aller Selbstfindungsangebote und esoterischer Modetrips ist die Bedingung eines jeden sinnbetonten Lebens, will man sich nicht von materialistischen und *nihilistischen Prinzipien und der scheinbar alles beherrschenden Medien-„Kultur" bestimmen lassen, zunächst einmal die **Bereitschaft des einzelnen Menschen**, sich überhaupt

– mit **geistigen Ansprüchen** und dadurch in der Regel auch
– mit **sozialethischen Werten**

auseinander zu setzen.

Dass eine solche Bereitschaft zu beidem heute keineswegs bei allen Menschen existiert, ist eine allerdings (zunehmend?) häufige Beobachtung.

Es ist darum nur konsequent, wenn wir im zweiten Teil dieses

Buches Rang und Rolle des **Individuums** wieder stärker betonen, als dies heute bisweilen üblich ist bzw. gewünscht wird. Dies geschieht vor allem in den Ausführungen zum „Gewissen" (Kap. 6) und auch, im Sinne einer für den einzelnen Menschen gültigen Auferstehung von den Toten, im Kapitel über das Weiterleben nach dem Tod (Kap. 7). Aber besonders auch in der Darstellung zentraler ethischer Grundsatzfragen unserer Zeit wird deutlich werden, dass in der Welt, in der wir leben, gerade das **Verantwortungsbewusstsein des einzelnen Menschen** in einem hohen Maß gefordert ist.

5.1 Ängste und Erwartungen – ein Fragment

Vor allem junge Menschen sehen sich gegenwärtig auf der Suche „nach dem wahren Menschsein", „auf dem Weg in eine sinngebende Zukunft" nicht selten in einer merkwürdig *ambivalenten Situation:

Bildungsplan für das Gymnasium des Landes Baden-Württemberg. Jahrgangsstufe 12 und 13/Ev. Religionslehre („Was ist der Mensch?"), S. 596

1. Auf der einen Seite verlieren viele, aus welchen Gründen auch immer, ihre traditionellen Bindungen an die Kirche und damit nicht selten ihre religiöse Sicherheit. Vom Elternhaus her oft schon frühzeitig entwöhnt, besteht die Zugehörigkeit zum Christentum nurmehr auf dem Papier. Konfessionslosigkeit, ob nun mit oder ohne Taufschein, wird nicht selten zur Regel.
2. Es trägt zur weiteren Verunsicherung bei, wenn auch in den Medien immer wieder die geschichtlichen Grundlagen des Christentums infrage gestellt werden: Man wisse wenig, fast nichts über den historischen Jesus (dazu s. u.).

zur Fragestellung vgl. „Abiturwissen Jesus Christus", z. B. S. 77 ff.; 98 ff.; 142 f.

3. Dutzende, wenn nicht Hunderte von Sekten locken mit „alternativen Heilsangeboten". „New Age"-Kulturen, pseudospirituelle Gruppierungen und endzeitliche Propheten winken mit „Lebenserfüllung", „wahrer Sinngebung" und neuer, nicht unbedingt christlicher Religiosität.
4. Auf der anderen Seite mehren sich bei vielen Menschen Ängste vielerlei Art, z. B. die Furcht vor
   – einem atomaren Holocaust,
   – Öko-Katastrophen,
   – fundamentalistischen Tendenzen, etwa im Islam, und daraus möglicherweise sich entwickelnden späteren Konflikten.
5. Das Ziel, so ist oft zu hören, liege vielmehr, da man an solchen übermächtigen Prozessen ja doch nichts ändern

*Übersehen (und von den Medien oft nur unzureichend betont) wird dabei häufig, dass solche Entartungen nicht gleichzusetzen sind mit **dem** Islam, einer*

könne und jeder sich schließlich selber der Nächste sei ("Man lebt nur einmal!"), in der Selbstverwirklichung, im Genuss des Augenblicks, im rauschhaften Lebensglück, gegebenenfalls auch auf Kosten der andern. Eine solche "Lebensphilosophie" ist, so scheint es, mehr oder minder unausgesprochen zur Einstellung vieler Menschen geworden. Das Motto "Jeder soll tun, was ihm gefällt" ist ihr Grundsatz und ihre oberste Forderung ist die Toleranz (oder zumindest das, was sie dafür halten; s. u.).

Weltreligion, der viele Millionen friedliebender Menschen angehören.

6. Eine solche Ego-Kultur, dicht gefolgt von manisch übersteigerter materieller Gewinnsucht (Werbung!) und politischem Opportunismus, kann in anderen Lebensbereichen fatale Folgen haben, wenn eigene Entscheidungsmaßstäbe verabsolutiert werden. Dies kann z. B. bei ethischen Grundsatzfragen im Problemfeld der Schwangerschaftsunterbrechung aktuell werden: "Mein Bauch gehört mir!"

Und eine moralische Unverbindlichkeit oder ein weltanschaulich neutraler *Pragmatismus wird z. B. auf dem Gebiet der Gentechnologie seine eigenen Maßstäbe setzen. Ohne lange nach den Konsequenzen zu fragen, könnte besonders eine solche Denk- und Handlungsweise bevorzugt werden, die das Prinzip des erfolgsorientierten, nützlichen und, vor allem, preisgünstigen Vorgehens in den Mittelpunkt stellt.

Den hier dargelegten Denkweisen und Entwürfen lassen sich folgende Überlegungen, die allerdings nicht mit "Lösungen" verwechselt werden dürfen, entgegenstellen:

1. Die zahlreichen Kirchenaustritte der letzten Jahre – rein finanzielle Gründe (Ersparnis von Kirchensteuern) stehen hier nicht zur Diskussion – weisen auch auf eklatante Missstände und Versäumnisse in den beiden großen Kirchen hin. Zu diesen gehören auf katholischer Seite u. a.

Das offizielle Verbot empfängnisverhütender Mittel fördert dort indirekt die auf Grund der häufig miserablen Wirtschaftslage oft sehr hohe Kindersterblichkeit. Außerdem begünstigt es die Verbreitung von Aids.

 – ein übersteigerter Traditionalismus;
 – eine verfehlte Sexualethik, besonders auch in den Ländern der sogenannten "Dritten Welt";
 – eine nicht mehr zeitgemäße (und auch grundsätzlich nicht angemessene, weil die Menschenwürde verletzende) Einschätzung der Rolle der Frau (z. B. Nichtzulassung zum Priesteramt);
 – die Aufrechterhaltung des Zölibats.

Der evangelischen Kirche könnte man
 – religiös-weltanschauliche Zersplitterung;
 – mangelnden Einsatz für den Erhalt der Volkskirche sowie
 – unzureichende Öffentlichkeitsarbeit
vorwerfen.

2. Das Aufgeben kirchlicher Bindungen ist allerdings keinesfalls immer identisch mit dem Verlust (des Bedarfs) von
Religiosität. Das beweist die Existenz der zahlreichen Sekten und „spirituellen Vereinigungen" zur Genüge. Im
Gegenteil: Angesichts des nicht selten in (zumeist gut
kaschierte) tiefste Tiefen weisenden Sinn-Abgrunds, dessen logische Folgeerscheinung der gegenwärtig so häufig
beklagte Wertemangel oder gar Werteverlust ist, scheint
hinter der allgemeinen Fassade von Wohlstand und Sätti-
gung der Wunsch nach geistig-geistlichen „Sicherheitsräu-
men" weit verbreitet zu sein.

Abb. 23 Markt kirchlicher Möglichkeiten: die Zeitschrift „Publik-
Forum"

Im Bewusstsein von Öffentlichkeit und Kirche sollte darum wieder neu verankert werden,

– dass „Kirche" im umfassenden Sinn nicht identisch ist mit päpstlichen Fehlentscheidungen oder Missständen in der Ortsgemeinde (Kriterien, nach denen häufig geurteilt und bemessen wird). Sie umschließt vielmehr Dimensionen, in denen der Mensch jederzeit „aufgehoben" ist;

– dass „Kirche" als komplexe Organisation von **Menschen** bevölkert und verwaltet wird und deswegen (schon immer) fehlbar (gewesen) ist;

– dass kein getaufter Christ an kirchlichen Missständen Kritik üben sollte, ohne sich **selbst** irgendwie, auch mit den allerkleinsten Schritten, um die Besserung des erkannten Übels zu bemühen;

– dass im offenen Raum der Kirche und in ihrem weiten Einzugsfeld nicht die schlechtesten Voraussetzungen

Abb. 24
Mobilität ohne Rücksicht?

für eine konstruktive Lebensgestaltung und für ein Engagement in der und für die Gemeinschaft gegeben sind. Denn Kirche braucht ständig Erneuerung und muss daher offen sein für Anregung und Kritik;

– dass die mit **Modifikationen** und ggf. auch **Neuinterpretationen** verbundene **Rückkehr zu bewährten sozialethischen und damit gemeinschaftsfördernden Kardinaltugenden** (als Beispiel sei hier nur das Gebot der **Rücksichtnahme** genannt) eine einzufordernde Grundlage ist, auf der sich hüben wie drüben standfeste Brücken bauen lassen.

3. Die historisch nachprüfbaren Voraussetzungen der Anfänge des Christentums – von der Jesusbewegung bis zur Urkirche – reichen aus, um eine auch in der geschichtlichen Realität begründete religiöse Glaubensbasis zu bilden. Dies wird derjenige nicht bestreiten, der nicht von vornherein eine anderslautende Hypothese unter Beweis stellen **will**.

4. Zukunftsängste hat es schon immer gegeben. Sie sind ein Teil des menschlichen Lebens. Anders als früher jedoch können ihre konkreten Ursachen heute globale Ausmaße annehmen. Wer sie zu einer Art „Grundgegebenheit" herabmindern wollte, würde sie damit auch nivellieren und die tatsächlichen Bedrohungen nicht ernst genug nehmen.

Dennoch dürfen solche Existenzängste den Menschen nicht von Grund auf bestimmen und ihn sklavisch abhängig machen. Wem die Botschaft Jesu für seine eigene Lebensgestaltung wesentlich ist, der weiß, dass solche Ängste, obwohl sie lähmen und bedrohen können und nicht einfach hinwegzudiskutieren sind, gleichwohl **nicht das Maß aller Dinge** darstellen. Und er wird sich vielleicht vergegenwärtigen, dass Jesu Aufruf zum **Tun des Guten**, der im Mittelpunkt seiner Lehre stand, in der konkreten Praxis durchaus dazu geeignet ist, eigene Ängste zu vertreiben. Dabei ist unter „gut" hier generell die (keineswegs konfliktfreie und nach Inhalt und Ziel in jedem Fall eindeutig festlegbare) **helfende Tat am Nächsten** zu verstehen.

Denn man hilft dann konstruktiv mit,

– an dem zu **bauen**, was man für „gut" hält (s. u.), und damit (nach Möglichkeit)
– das zu **vermeiden**, wovor man sich fürchtet.

Natürlich wird das (schon sozialethisch spezifizierte) Problem einer (auch nur näherungsweisen) Definition dessen, was „gut" („richtig", „angemessen" etc.) ist, noch dadurch verstärkt, dass, selbst bei bestem Wissen und Gewissen der Konfliktparteien, in der Regel sehr unterschiedliche Auf-

Im Mittelalter gehörten Kriegsgefahr und Kriege, Seuchen und unbekannte Krankheiten zu den alltäglichen Bedrohungen. Leiden und Sterben wurden häufiger und unmittelbarer erlebt. Und die Furcht vor der ewigen Verdammnis machte das Leben nicht leichter.

„Wer will uns scheiden von der Liebe Christi? Trübsal oder Angst oder Verfolgung oder Hunger oder Blöße oder Gefahr oder Schwert?" (Röm. 8,35); vgl. 2. Kor. 4,8

Abb. 25
Immanuel Kant
(1724–1804)

*Entsprechend wurde nach höchstrichterlichem Urteil (BGH) zu Recht erkannt, dass ein der Tötung eines Flüchtenden überführter früherer DDR-Grenzsoldat, auch wenn er in bestem Glauben an die Rechtmäßigkeit seines Tuns handelte, dennoch schuldig zu sprechen sei. Denn er hat das **höhere Gebot** des Tötungsverbots (das durch die Wehrlosigkeit seines Opfers besonders augenfällig wurde) missachtet und damit gegen die Menschenrechte verstoßen (vgl. Urteilsspruch vom 12. 11. 1996; AZ 2 BvR 1851-53/94, 1875/94).*

fassungen darüber herrschen (können), was dem Nächsten oder auch der Gemeinschaft hilft. Wäre es anders, gäbe es weder Kriege noch Gewalt.

Gleichwohl hat im Grundsatzstreit der Wertebenen (wenn es sich denn wirklich um solche handelt), ganz im Sinne von **Kants Kategorischem Imperativ**, das **Prinzip der sittlichen Allgemeingültigkeit und Objektivierbarkeit** absoluten Vorrang.

Die Formel des Kategorischen Imperativs lautet:

„Handle so, dass die Maxime deines Willens jederzeit zugleich als Prinzip einer allgemeinen Gesetzgebung gelten könne."

Der Kategorische Imperativ drückt eine unbedingte Verpflichtung, eine absolute, zweckfreie (!) Forderung der Vernunft aus. Er verbietet jedes Tun, von dem man nicht wollen kann, dass nach dem gleichen Prinzip alle handeln.

Die in diesem Sinn durchgeführte konkrete sittliche Tat kann im täglichen Einerlei wie auch in weltpolitischen Entscheidungen konkret werden.

Sie schafft, **das konstruktive und konsequente Wollen aller Beteiligten vorausgesetzt,**

– Möglichkeiten zur Minderung von Kampf und Streit;
– neue Freiräume zur Bildung von „Gemeinschaft";
– einen den Zukunftsängsten **angemessenen** Platz.

Wer eine solche Prioritätensetzung als „naive Utopie" verwirft, verkennt,

– dass die sozialethische Weiterentwicklung des Menschen notwendig
– und die Verpflichtung zur Friedensarbeit nicht bestreitbar ist.

Denn welche Alternative wäre gegeben?

Voraussetzung ist natürlich die Einigung auf einen sittlichen Minimalkonsens. Sie sollte bei dem **interreligiösen** Charakter der im Folgenden genannten Gebote Jesu vorstellbar und machbar sein (vgl. hierzu Kap. 5.2.1).

Beispiele solcher ethischen Forderungen sind:

– das – im Allgemeinen nicht unbekannte – **Gebot der Nächstenliebe**, welches von Jesus – und das ist zumeist weniger bekannt – im Sinne einer (fast) gleichen Rangeinstufung in unmittelbarem Zusammenhang mit dem Gebot der Liebe zu Gott genannt wird (vgl. Mt. 22,35–40);

– die sog. **„Goldene Regel"** der Bergpredigt. Hier liegt der

Akzent nicht, wie bei ähnlich strukturierten Formulierungen, auf dem Vermeiden des Bösen, sondern, bezeichnenderweise, auf dem Tun des Guten;

– das von Jesus als vorbildlich hingestellte **Verhalten des „barmherzigen Samariters"** (vgl. Lk. 10,29.37). In dieser Beispielerzählung liegt die Pointe darin, dass sich gerade ein Angehöriger des mit den übrigen Juden in Spannung lebenden Mischvolks der Samaritaner (Luther: Samariter) menschlich beispielhaft verhält. Demgegenüber trotten die schon „von Berufs wegen" eher dazu verpflichteten anderen beiden Passanten, der Priester und der Levit (Tempeldiener), an dem Verletzten vorbei. Man stelle sich die praktischen Auswirkungen eines solchen Textes vor, wenn er von mehr Menschen stärker beachtet würde!;

– die **Heilszusage für die Friedensstifter** in den Seligpreisungen der Bergpredigt (Mt. 5,9a). Der griechische Originaltext macht unmissverständlich klar, dass die Aussage auf den **aktiven** Einsatz für den Frieden zielt. Die Übersetzung des entsprechenden griechischen Begriffs mit „friedfertig" ist also nicht nur sachlich unzureichend, sondern, wenigstens nach heutigem Wortverständnis, sprachlich falsch. Auch würde es vom Zusammenhang her nicht genügen, das Wort „selig" allein auf das Leben nach dem Tod zu beziehen. **Gemeint ist eine auch für das jetzige Dasein gültige Lebensweise, der die Verheißung gilt.**

Diese und ähnliche Aufforderungen Jesu, in die Tat umgesetzt, vertreiben sicher nicht alle Zukunftsängste. Aber sie sind ein gutes Mittel, sich dagegen zu wehren.

> Wichtig ist, dass das Gebot Jesu, dem bzw. den Nächsten zu helfen, an jeden einzelnen Menschen gerichtet ist.

5. Ob die Erkenntnis, dass Zukunftsängste notwendig immer ihrer Zeit verhaftet sind, weiterhilft, scheint sehr fraglich. Immerhin jedoch lassen gewisse Entwicklungen in der jüngsten Vergangenheit die Einsicht zu, dass, auch bei globaler Perspektive, Veränderungsprozesse auftreten, die man z. T. noch vor wenigen Jahren für ausgeschlossen hielt:

– So hatte im Jahr 1972 der Club of Rome vorausgesagt, dass schon zur Jahrtausendwende die wichtigsten Rohstoffe – Erdöl, Kohle und Uran – erschöpft sein würden. Heute weiß man, dass diese Prognose falsch war.

– In den Jahren des Kalten Krieges, dessen Ende für das

„Behandelt die Menschen so, wie ihr selbst von ihnen behandelt werden wollt – das ist alles, was das Gesetz und die Propheten fordern."
(Mt. 7,12)

„Freuen dürfen sich alle, die Frieden schaffen" (Text der GUTEN NACHRICHT); „Selig sind die Friedfertigen" (LUTHER-Übersetzung); „Selig, die Frieden schaffen" (Übersetzung von U. WILCKENS); „Glücklich zu preisen, die Frieden stiften" (Übersetzung von H. BRUNS); „Glückselig die Friedensstifter" (ELBERFELDER BIBEL)

Das griechische Wort „makarios" kann sowohl „selig" als auch „glücklich" bedeuten (vgl. die oben genannten Übersetzungsvarianten).

*vgl. auch den Dialog zwischen Jesus und dem Gesetzeslehrer im Anschluss an die Beispielerzählung vom barmherzigen Samariter: „‚Was meinst du?' fragte Jesus. ‚Wer von den dreien hat an dem Überfallenen als Mitmensch gehandelt?' Der Gesetzeslehrer antwortete: ‚Der ihm geholfen hat!' Jesus erwiderte: ‚**Dann geh und mach es ebenso!**' " Die Frage des Gesetzeslehrers, wer denn „mein Nächster sei" (Lk. 10,29), wird von Jesus durch die nachfolgende Samariterzählung unmissverständlich beantwortet.*

Der Club of Rome, 1968 in der Hauptstadt Italiens gegründet, ist ein informeller Zusammenschluss von Wirtschaftsführern und Wissenschaftlern aus über dreißig Ländern. Sein Ziel ist die Erforschung von Ursachen und inneren Zusammenhängen der kritischen Menschheitsprobleme.

Jahr 1989 anzusetzen ist, sahen viele Menschen den atomaren Holocaust, bedingt durch starre politische Blockbildungen und einen forcierten militärischen Rüstungswettlauf, früher oder später als unausweichlich an. Möglich ist ein solches Inferno zwar immer noch, nach Meinung vieler Zukunftsforscher aber ist es nicht allzu wahrscheinlich.

– Ebenso schien bis vor etwa zehn Jahren die Dreiteilung der Welt in „West", „Ost" und „Dritte Welt" eine unabänderlich feststehende Tatsache zu sein. Eine Auflösung des kommunistischen Machtblocks war unvorstellbar.

Nach dem Ende des Sozialismus gibt es keine bipolaren weltpolitischen Machtverhältnisse mehr. Viele Faktoren, z. B.

– der mit der Aufhebung der Blockstrukturen in Gang gekommene Dynamisierungsprozess,
– die zunehmende Vernetzung in Verkehr und Wirtschaft,
– *ethnische Wanderungsbewegungen großen Ausmaßes,
– die weiter wachsende Kommunikation,
– eine universale Medienlandschaft

lassen darum für die Zukunft eine **„Weltgesellschaft"**, eine **weltstaatliche Gemeinschaft** als möglich und notwendig

vgl. Kap. 5.2.3
vgl. Kap. 5.2.1

erscheinen. Ihr kann, auf der Grundlage des „Prinzips Verantwortung" (Hans Jonas), nur mit einem **„Weltethos"** begegnet werden.

6. Wer in ichübersteigerter Verblendung glaubt, sein Leben nach einem selbstgestrickten Ethikmuster gestalten zu können, und dafür noch „Toleranz" einfordert, verkennt, dass die Wirklichkeit, der man gerecht werden muss, vor

vgl. R. Spaemann, Moralische Grundbegriffe, S. 48 f.

allem **die anderen Menschen** sind. Erst dadurch, dass jeder seine Wünsche und Interessen **objektiviert** – und das bedeutet: **allgemeinen Maßstäben** unterstellt –, werden sie überhaupt mit fremden Wünschen und Interessen vergleichbar. Und nur auf dieser Basis ist eine Kommunikation, eine Verständigung mit anderen Menschen über konkurrierende Interessen erst möglich.

Der Mensch lebt nicht für sich allein, auch nicht in radikalen oder fundamentalistischen Gruppierungen. Er ist, wie Aristoteles formuliert hat, „von Natur aus" ein „zóon politikón" („Politiká" 1,2; vgl. 3,6). Das bedeutet: ein geselliges, in der Gemeinschaft lebendes Wesen.

– Von daher führt sich eine uneingeschränkte Toleranzforderung, ähnlich wie das Verlangen nach zügelloser Freiheit, selber ad absurdum (vgl. Kap. 3.1).
– Auch schränkt eine allgemeine Toleranzforderung das eigene Belieben gerade ein, da die Bereitschaft des

Abb. 26
Aristoteles (384–322 v. Chr.)

Menschen zu Großmut und Nachgiebigkeit nicht unerschöpflich ist.

- Wenn Toleranz nur als Synonym für „Gleichgültigkeit" oder „Egoismus" zu gelten hat, wird der Inhalt des Begriffs (bewusst) verfehlt.
- Die Toleranzforderung darf nicht verabsolutiert werden. Als Mittel der Konfliktlösung genügt sie in vielen Fällen keineswegs.
- Wirkliche Toleranz setzt zumindest ein aktives Mit**denken** und Verstehen**wollen** des anderen voraus. Damit ist aber schon eine bestimmte Idee von der **Würde des Menschen** eingeschlossen.

vgl. R. Spaemann, Moralische Grundbegriffe, S. 21 f.

Gibt es einen praktikablen Weg, aus dem Dilemma von notwendiger Einsicht und menschlicher Unvollkommenheit, aus dem Konflikt zwischen Wollen und Können herauszufinden? Sind Egoismus, Gleichgültigkeit und Desinteresse nicht überhaupt die stärkeren Faktoren?

5.2 Gesucht: eine Ethik für die Postmoderne

Nach den „Ängsten und Erwartungen" des vorangegangenen Kapitels sollen nun in weiter differenzierter Perspektive angesichts der vielfältigen Herausforderungen unserer Zeit **positive** Akzente gesucht und gesetzt werden. Sie sollen helfen, im Rahmen der „theologischen Anthropologie" eine gewisse Lebensorientierung zu bieten.

Dabei kann es hier immer nur darum gehen,
- Perspektiven aufzuzeigen,
- Richtungen zu weisen und, nach Möglickeit,
- konstruktive Anregungen zur praktischen Durchführung zu geben.

Weiterführende Diskussionen sind angesichts der komplexen Themenfülle und der schier unübersehbaren Fragen und Probleme, die in diesem Kapitel letztlich angesprochen werden, der speziellen Literatur vorbehalten sowie der sinnvollen Umsetzung in die Wirklichkeit anheim gestellt.

Das folgende tabellarische Schema lässt erkennen, dass für Christentum und Kirche „evolutionsgeschichtlich" die Zeit der „Ökumene" gekommen ist. Dies gilt zumindest für viele progressive kirchliche Denker. Dabei handelt es sich um eine Epoche der Gegenwart, in der, trotz fundamentalistischer

Der Begriff „Postmoderne" (lat. post = nach), ursprünglich eine Bezeichnung für jüngste Strömungen in der modernen Architektur, wird heute, speziell auch mit Bezug auf die Geschichte des Christentums (vgl. das unten stehende Schaubild), gern als Epochenbegriff für unsere pluralistisch bestimmte Gegenwart verwendet. Der Tübinger Theologe Hans Küng setzt für „postmodern" die Inhalte „polyzentrisch", „transkulturell" und „multireligiös" („Projekt Weltethos", S. 146 f.; „Ethos" [griech.] = die sittlich-moralische Gesamthaltung).

Ökumene (griech.) = die bewohnte Erde; ökumenisch = allgemein, die ganze bewohnte Erde betreffend; oft im Sinne von

141

Strukturen etwa im Katholizismus oder auch im schwäbischen Pietismus, die Gemeinsamkeit der christlichen Glaubensüberzeugung im Vordergrund steht bzw. stehen sollte. **„Gemeinsam glauben"** heißt hier aber auch **„gemeinsam nachdenken"** und **„gemeinsam handeln"** (s. u.).

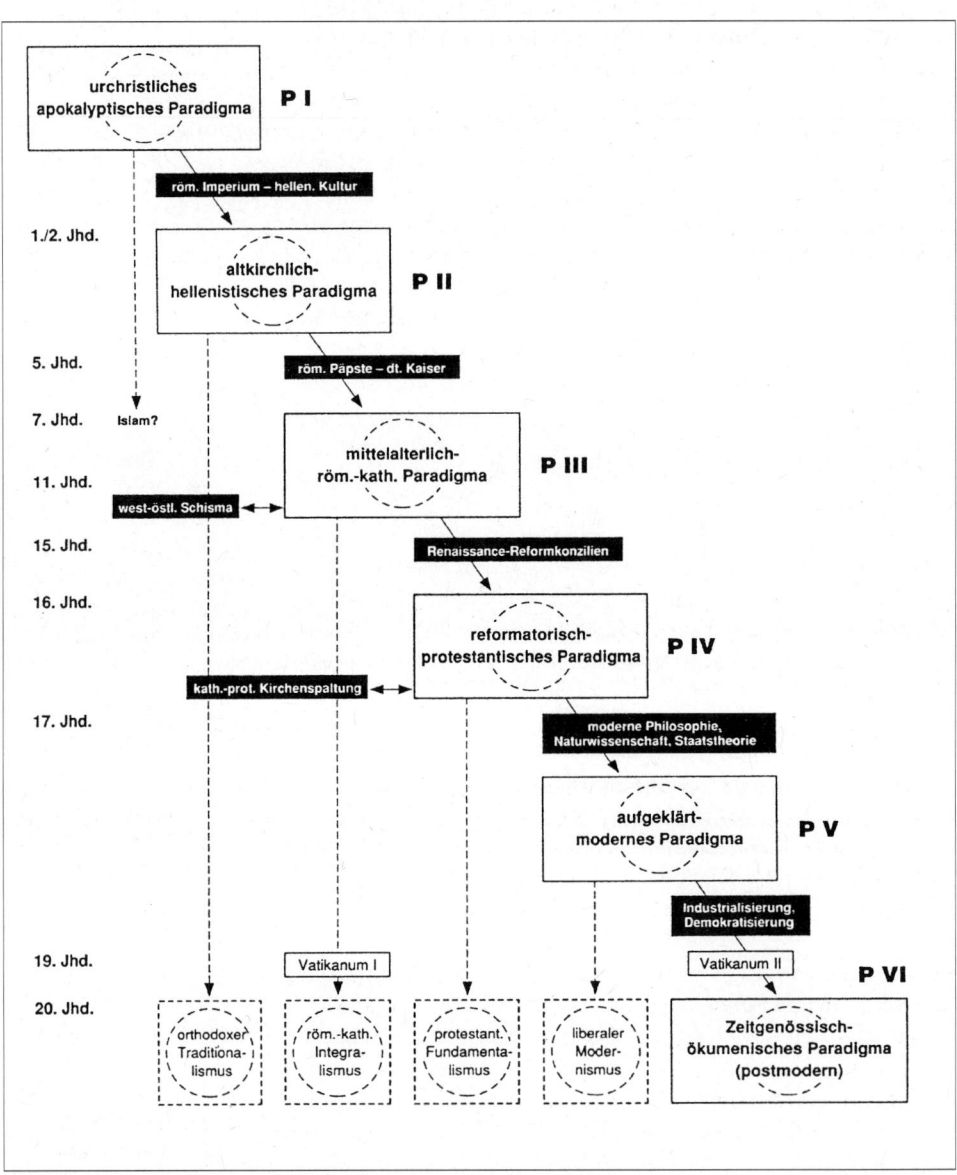

Abb. 27
Paradigmenwechsel in der Geschichte des Christentums

Es kann heute niemand ernsthaft bestreiten, dass es angesichts der gegenwärtigen, vielfach weltumspannenden Problemstellungen gerade auch auf theologisch-philosophischer Basis notwendig ist, verbindliche Positionen zu beziehen und grundsätzliche Aktionsmodelle zu entwerfen. Solche Orientierungsgrundlagen, die sich zu international gültigen **ethischen Handlungsmaßstäben** ausweiten können und sollen, tragen maßgeblich zur **Schaffung von Werten** bei.

Der einzelne Mensch, der heute, in einem umfassenderen Sinn als früher, auf Grund der zahlreichen Vernetzungsstrukturen (Medien, Internet etc.) zumindest in bestimmte Bereiche und Teilgebiete miteingebunden ist, kann sich dem **Ruf zur geistigen Auseinandersetzung** und der **Pflicht zu verantwortungsvollem Handeln** nicht entziehen. Dies gilt

- beispielsweise für den **ökologischen Sektor**, in dem, häufig tagtäglich, individuelle Entscheidungen zu treffen sind;
- für die Forderung einer unterschiedslosen **Kommunikation mit den ausländischen Mitbürgerinnen und Mitbürgern**;
- in zunehmendem Maße für den **Grenzbereich zwischen Leben und Tod**, also für die durch Technik und Wissenschaft gewaltig gestiegenen Fähigkeiten des Menschen, auf Grund eigener Entscheidungen Leben zu geben oder Leben zu nehmen.

Konkret betrifft dies u. a.
- den Problemkomplex der Sterbehilfe,
- die Konsequenzen aus der extrakorporalen Fertilisation und
- das Klonen von Menschen;
- im Besonderen dann, wenn dem Menschen **die biblische Botschaft als Lebensgrundlage und zur Urteils- und Entschlussbildung** von Bedeutung ist.

Die nachfolgende Übersicht, die sich durch ähnliche Meldungen ohne weiteres ergänzen ließe, soll die bisherigen Ausführungen veranschaulichen und den allgemeinen Handlungsbedarf deutlich machen:

- In jeder **Minute** geben die Staaten der Erde 1,8 Millionen US-Dollar für militärische Rüstung aus. Das ergibt, dreihundertfünfundsechzigmal im Jahr, die tägliche Summe von rund 2,6 Milliarden US-Dollar.
- Jede **Stunde** sterben 1 500 Kinder an Hunger oder an durch Hunger verursachten Krankheiten, jeden Tag also 36 000.
- Jeden **Tag** stirbt eine Tier- oder Pflanzenart aus.
- Mit Ausnahme der Zeit des Zweiten Weltkriegs wurden in

Paradigma (griech.) = Muster, Vorbild; Imperium (lat.) = hier: Herrschaftsgebiet, Kaiserreich, Weltreich; Schisma (griech.) = (Kirchen)Spaltung; Vatikanum I/II: in der Vatikanstadt (Rom) abgehaltene *Konzilien; Vatikanum I: 1869–1870; Vatikanum II: 1962–1965

vgl. dazu S. 154 f.

extrakorporal (lat.) = außerhalb des Körpers sich vollziehend; Fertilisation (lat.) = Befruchtung; zu den aus der Verschmelzung von menschlichen Ei- und Samenzellen im Reagenzglas sich ergebenden Fragen einer embryonenspezifischen Bio-Ethik s. das Beispiel unten S. 147 ff.

im Wesentlichen nach Küng, „Projekt Weltethos", S. 20 – Bezüglich der Zahlenangaben beruft sich Küng auf das Vorbereitungsdokument für die Weltversammlung der christlichen Kirchen in Seoul 1990:

„Gerechtigkeit, Frieden und Bewahrung der Schöpfung". Für die unmittelbare Gegenwart dürfte sich die Situation kaum verbessert haben.

den 80er Jahren in jeder **Woche** mehr Menschen verhaftet, gefoltert, ermordet, zur Flucht getrieben oder auf andere Weise durch repressive Regierungen unterdrückt als zu irgendeinem anderen Zeitpunkt in der Geschichte.

– Jeden **Monat** kommen durch das Weltwirtschaftssystem weitere 7,5 Milliarden US-Dollar Schulden zu den 1 500 Milliarden Dollar hinzu, die schon jetzt eine unerträgliche Last für die Menschen in den Entwicklungsländern sind.

– Jedes **Jahr** wird eine Fläche des Regenwaldes, die $3/4$mal so groß ist wie Korea, für alle Zeiten zerstört.

Angesichts solcher und ähnlicher Angaben mehren sich die Stimmen und Gruppen, die Projekte, Konferenzen und Kommissionen, die mahnen, raten, handeln. Zwar sind sie nach Herkunft und Zielsetzung unterschiedlich, jedoch verbunden durch das „Prinzip Verantwortung" als anthropologischer Konstante. Häufig genug ist, **vor** allem Reden und Handeln, erst einmal **Bewusstseinsbildung** notwendig.

Drei richtungweisende Beispiele werden im Folgenden vorgestellt.

5.2.1 Das „Projekt Weltethos"

„Es geht bei diesem Projekt um nichts Geringeres als einen Grundkonsens über gemeinsame Werte, Haltungen und Maßstäbe, die alle Menschen in ihren eigenen Traditionen wiederfinden können." (H. Küng, Ja zum Weltethos. Klappentext)

Küngs Buch „Projekt Weltethos" wurde von 1990–1995 in Deutschland über 100 000mal verkauft. Es ist inzwischen in alle wichtigen Sprachen übersetzt.

vgl. „Ja zum Weltethos", S. 25, 29, 32, 34, 37, 40

Das „Projekt Weltethos" des 1996 emeritierten (= in den Ruhestand versetzten) Tübinger Professors für ökumenische Theologie Hans Küng ist gestützt auf eine mit einer beträchtlichen Geldsumme ausgestattete Stiftung (s. u.). Küng und seine Mitarbeiter haben es sich zum Ziel gesetzt, ein alle Menschen – gleich welcher Religion, Ideologie oder Nation – umfassendes Ethos zu formulieren und zu verbreiten. Das Projekt wurde in zahlreichen Veröffentlichungen vorgestellt. Es ist weltweit bekannt geworden und wurde von vielen Persönlichkeiten positiv aufgenommen und gedanklich weitergeführt.

Zu seinen Grundsätzen gehören folgende „vier unverrückbaren Weisungen":

– Verpflichtung auf eine Kultur der **Gewaltlosigkeit** und der **Ehrfurcht vor allem Leben**;

– Verpflichtung auf eine Kultur der **Solidarität** und eine **gerechte Wirtschaftsordnung**;

– Verpflichtung auf eine Kultur der **Toleranz** und ein **Leben in Wahrhaftigkeit**;

– Verpflichtung auf eine Kultur der **Gleichberechtigung** und die **Partnerschaft von Mann und Frau.**

Einige der in diesem Zusammenhang erschienenen Texte haben appellativen Charakter und sprechen – notwendig und erfreulich für die Sache! – auch den affektiv-emotionalen Bereich im Menschen an. Die konkrete Umsetzung dessen, was für wert und wichtig erachtet wird, obliegt der Stiftung. Sie will, kann und wird

- „im Interesse interkultureller, interreligiöser und interkonfessioneller Verständigung" theologische und religionswissenschaftliche Grundlagenforschung fördern;
- die Lehr- und Vortragstätigkeit zur Verbreitung der erarbeiteten Forschungsergebnisse in Gemeinden, Volkshochschulen, Akademien, Schulen, Hochschulen, „Interessengruppen aller Art, national und international" durchführen lassen;
- die Fortbildung Interessierter durch Vorträge, Tagungen, Seminare usw. veranlassen;
- „Öffentlichkeitsarbeit im Dienst eines Weltethos mit Hilfe der Medien" leisten;
- gesellschaftliche, politische und kulturelle Initiativen zu „vertrauensbildenden Maßnahmen" zwischen den Religionen im Interesse der Völkerverständigung anregen und fördern;
- die „Begegnung von Menschen unterschiedlicher Kulturen und Religionen", die durch Sachgespräche, Studienreisen und Kongresse erfolgen kann, unterstützen.

Solche mit weltweitem Geltungsanspruch vorgetragenen Pläne sind mit Sicherheit keine „frommen Wünsche" und alles andere als Moralpredigten. Sie sind vielmehr die **notwendige und konsequente Anpassung** an die heutigen Dimensionen des menschlichen Machtstrebens. Angesichts der Tragweite der anstehenden Fragen und Perspektiven kann **Verantwortung** heute nicht mehr national begrenzt, sondern sie muss **internationalisiert** werden (s. u.).

Dies kann vernünftigerweise nur in solchen Zeit- und Raumdimensionen geschehen, die denen
- der Risiken,
- der Forderungen und
- der Taten
entsprechen.

Und gewiss könnten nur
- ein fröhlicher Fortschrittsglaube („wie wir's dann zuletzt so herrlich weit gebracht"),
- Pessimismus und Resignation oder

*vgl. die letzten Sätze aus der „Erklärung zum Weltethos" (S. 15) „an alle Bewohner dieses Planeten: Unsere Erde kann nicht zum Besseren verändert werden, ohne daß das Bewußtsein des Einzelnen geändert wird. Wir plädieren für einen individuellen und kollektiven Bewußtseinswandel, für ein Erwecken unserer spirituellen Kräfte durch Reflexion, Meditation, Gebet und positives Denken, für eine **Umkehr der Herzen**. Gemeinsam können wir Berge versetzen! Ohne Risiko und Opferbereitschaft gibt es keine grundlegende Veränderung unserer Situation! Deshalb verpflichten wir uns auf ein gemeinsames Weltethos: auf ein besseres gegenseitiges Verstehen sowie auf sozialverträgliche, friedensfördernde und naturfreundliche Lebensformen. Wir laden alle Menschen, ob religiös oder nicht, ein, dasselbe zu tun!"*

Goethe, „Faust I", V. 573

– ein historisch-ethischer Relativismus („alles ist zeitbedingt und wird sich von selber regeln")

bestreiten, dass die im „Projekt Weltethos" konkretisierten Ideen und Intentionen **klar und eindeutig** sind.

Denn gegenüber jenen möglichen Einwänden ist zu sagen, dass

– ein ungebremster wissenschaftlich-technischer Zukunftsoptimismus angesichts der zerstörerischen Möglichkeiten, die der Mensch heute hat, allenfalls noch als naive Utopie gewertet werden kann;

– bei einer *fatalistischen Einstellung die Absicht einer positiven Sinngebung überhaupt an ihre Grenzen stößt;

– das Argument, ein moralischer „Extrakt" aus den Weltreligionen sei nicht neu und vor allem aber leider wirkungslos, allerdings ernst genommen werden muss. Ganz sicher hat es, etwa in der deutschen *Aufklärung oder nach dem Zweiten Weltkrieg, deutliche Forderungen der (weltanschaulichen, politischen, religiösen) Toleranz gegeben. Sie wurden in unserer Zeit zudem noch durch zahlreiche, auch auf intensiven persönlichen Kontakten basierende Friedensstrategien gefestigt.

zum Thema der aktiven Toleranz s. die Ausführungen zu Lessing (Kap. 4.2)

Die Tatsache, dass furchtbare Kriege, Massenmorde und Attentate trotzdem sehr häufig noch immer zum täglichen Schrecken gehören, spricht indes nicht gegen die zwingende Notwendigkeit eines solchen Mühens. Denn

– zum einen sind die gegenwärtigen Probleme, zumindest als potenzielle Krisenfaktoren, noch umfassender und stärker ineinander verzahnt, als dies bei vergleichbaren Situationen früher der Fall war;

– zum andern ergibt sich angesichts der Frage nach geschichtsbildenden Kräften, will man nicht in Gleichgültigkeit, Anonymität oder *Fatalismus versinken, auch und immer wieder die Situation der persönlichen Entscheidung.

Es stellt sich also häufig genug die **Wahl** zwischen einem sittlich objektivierbaren und also menschenfreundlichen oder einem zersetzenden und zerstörerischen Handeln. **Nicht nur die christliche Prioritätensetzung ist hier eindeutig.**

146

5.2.2 Kirchliche Initiativen

In den Jahren 1988 und 1989 haben zwei große kirchliche Versammlungen stattgefunden: das „**Forum ‚Gerechtigkeit, Frieden und Bewahrung der Schöpfung'** der Arbeitsgemeinschaft christlicher Kirchen in der Bundesrepublik Deutschland und Berlin (West) e. V."" vom 20.–22. 10. 1988 in Stuttgart und die „**Europäische Ökumenische Versammlung ‚Frieden in Gerechtigkeit'**" vom 15.–21. 5. 1989 in Basel. Art und Vielzahl der angesprochenen Problemfelder stimmen sachbedingt im Wesentlichen mit den in den „Weltethos"-Texten aufgezeigten Fragenkomplexen überein. Doch sind die in den Kirchenversammlungen erzielten Ergebnisse, wie nicht anders zu erwarten, nicht überkonfessionell, sondern christlich geprägt. Auch sind sie, nach Anlage und Zielsetzung, im Einzelnen vielleicht noch kompakter und konkreter, als manche „Weltethos"-Abschnitte es zunächst sein können.

Zu Recht wird für die kirchlichen Texte betont, dass es hierbei nicht um ein „Hineinsprechen" von Kirchen und Christen in die Bereiche von Politik, Wirtschaft oder Wissenschaft geht, sondern um die **Verantwortung**, die Kirchen und Christen in diesen Sektoren selbst übernehmen bzw. zu übernehmen haben. Anstelle einer inhaltlichen Übersicht zu den beiden Dokumenten soll im Folgenden ein in der Sache auch dort angesprochenes Problembeispiel skizziert werden:

Im August 1996 wurden in Großbritannien 3 300 tiefgefrorene Embryos aufgetaut und vernichtet. Dieses Vorgehen hat europaweite Proteste ausgelöst:

– Kirchliche Kreise sprachen von einem „Massaker".

– Ein Sprecher der medizinischen Gesellschaft „Artemisia" hat die Aktion als „einen der schlimmsten Völkermorde in der Geschichte der Menschheit" bezeichnet.

– Nach Ansicht der deutschen Europaabgeordneten Evelyne Gebhardt (SPD) sollten die Embryos als „Mahnmal" erhalten bleiben.

Ist eine solche Eliminierung überzähliger Embryonen (die ja keineswegs auf Großbritannien beschränkt ist) nur eine Vernichtung nicht mehr verwendbarer vierfach geteilter **Zellklumpen** und damit das nach Meinung vieler konsequente **Ergebnis menschlicher Freiheit** und Autonomie?

Oder ist diese Tat identisch mit der Tötung vielfachen **Lebens** und also kein Zeichen von Freiheit, sondern ethischer und religiöser **Frevel**, vielleicht sogar ein **kriminelles Vergehen**?

Folgende Problemstruktur lässt sich erkennen:

– Man kann sich grundsätzlich und kompromisslos gegen

Forum (lat.) = urspr.: altrömischer Marktplatz; auch: Gericht, Richterstuhl; hier: Zusammenkunft

Die Texte sollen und wollen bei Kirchen und Christen die Bereitschaft wecken und die Fähigkeit stärken, „Jesus Christus als das Leben der Welt zu bezeugen und aus diesem Glauben ihre Weltverantwortung wahrzunehmen." (EKD-Text Nr. 27, S. 2) Diese Aufgabe hat auch der *konziliare Prozess der gegenseitigen Verpflichtung für Gerechtigkeit, den Erhalt des Friedens und die Bewahrung des Lebensraums Erde überhaupt.

Diese Organisation ist in Italien in der Schwangerschaftsberatung tätig.

Eine solche Position vertreten die Delegierten des Stuttgarter „Forums" (vgl. EKD-Text Nr. 27, S. 107 f.).

alle Verfahren der extrakorporalen Befruchtung entscheiden. Dann ist gleichzeitig eindeutig Stellung bezogen gegen

- alle Formen einer Ersatz- bzw. Leihmutterschaft;
- das Einfrieren von menschlichen Ei- und Samenzellen;
- die Zerstörung menschlicher Embryonen aus Forschungsgründen;
- die Nutzung „überzähliger" Embryonen zu kommerziellen Zwecken und in der Forschung.

ebda., S. 107

ebda., S. 108; entsprechende Schlussfolgerungen ergeben sich daraus für den Problembereich des Schwangerschaftsabbruchs. – Zur Gottebenbildlichkeit des Menschen vgl. Kap. 1.2.3

Die Voraussetzung einer solchen Position, sofern sie christlich-religiös begründet ist, besteht darin, dass auch dem Embryo die **Würde menschlichen Lebens** zuerkannt wird. Diese unterliegt ebenso wenig wie das ungeborene Leben der freien Verfügbarkeit des Menschen.

> „Denn das ungeborene Leben ist vom Augenblick der Empfängnis an Mensch und damit Gottes Abbild."

Die Lehrmeinung, dass „Leben" mit der Verschmelzung von Ei- und Samenzelle beginnt, ist überzeugend und konsequent. Denn wirken nicht alle anderen Thesen wie ein Hilfsgebilde, wie ein *pragmatisches Konstrukt?

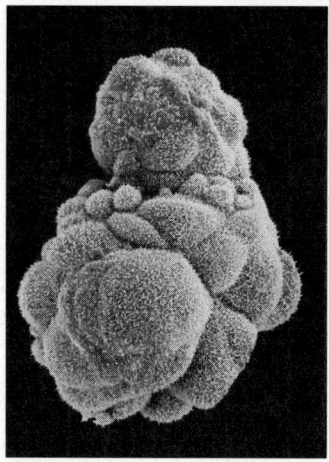 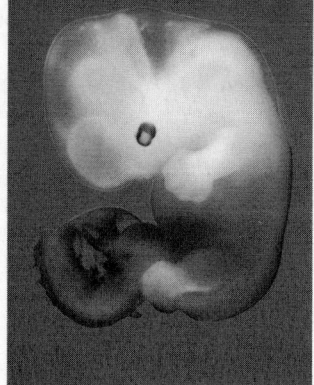

Abb. 28 a   **Abb. 28 b**
Menschlicher Embryo am 6. und 40. Tag

148

„Gelöst" ist damit das Problem keineswegs:

– Denn wer sich **für** eine extrakorporale Befruchtung entscheidet, muss grundsätzlich auch akzeptieren, dass weitaus die meisten Embryonen eben nicht in eine Gebärmutter eingepflanzt werden können. So kann der weitere Konfliktfall eintreten, dass ein solches Vorgehen im privaten Bereich zwar u. U. akzeptiert und praktiziert, in allgemein-grundsätzlicher Form wegen der damit verbundenen Konsequenzen gleichwohl nicht gutgeheißen wird.

Ein solcher Entschluss erfolgt nicht selten aus persönlichen Gründen. Fälle, in denen eine natürliche Empfängnis aus medizinischen Gründen nicht möglich ist, sind in den ärztlichen Praxen an der Tagesordnung.

– Gewichtiger ist der prinzipielle Einwand, dass die theologische Definition des Beginns von „Leben" einseitig und inhaltlich vorbelastet sei. Für viele Naturwissenschaftler und Mediziner ist ein Embryo zumindest in den ersten zwei Wochen seiner Existenz ein vollständig anonymes, organisch wucherndes Zellgebilde in einem Reagenzglas. Wer redet da von der „Würde menschlichen Lebens" oder gar von „Gottebenbildlichkeit"?!

Bekanntlich liegt ein Missverständnis vor, wenn „Gottebenbildlichkeit" im biblischen Sinne vorwiegend morphologisch (morphé [griech.] = Gestalt, äußere Erscheinungsform) verstanden würde (vgl. S. 17).

– Noch komplizierter wird die Sachlage dadurch, dass in den europäischen Ländern keine einheitliche Gesetzgebung herrscht. In Deutschland ist auf Grund des Embryonenschutzgesetzes jede Forschung an menschlichen Embryos kategorisch verboten. Die künstliche Befruchtung ist indes erlaubt. Während in Großbritannien und einigen anderen Ländern embryonale Forschung bis zum Zeitpunkt der Nidation gestattet ist, werden in Deutschland die „überzähligen" befruchteten Eizellen gleich vernichtet und nicht eingefroren.

Die Einnistung des befruchteten Eies in der Gebärmutter ("Nidation") ist spätestens mit dem dreizehnten Tag nach der Empfängnis abgeschlossen.

Der Unterschied ist allerdings nicht grundsätzlicher, sondern nur zeitlicher Natur. Denn auch hierzulande nimmt man den Untergang befruchteter Keimzellen in Kauf.

Eine objektive Antwort auf die Frage, **wann** das zu schützende Leben beginnt, gibt es nicht. Da es aber nicht angehen kann, dass im „europäischen Haus" auf Grund auseinanderklaffender Rechtsprechung von Land zu Land letztlich unterschiedliche moralische Werte herrschen, sind Beschlüsse einer länderübergreifenden **europäischen Bioethik-Konvention** mehr als überfällig. Dort könnten dann auch ähnlich komplexe Sachgebiete Gegenstand von Verhandlungen sein. Legislative Strukturen müssten ausdiskutiert, Lobbyisten unter Kontrolle gehalten werden.

Einen nationalen Alleingang in Sachen „Sterbehilfe" unternehmen seit etwa zehn Jahren die Niederlande.

5.2.3 Das „Prinzip Verantwortung" (Hans Jonas)

„Der endgültig entfesselte Prometheus, dem die Wissenschaft nie gekannte Kräfte und die Wirtschaft den rastlosen Antrieb gibt, ruft nach einer Ethik, die durch freiwillige Zügel seine Macht davor zurückhält, dem Menschen zum Unheil zu werden... Was der Mensch heute tun kann..., das hat nicht seinesgleichen in vergangener Erfahrung." (H. Jonas, Das Prinzip Verantwortung, S. 7)

„Prinzip Verantwortung", S. 277

Ein näheres Eingehen auf Jonas' Buch ist hier aus thematischen Gründen nicht möglich. – Dass auch im populärwissenschaftlichen Sektor, also auf nichttheologischem bzw. nichtphilosophischem Gebiet, die Orientierungslosigkeit stark verbreitet und der Bedarf an verbindlichen Maßstäben groß ist, zeigt nach Inhalt und Akzeptanz z. B. Ulrich Wickerts Sachbuch „Der Ehrliche ist der Dumme. Über den Verlust der Werte" (von 1994 bis 1995 dreizehn Auflagen!).

Der im Jahr 1993 gestorbene deutsch-amerikanische Gelehrte Hans Jonas, der sich schon durch philosophische Veröffentlichungen einen Namen gemacht hatte, ist durch seine Arbeiten über ethische Aspekte der Technologie auch einer breiteren Öffentlichkeit bekannt geworden. Angesichts der heute dem Menschen zur Verfügung stehenden Möglichkeiten finden sich auf diese Weise Theologie und Philosophie in der gemeinsamen Absicht zusammen, zum rechten Gebrauch von Vernunft und Verantwortung zu mahnen. Beide erfüllen somit zunächst einmal auch die Aufgabe, der Öffentlichkeit das notwendige **Problembewusstsein** zugänglich zu machen. Dadurch leisten sie vielleicht einen Beitrag in die Richtung, dass nicht alles technisch Machbare sofort ungehemmt und unkontrolliert in die Tat umgesetzt wird.

Schwerpunktmäßig führt Jonas u. a. aus,

– dass der technische Fortschritt, wie früher angeblich die Religion, heute zum „Opium für die Massen" geworden ist;

– dass aber ein „rücksichtsloser Anthropozentrismus" wegen der in der modernen Technologie liegenden „*apokalyptischen Möglichkeiten" nicht die Grundlage einer heute notwendigen Ethik sein darf (S. 95);

– dass im Umgang des Menschen mit dem Menschen nicht nur Klugheit, sondern auch **Sittlichkeit** herrschen muss. Denn diese ist die „Seele seines Daseins" (S. 21);

– dass eine Ethik der Moderne in der *Metaphysik** begründet zu sein hat;

– dass eine solche Ethik nicht nur die Notwendigkeit des physischen Überlebens, also das **Menschenlos** allgemein, sondern auch die Unversehrtheit des Wesens, das **Menschenbild**, zu umfassen hat und folglich eine **Ethik der Ehrfurcht** sein muss (S. 8).

Denn in der Tat, so wäre zu ergänzen, haben Naturwissenschaft und Technik zur Zerstörung des Menschenbildes heutzutage mancherlei im Angebot, wie z. B.

– die Übertragung von Genen;

– die Vervielfältigung von genetisch manipulierbaren Musterindividuen,

– die Verschmelzung von menschlichen und tierischen Ei- und Samenzellen

u. a. m.

5.3 Die Grundlagen der Verantwortung

Es geht in diesem Kapitel nicht darum, eine Zusammenfassung des christlichen Glaubens in Nescafé-Form zu vermitteln. Auch nicht um ein frommes Lexikon für den Alltagsgebrauch, in dem man nur ein wenig blättern müsste, um, dank schnell gefundener Bibelstellen, auf alle Fragen flugs die passende Antwort parat zu haben. Ebenso sollen hier keine kontroversen theologischen Grundsatzprobleme diskutiert werden. Es geht vielmehr um eine Rück- bzw. Neubesinnung auf das, was gemeint ist, wenn von **theologischer** Anthropologie die Rede ist. Eine solche dogmatisch gewiss unvollständige Erinnerung geschieht vor allem deswegen, um von der eigenen Glaubensüberzeugung her zu begründen, **warum** christliches Handeln in der Welt nötig ist.

Auf bereits ausführlich behandelte theologische Sachgebiete wird verwiesen. Nähere Einzelheiten können ggf. dort nachgelesen werden.

Die Anlage des Kapitels verlangt hierfür eine kompakte Zusammenfassung wichtiger christlicher Glaubensprinzipien. Auch der Aspekt der Ökumene wird von Bedeutung sein. Notwendig ist ebenso eine themenbedingte Gewichtung.

Unbestritten bleibt sicher das Folgende:

- Der **Glaubende** wird eine solche konzentrierte Übersicht vor allem als Bestätigung empfinden.
- Der **Skeptiker** und **Zweifler** kann sie als Herausforderung bzw. als Möglichhkeit der (weiteren) Auseinandersetzung betrachten.
- Der **Agnostiker** wird sie womöglich als Zumutung sehen.

Agnostizismus (griech.) = philosophische Lehre, die das übersinnliche Sein für unerkennbar hält

Auf jeden Fall aber sollten diese theologischen „essentials" nicht in dem Sinne als Heilstatsachen verstanden werden, dass sie zwanghaft, in bewusster Hintanstellung des Verstandes „geglaubt" – und darunter wird dann zumeist verstanden: für wahr gehalten – werden müssten. Vielmehr

- ist die Kunde von Jesus Christus, die uns im Neuen Testament überliefert wird, eine, wie der Begriff „Evangelium" schon sagt, „frohe", eine „gute Botschaft". Eine solche Botschaft **darf** man glauben;
- steht am Anfang jeder Religion nicht das denkerische Bemühen des Menschen, sondern das Betroffensein von dem, „was uns unbedingt angeht" (Paul Tillich). Dies gilt natürlich in besonderem Maße auch für die biblischen Texte und für die christliche Überlieferung, in denen die Menschen Gott **erfahren** haben;

Paul Tillich (1886–1965), ev. Theologe

- ist ein solcher Glaube ein **Ergriffensein** davon, dass hinter jedem menschlichen Leben und hinter aller Wirklichkeit, der

nach H. Aichelin

151

sichtbaren und der unsichtbaren, keine Leere und Sinnlosigkeit steht, sondern eine den Menschen fordernde und zugleich bergende Macht. Glaube ist Hingabe des Menschen, **Vertrauen** als Antwort auf den An-Ruf, den Anspruch Gottes.

5.3.1 Das theologische Fundament

Zur Schöpfungsverantwortung des Menschen zählt auch der Schutz des ungeborenen Lebens, der schwächsten Form menschlichen Lebens überhaupt (vgl. Kap. 5.2.2). Ihm gegenüber schuldet der Mensch in besonderer Weise Rechenschaft. Denn „das Nichtexistente hat keine Lobby, und die Ungeborenen sind machtlos." (H. Jonas, a. a. O., S. 55)

s. dazu ausführlich Kap. 2

Der Bund zwischen Gott und seinem Volk (s. u.) bzw. einzelnen Personen ist kein Vertrag zwischen gleichberechtigten Partnern. Immer geht die Initiative von Gott aus, der seinen Bund dem Einzelnen, dem Volk Israel, der ganzen Menschheit anbietet. Diesen werden Verheißungen zugesagt, aber auch Verpflichtungen auferlegt.

Folgendes gehört zur Basis der christlichen Lehre (und wird hier in einigen Sachpunkten nochmals in Erinnerung gerufen):

1. Unser Leben verdanken wir Gott dem Schöpfer. Wir sind keine Zufallsprodukte und keine Launen der Natur, sondern von Beginn unseres Daseins an empfangende, beschenkte und zugleich abhängige **Geschöpfe**. Der Mensch, als Gottes Ebenbild geschaffen und von daher, ein jeder im Besonderen, mit einer unantastbaren und unaufhebbaren Würde bedacht, hat den Auftrag, die Schöpfung zu bewahren. Gott selbst bleibt in seiner Schöpfung gegenwärtig. Denn diese ist mit jedem neuen einmaligen Erschaffungs- und Entstehungsvorgang nicht für alle Zeiten abgeschlossen, sondern setzt sich ständig fort. Die gesamte Schöpfung bleibt von der **Liebe Gottes** getragen, die sich in Jesus Christus offenbart.

2. Durch das *ontologische Gebundensein an die **Sünde** setzt sich der Mensch in einen – gewollten, umfassenden, dauerhaften – Widerspruch zu Gott. Diesen kann er aus eigener Kraft nicht aufheben, selbst wenn er dies wollte.

3. So wie zu den Wesensanlagen und Grunderfahrungen des Menschen die Abkehr von Gott gehört, sind, andererseits, die immer wiederkehrenden Zeichen von **Gottes Treue** Kernbestandteile der biblischen Überlieferung.

Gott sucht die Gemeinschaft mit den Menschen.

Diese Erkenntnis, gültig von den Urvätern bis zu den spätesten Texten des Neuen Testaments, gehört zu den wichtigsten Aussagen der Bibel überhaupt. So enthält z. B. das Alte Testament zahllose Berichte von der Untreue Israels, des „auserwählten Volkes", von schlimmen Verfehlungen Einzelner und der Gemeinschaft gegen Gottes Gebote. Gott ist trotzdem immer wieder bereit, aufs Neue mit den Menschen einen **Bund** zu schließen – für diese ein Zeichen der Ermutigung und der Hoffnung.
Bis zum **endgültigen Bund Gottes mit der Menschheit in**

Jesus Christus kennt die Bibel eine Reihe vorangehender Bundesschlüsse:

– den Bund zwischen Gott und Noah (Gen. 9,8–17; zum Kontext vgl. Gen. 6–8);
– den Bund Gottes mit Abraham (Gen. 15), dessen Auswirkungen „alle Geschlechter auf Erden" (Gen. 12,3) betreffen;
– den Sinaibund, der dem Volk Israel nach dem Auszug aus Ägypten durch Mose vermittelt wird.

4. Durch Jesus stellt Gott **Frieden** her zwischen sich und den Menschen. Auch hier geht Gott auf den Menschen zu und schenkt sich ihm in seiner ganzen Unermesslichkeit. **Durch Jesus ist die Versöhnung der Menschheit mit ihrem Schöpfer vollzogen.** Damit schenkt Gott ihnen aber auch die **Rechtfertigung**: „Wie nun durch die Sünde des Einen die Verdammnis über alle Menschen gekommen ist, so ist durch die Gerechtigkeit des Einen für alle Menschen Rechtfertigung gekommen, die zum Leben führt." (Röm. 5,18)

5. Aus dem heilsgeschichtlichen Sachverhalt ergibt sich für den Christen die **Verpflichtung, die Versöhnung zu leben, Botschafter der Versöhnung in der Welt** zu sein (vgl. Mt. 5,13–16). „Welt" ist hier, dem biblischen Zeugnis gemäß, der durch und durch heil-lose Ort, dem aber Gottes ganze Liebe gilt – und schon immer gegolten hat.

> „Gott liebte die Menschen (wörtlich: die Welt) so sehr, daß er seinen einzigen Sohn hergab. Nun wird jeder, der sein Vertrauen auf den Sohn Gottes setzt, nicht zugrunde gehen, sondern ewig leben. Gott sandte ihn nicht in die Welt, um die Menschen zu verurteilen, sondern um sie zu retten." (Joh. 3,16 f.)

Jene Verpflichtung ist um so mehr gefordert, als das Reich Gottes in seiner neuen, allen Menschen freundlichen Wertordnung bereits hier und jetzt in unserem Leben auf der Erde begonnen hat und von uns in vielerlei Hinsicht eine **Umkehr** fordert (s. u.).

6. In den „Zehn Geboten", in der Bergpredigt, in den Parabeln und Beispielerzählungen des Neuen Testaments, in zahlreichen anderen Texten der Evangelien sowie **in Jesu Auftreten und Auferstehung als Zeichen göttlicher Offenbarung** überhaupt findet der gläubige Christ – und mit Sicherheit auch derjenige, der es mit der Bibel zunächst einmal nur „probieren" will – die für ihn gültigen Maßstäbe und Weisungen, wie er zu leben habe.

Es geht dabei weder um ein Anstandsbrevier noch um einen

Durch die Befreiung aus Ägypten, das Gesetz vom Berg Sinai zur Ordnung des sozialen Lebens (die „Zehn Gebote" Ex. 20,1–17; vgl. Dtn. 5,1–21) und die Landnahme wurden die Israeliten überhaupt erst zu einem Volk. Israel verdankt sein Dasein der Erwählung durch Gott (vgl. Ex. 19,1–6; Dtn. 7,6–9). Diese Erwählung kommt allen Völkern zugute (vgl. Jes. 49,6; dann aber auch Röm. 11,25–29/ Kontext).

„Denn es hat Gott wohlgefallen, daß in ihm alle Fülle wohnen sollte und er durch ihn alles mit sich versöhnte, es sei auf Erden oder im Himmel, indem er Frieden machte durch sein Blut am Kreuz." (Kol. 1,19 f.) – „Denn Gott war in Christus und versöhnte die Welt mit sich selber und rechnete ihnen ihre Sünden nicht zu und hat unter uns aufgerichtet das Wort von der Versöhnung." (2. Kor. 5,19; vgl. Röm. 5,10)

Die folgenden Ausführungen sind nicht als allgemeine Lösungsvorschläge zu verstehen. Sie können Möglichkeiten aufzeigen, Anregungen geben, einen Prozess der geistigen Verarbeitung in Gang setzen, Schritte zum Handeln skizzieren, müssen aber natürlich fragmentarisch bleiben.

Solches ist gemeint, wenn Jesus am Beginn seiner öffentlichen Wirksamkeit zum radikalen Umdenken aufruft (Mk. 1,15).

Türkische Banden sind ebenso wenig gefragt wie deutsche Schlägertrupps. Potenzierte Vorurteile führen nur zu einer Eskalation der Gewalt.

Gegenseitige Einladungen, ein gelegentliches Essen in Gemeinschaft können hier manchmal sehr tragfähige Brücken bauen. Deutsche dürfen, wenn sie z. B. die Vorschriften des Korans kennen, durchaus den Anfang machen. Im Jahr 2000 fällt das islamische Neujahrsfest auf den 6. 4., der Beginn des Fastenmonats auf den 26. 11., das Fest des Fastenbrechens auf den 26. 12.

weltfernen Sittenkodex und auch nicht um eine „Gerechtigkeit aus den Werken".

Sondern um das (beständige!) Bemühen, auf den genannten Grundlagen

– als **Einzelner in positiver Sinngebung** zu leben und
– **in friedlicher Gemeinschaft** mit den anderen Menschen **konstruktiv** zusammenzuleben.

5.3.2 Konsequenzen

Was bedeuten solche theologischen Grundsatzüberlegungen für einen Menschen, der seinen christlichen Glauben nicht nur im Herzen bewahren, sondern auch im Alltag bewusst leben will?

Wenn Jesus von „Umkehr" spricht, so ist, wie wir schon früher gesehen haben, zunächst an eine vom Verstand her fassbare und dann auch realisierbare **Sinnesänderung** gedacht. An eine „Revolution der Denkungsart" (Kant), „eine andere Wertskala, eine völlig neue Lebenseinstellung" (Küng). Sie ist deshalb gefordert und wird grundsätzlich von jedem Menschen verlangt, weil die Herrschaft Gottes mit dem Erscheinen Jesu endgültig angebrochen ist.

Eine solche **Umkehr** bedeutet heute z. B. die **Verpflichtung, Wege zu suchen**:

1. In eine Gesellschaft, in der die Menschen gleiche Rechte besitzen und in Solidarität miteinander leben.
   Konkret bedeutet dies z. B. eine Integration ausländischer Mitbürgerinnen und Mitbürger in der Schule oder am Arbeitsplatz unter Mitwirkung **aller** Beteiligten.
2. In eine Vielfalt der Völker, Kulturen und Traditionen in Europa.
   Konkret bedeutet dies z. B. ein Anerkennen und Tolerieren religiöser Feste und Feierlichkeiten nichtdeutscher Nachbarn. Wer glaubt, sich in abendländischer Arroganz über das religiöse Empfinden von Nichtchristen hinwegsetzen zu können, ist aufgefordert, nach dem religiösen Ernst zu fragen, mit dem er seine eigene christliche Überzeugung (sofern vorhanden) praktiziert.

Es ist in diesem Zusammenhang daran zu erinnern, **was die Bibel über das rechte Verhalten Fremden gegenüber sagt**.

Schon im Alten Testament wird hier zu **Gerechtigkeit** und **Freundlichkeit** ermahnt:

– „Unterdrückt nicht die Fremden, die in eurem Land leben, sondern behandelt sie genau wie euresgleichen.

Jeder von euch soll seinen fremden Mitbürger lieben wie sich selbst. Denkt daran, daß auch ihr in Ägypten Fremde gewesen seid. Ich bin der Herr, euer Gott!" (Lev. 19,33 f.)

– „Beutet die Fremden nicht aus, die bei euch leben. Ihr wißt doch, wie es einem Fremden zumute ist, weil ihr selbst in Ägypten als Fremde gelebt habt." (Ex. 23,9)

vgl. auch Dtn. 24,14f.

– „Laßt auch... die Fremden, die bei euch wohnen, an eurer Freude teilhaben." (Dtn. 26,11)

Im Neuen Testament macht Jesus unmissverständlich klar, dass unser Maßstab dem Nächsten, also **auch** dem Fremden gegenüber, zu dem Maßstab wird, mit dem wir im Weltgericht gemessen werden: „Ich bin ein Fremder gewesen, und ihr habt mich (nicht) aufgenommen... Was ihr getan habt einem von diesen meinen geringsten Brüdern, das habt ihr mir (nicht) getan." Eindeutig **identifiziert** sich Jesus hier mit den Fremden.

vgl. Mt. 25,35.40.43.45; vgl. zum Thema auch Mt. 15,21–28 und Lk. 14,15–24

3. In eine erneuerte Gemeinschaft von Männern und Frauen in Kirche und Gesellschaft.

vgl. Kap. 1.2.3; 2.4.2; 5.1

   Konkret bedeutet dies z. B. eine – in der Realität dann auch durchzuführende – Aufteilung von Veranwortung sowie gleiche Rechte am Arbeitsplatz. Hierfür kann man sich heute, wie man weiß, vehement engagieren.

4. In eine international getragene Gemeinschaft von Völkern, in der Friedensstiftung und die defensive Lösung von Konflikten als der einzig gangbare Weg des (Über)Lebens zu gelten haben.

   Konkret bedeutet dies z. B. jede konstruktive Form der Zusammenarbeit über nationale Grenzen hinweg, etwa in Gestalt einer parteipolitischen Tätigkeit. Aber auch den Verzicht auf eine Vergötzung von Gewalt und Militarismus und das Bemühen, **wo immer möglich, friedensstiftend zu handeln**.

   Ein lehrreiches Beispiel aus der Geschichte für den Abbau eines seit Generationen gepflegten Feinddenkens ist der Prozess der Aussöhnung zwischen Deutschland und Frankreich. Er wurde mit Beginn der 60er Jahre eingeleitet und ist inzwischen längst vollzogen.

   Und wenn Jesus die **Feindesliebe** gebietet (Mt. 5,43–48; vgl. aber schon V. 38–42), so ist diese mit Sicherheit nicht als eine momentane Gefühlsaufwallung, sondern als ein mehr oder weniger langwieriger **Prozess** zu verstehen.

   Bei diesem kommt es zunächst vor allem darauf an,

   – Vorurteile abzubauen;

   – auf (vielfach seit langem gewachsene und von daher gleichsam als „selbstverständlich", ja angeblich „notwendig" angesehene) Feindbilder zu verzichten;

   – den Mut zum ersten Schritt zu haben.

5. In eine von Akzeptanz, Achtung und Fürsorglichkeit geprägte gelebte Zusammengehörigkeit mit leidenden und

benachteiligten Menschen, über unsere Privatsphäre hinaus.

Konkret bedeutet dies z. B. die Wahl einer helfenden oder pflegerischen Tätigkeit bzw. des entsprechenden Berufes im eigenen Land oder in den armen Ländern der Welt, aber natürlich auch das Engagement in entsprechenden Initiativen und Arbeitsgemeinschaften.

Die stärkere Integration von Randgruppen unserer Gesellschaft, z. B. von Alten und Behinderten, ist eine oft geäußerte Forderung.

Manche Krankenhäuser im Nahen Osten tragen sich nachweislich zu über 90 % durch Spenden aus Europa. – Nicht selten muss leider der (berechtigte!) Hinweis auf die schwarzen Schafe unter den Hilfsorganisationen als (ungerechtfertigtes!) Alibi dafür dienen, überhaupt nichts geben zu müssen.

Aber auch gezielte bzw. projektbezogene finanzielle Hilfen für arme Länder („Hilfe zur Selbsthilfe"), deren Verwendung erkennbar und deshalb nachprüfbar ist, sowie ein bewusstes Kauf- und Konsumverhalten („Eine-Welt-Läden") sind in diesem Zusammenhang keine unwichtigen Beiträge.

In großem Maße hilft hier allerdings nur eine Neuregelung der Weltwirtschaftsordnung.

6. In eine Welt, die ökologisch tragbar wird. Ganz ohne Zweifel ist auf diesem Gebiet eine verstärkte internationale Kooperation und Koordination dringend notwendig. Andererseits ist aber gerade in diesem Punkt die Mitarbeit eines jeden unverzichtbar.

Konkret bedeutet dies z. B. die Bereitschaft zu einem ökospezifischen oder umweltpolitischen Engagement. Unabhängig davon kann aber jeder nach sorgfältiger Prüfung im Einzelnen seine Verantwortung für die Umwelt wahrnehmen durch

– die genaue Einhaltung aller zur Verfügung stehenden Entsorgungsmöglichkeiten;
– die Verwendung umweltfreundlicher Produkte;
– Energiesparmaßnahmen;
– einen persönlichen Lebensstil, in dem – mit Geltung auch für andere, nichtökologische Bereiche – die Begriffe „Bescheidenheit", „Rücksichtnahme" und „Verzicht" keine absoluten Fremdwörter sind.

„Wer von euch etwas Besonderes sein will, der soll den anderen dienen, und wer von euch an der Spitze stehen will, soll sich allen unterordnen."
(Mt. 20,26 f.; vgl. 23,11)

„... und vergib uns unsere Schuld, wie auch wir vergeben unsern Schuldigern..."
(Mt. 6,12)

7. In eine Gemeinschaft von Menschen, die sich – ein wahrhaft frommer Wunsch! – der zahlreichen eigenen Unzulänglichkeiten bewusst sind und deswegen wissen, dass sie der **ständigen Vergebung und Erneuerung** bedürfen.

Und die bereit und willens sind, **Gott für seine täglich neu geschenkte Güte und Gnade zu danken**.

Konkret bedeutet dies z. B. für jeden, der dies will, sich in einem durchaus vernünftigen Vertrauen zu Gott darüber klar zu werden, dass eigene Fähigkeiten und Leistungen zu gar nichts taugen, wenn nicht Gottes Segen auf ihnen liegt. **Und**

dass Gesundheit, Wohlergehen und Bewahrung nichts Selbstverständliches sind, sondern ein Geschenk und deswegen ein Grund zur Dankbarkeit – und auch ein Anlass, wieder zu lernen, was „Demut" heißt.

5.3.3 Die Frage nach dem Warum

Stellt man sich schließlich die Frage, **warum** denn überhaupt der Einzelne und die Gesellschaft – **beide** Adressaten sind hier angesprochen – ihr Denken und Handeln nach dem „Prinzip Verantwortung" ausrichten sollen, so lassen sich dafür zwar viele Gründe, jedoch schwerlich objektive Beweise ins Feld führen. Warum soll ich nicht böse sein, kriminell, destruktiv, gemeinschaftsschädigend und absolut egoistisch? Schon das Durchblättern einer einzigen Zeitungsausgabe scheint zu bestätigen, dass es sich auch ohne Normen und Moral leidlich leben lässt. Und die Versuchung zur Nachahmung ist groß.

vgl. zum Folgenden in verschiedenen Punkten H. Küng, „Projekt Weltethos", S. 46 ff.

Es mag dahingestellt bleiben, ob zur Widerlegung einer solchen Lebenseinstellung wirklich sachliche, weltanschaulich neutrale „Beweise" erbracht werden können. Mit Sicherheit gibt es genügend Argumente, und es sind die bei weitem überzeugenderen, welche eine solche Haltung letztlich als absurd erscheinen lassen.

Überzeugend sind die Argumente deswegen, weil sie allesamt die Vorstellung von der **Würde des Menschen**, die eine Forderung der Humanität **und zugleich** ein theologischer Leitgedanke ist, zum Inhalt und zum Ziel haben. Wer dann noch immer auf der Gegenposition beharrt, begibt sich auf die Stufe des *Nihilismus oder des Triebhaft-Animalischen.

So erhalten die folgenden Überlegungen ihr besonderes Gewicht:

1. Die Dringlichkeit der in den vorangegangenen Kapiteln aufgezeigten gegenwärtigen Menschheitsprobleme ist offenkundig. Bei ihrer Bewältigung geht es nicht bzw. nicht allein um Fragen der Moral, sondern um **Strategien des gemeinsamen Lebens und Überlebens**.

Wer angesichts der drängenden Probleme ohne zwingende Notwendigkeit (z. B. der Selbstverteidigung) allein aus finanziellen Interessen weitere Voraussetzungen zur Vernichtung von Leben schafft, z. B. durch die Lieferung von Giftgasfabriken in bestimmte Länder oder von Teilen zu ihrer Errichtung, steht außerhalb der menschlichen Gemeinschaft.

> Vor allem darf Ethik heute nicht zu einer Reparaturinstanz von Mängeln und Defiziten verkommen. Sie muss vielmehr vorausschauend und vorbeugend strukturiert sein.

Zerfallsdiagnosen nützen wenig – die Krise muss als **Chance** begriffen werden.

2. Es lässt sich schlechterdings nicht abstreiten, dass ohne

Im konkreten Fall verurteilte z. B. ein Gericht in Aargau (Schweiz), dessen Richterspruch vom Bundesgericht in Lausanne bestätigt wurde, einen 39 Jahre alten Schweizer, der mit verschiedenen Partnerinnen ungeschützten Geschlechtsverkehr hatte, obwohl er von seiner Aids-Erkrankung wusste, zu einer Gefängnisstrafe von zweieinhalb Jahren ohne Bewährung. Das Aargauer Gericht hatte den Angeklagten der versuchten schweren Körperverletzung und der Verbreitung einer Krankheit für schuldig befunden. Eine der Frauen ist inzwischen an Aids gestorben, eine andere ist infiziert (vgl. „Stuttgarter Zeitung/Sonntag aktuell" vom 23. 5. 1995).

Um sich dieses klarzumachen, braucht man nur die Funktion dieser Gebote als einer gemeinschaftsbildenden Kraft im Einzelnen abzuwägen. Und sich anschließend vor Augen zu führen, was es bedeutete, wenn sie fehlten.

einen **minimalen Konsens von Grundwerten** weder in einer kleineren noch in einer größeren Gemeinschaft ein sinnvolles – und das heißt hier auch: ein gefestigteres, friedlicheres, geglückteres – Zusammenleben möglich ist.

Natürlich ist dabei
- den jeweiligen inneren und äußeren Umständen,
- der partnerschaftlichen bzw. gruppenspezifischen Situation,
- den realen oder potenziellen Konfliktstrukturen,
- ggf. den *ethnischen Voraussetzungen,
- den kulturhistorischen Bindungen usw.

Rechnung zu tragen.

Zu den Grundwerten, die in allen großen Weltreligionen (Christentum, Judentum, Islam, Buddhismus, Hinduismus) ihren Niederschlag finden, gehören z. B.
- das Verbot des Mordens,
- das Verbot der unrechtmäßigen Aneignung fremden Besitzes,
- das Verbot einer uneingeschränkt ausgelebten Sexualität.

3. Rein historisch betrachtet, sind die großen Gesetzessammlungen der Menschheit, z. B. die Zehn Gebote, aus der allgemein erkannten und anerkannten Notwendigkeit heraus entstanden, Regeln für ein geordnetes menschliches Zusammenleben zu schaffen. **Die Einsicht lag also vor dem Verbot**, das Verlangen nach einer tragenden Gemeinschaft rangierte **über** dem Anspruch auf egozentrische „Selbstverwirklichung". Verstöße gegen solche Grundregeln, gerade auch dann, wenn sie zahlreich begangen werden, sprechen mithin nicht gegen, sondern **für** ihre prinzipielle Unentbehrlichkeit.

4. Solche Einsichten und Erkenntnisse sind selbstverständlich nicht punktuell entstanden, sondern geschichtlich gewachsen. Ihre Voraussetzung bildet die Übereinstimmung, der **Wille** aller, zumindest der allermeisten Menschen, die zu einer Familie, einer Gruppe – warum nicht auch einer *ethnischen Gruppierung, einem Volk, einer Völkergemeinschaft? – gehören, auftretende gesellschaftliche Konflikte **gewaltfrei** zu lösen. Denn es ist vollkommen logisch und absolut konsequent, auch bei den weniger überschaubaren Problemen einer großen Gemeinschaft an diesen **Prinzipien vernünftiger Erfahrung** unbeirrt festzuhalten, selbst wenn das Konfliktpotenzial wächst.

5. Unverzichtbares Kommunikationselement nicht nur innerhalb homogener Gruppierungen, sondern auch und vor

allem zwischen Konfliktparteien ist der – stets zu erneu-
ernde und niemals endgültig abzubrechende – Dialog.

Denn **wer Dialog führt,**

– **schießt nicht,**
– **tut vielleicht den ersten Schritt,**
– **geht womöglich auch die zweite Meile mit ...**

6. Nicht nur der Wille zu gemeinschaftsbildenden und
gemeinschaftsfördernden Strukturen ist bei weitaus den
meisten Menschen stärker ausgeprägt als konträre Kräfte.
Auch der **Wunsch nach verbindlichen Lebenswerten und
tragenden Lebensnormen** – die sich, gegen allen An-
schein, eben nicht im materiellen Besitztum erschöpfen –,
das Bedürfnis geradezu nach überindividuellen Maßstäben
und Zielvorstellungen ist nicht nur „allgemein verbreitet".
Es ist, ganz offensichtlich, **transnational** und **transkulturell**.

Mt. 5,41

*Wie sähe es z. B. mit den
Grundlagen unseres
Zusammenlebens aus,
wenn die Überzeugung,
dass in einem demokrati-
schen Staat Korruption und
Illegalität, zumindest auf
Dauer, den Profit und die
Lebensposition* **verderben,**
*nicht von den allermeisten
Menschen vertreten und
auch praktiziert würde?*

> Das fundamentale Verlangen nach einer ethischen
> Grundorientierung ist eine anthropologische Kon-
> stante des zivilisierten Menschen. Es bildet einen
> wesentlichen Bestandteil des interreligiösen Dialogs
> und eine hervorragende Basis für eine universale
> Ethik.

7. Wenn es vorrangig um die Würde des Menschen geht, so
steht fest, dass der **Mensch niemals zum Mittel** gemacht
werden darf, zum Objekt, **mit dem** und **durch den**
bestimmte Absichten verfolgt werden. Er muss **immer ethischer Mittelpunkt**, Kriterium und maßgebendes Ziel bleiben, ein sittlich weiterhin autonomes Subjekt, für den das
sorgende Denken und Handeln bestimmt ist.

Es liegt auf der Hand, dass in diesem Punkt für viele Menschen, nicht zuletzt auch für solche in (politisch) leitenden
Positionen, noch ein immenser Nachholbedarf in Form
eines notwendigen Lernprozesses besteht.

8. Dass die Forderungen nach einer umfassenden Ethik kaum
etwas mit dem „moralischen Zeigefinger", unter bestimmten Aspekten aber sehr viel mit nüchternen ökonomischen
Überlegungen zu tun haben, zeigen zwei Beispiele:

– Ohne die entsprechende ökologische „Einbindung" (bei
der allerdings im Einzelnen oft kritisch abgewogen werden muss!) können heute viele Produkte nicht mehr mit
den erforderlichen Gewinnspannen verkauft werden.
Profitoptimierung lässt sich also durchaus mit Umwelt-
bewusstsein vereinbaren. **Beide** Komponenten können
somit für wirtschaftliche Prozesse maßgeblich werden.

Nach Schätzungen des National Council on Crime and Delinquency aus dem Jahr 1990 (die Zahlen dürften für die Gegenwart nicht kleiner geworden sein) mussten in den USA bis 1995 für 460 000 neue Gefangene neue Zellen gebaut und insgesamt 35 Milliarden Dollar ausgegeben werden (Küng, a. a. O., S. 57).

Eine solche Institutionalisierung, z. B. auf den Gebieten der Biologie, Medizin und Technik, ist in den USA schon weiter entwickelt als in Europa und in Japan (Küng, a. a. O., S. 55).

Es wäre von daher ausgesprochen kurzsichtig, auf Grund politischer Entscheidungen den Religionsunterricht bisheriger Prägung aus den Schulen zu verbannen. Ebenso wäre es unverantwortlich, den muslimischen Mitbürgerinnen und Mitbürgern irgendwo in Deutschland die friedliche Ausübung ihrer Religion zu untersagen.

Sollte Gottes Geist, der weht, wo er will (vgl. Joh. 3,8 [Kontext!]), nicht auch in den übrigen Weltreligionen spürbar sein können?

– Die angesichts steigender Kriminalitätsraten, medienwirksam zubereiteter Verbrechensreportagen u. ä. häufig gestellte Forderung nach schärferen Gesetzen ist für sich allein unzureichend. Denn es gibt überall sehr viele Menschen, die überhaupt nicht daran denken, solche Gesetze auch einzuhalten, sondern nach Kräften bemüht sind, sie zu umgehen. Die **Erkenntnis, dass Gesetze ohne Sitten wenig nützen**, ist uralt. Heute ist sie zudem besonders teuer. Sittenlosigkeit ist ein Kostenfaktor, der in vielen Budgets hart zu Buche schlägt.

> Appelle allein genügen heute nicht mehr. Ethik muss, in Form von Lehrstühlen, Kommissionen, Bildungsangeboten usw., institutionalisiert werden. Prozesse der Zuweisung verbindlicher Kontrollfunktionen sind neu zu durchdenken.

9. Die **Grundsätze der christlichen Religion** erlauben zu ihren in den vorangegangenen Kapiteln dargelegten Forderungen der sittlichen Praxis **keine Alternative**. Das schließt nicht aus, ja macht es sogar dringend notwendig, dass heute, in einer veränderten Welt, **der interreligiöse Dialog** immer von neuem geführt, ja von den verantwortlichen kirchlichen Instanzen selbst gesucht wird. Ein solcher Dialog, von dem auch fundamentalistische Kräfte nicht ausgeschlossen werden dürfen, ist **aktive Friedensarbeit**, eine **Hilfe zur Vermeidung von Zerstörung**.
Die großen Religionen sind im heutigen weltpolitischen Spiel der Kräfte deswegen in besonderem Maße gefragt, weil sie dem Einzelnen und der Gemeinschaft gegenüber **Verbindlichkeit** schenken und beanspruchen. Denn
– sie vermitteln **persönliche Geborgenheit** und **metaphysische Tiefendimensionen;**
– sie geben **Antwort auf letzte Fragen** und
– sie zeigen **oberste Werte** und **absolute Normen** auf;
– sie bilden die **Basis** für die **Vermittlung sittlicher Prinzipien**.
Auch hier ist es die Aufgabe interreligiöser Kommunikation, dafür Sorge zu tragen, dass möglichst vielen Menschen diese Kennzeichen des Religiösen inhaltlich, praktisch und friedlich zugute kommen.

10. Es ist hier nicht der Ort, über die „Berechtigung" des – immer wieder behaupteten – Alleinvertretungsanspruches des Christentums zu räsonieren. Für einen getauften Christen, der an die Offenbarung Gottes in Jesus Christus

und dessen Auferstehung von den Toten glaubt, ist die **Bibel** im religiös-metaphysischen Sinn nun allerdings doch die **entscheidende Orientierungsgrundlage** und **Maßgabe für sein Handeln in der Welt**, ohne Wenn und Aber. Dies schließt keineswegs aus, dass aus den Lehrwerken der anderen großen Religionen konstruktive Anregungen und Erkenntnisse mannigfacher Art gewonnen werden können.

„Jesus spricht...: Ich bin der Weg und die Wahrheit und das Leben; niemand kommt zum Vater denn durch mich." (Joh. 14,6)

Es ist hier ebenfalls nicht ausführlich darüber zu diskutieren, ob bzw. inwieweit nicht auch ohne die biblischen Gebote eine ethisch verantwortete Lebensführung möglich ist. Dass dies grundsätzlich der Fall ist, dürfte ohnehin klar sein – eine Spekulation über die Größe der Schnittmenge hingegen ist müßig und praxisfern.

Allerdings darf bezweifelt werden, ob eine weltanschaulich neutrale, inhaltlich noch so überzeugende „Sittenlehre" ohne eine strukturierbare Verwurzelung im Bereich der *Transzendenz jenen **letzten verbindlichen Ernst** vermitteln kann, ohne den das Christentum – und, auf ihre je eigene Weise, gewiss auch jede andere Weltreligion – nun einmal nicht auskommt.

11. Darum soll hier, in ganz kurzer stichwortartiger Wiederaufnahme früherer ausführlicher Darstellungen, an einige wesentliche **Motivationsaspekte zu christlichem Handeln in der Welt** erinnert werden:

   – In Jesus Christus, Zeichen der göttlichen **Offenbarung**, hat Gott sich **liebend** den Menschen **zugewandt**. Die gebührende „Antwort" des Menschen auf die Gnade und Güte Gottes ist **Dank** und **Gehorsam**.

   – Jesu Leben und Sterben, seine Worte und Taten nehmen den Menschen in die **Pflicht**. Die Lehren des Mannes aus Nazareth sind verbindliche **Weisung**. Sein zutiefst menschenfreundliches Tun ruft zur **Nachfolge** auf.

   – Die Bibel ist ein Zeugnis der positiven **Erfahrung** des Göttlichen. Für den Menschen, der glaubend darauf vertraut, dass Jesu Kreuz und Auferstehung auch sein eigenes Leben umschließen, konkretisiert sich eine solche Erfahrung in der **Gewissheit**, gerade auch in seiner Sündhaftigkeit **von Gott angenommen zu sein**. Ein solcher Glaube aber gestaltet sich im täglichen Leben in der *Ambivalenz von **Freiheit und Dienen**.

   vgl. Kap. 3.2

   – Somit ist der Mensch in seiner ganzen Existenz, zu welcher Gott sein grundsätzliches, unwiderrufliches **Ja** spricht, in die **Verantwortung** gerufen. Doch die irdische Existenz des Menschen ist nicht seine endgül-

vgl. zu dieser Thematik ausführlich Kap. 7

tige Seinsstufe, keine letzte Wirklichkeit. Jesu **Sieg über den Tod** weist auch den Menschen in neue *onto-logische Dimensionen. Das Hoffen und Vertrauen auf eine ewige Gemeinschaft mit Gott, ja die **Gewissheit, schon erlöst zu sein**, bestimmen folglich **auch Denken und Handeln des Glaubenden**.

– Wenn der Mensch einmal vor Gott für sein Tun wird **Rechenschaft** ablegen müssen, sollte er sich beizeiten darauf **einrichten**.

6 Das Gewissen – die vorletzte Instanz

Das Gewissen, inhaltlich direkt oder mittelbar verwandt mit den Vorstellungsbereichen von
- „Anlage" bzw. „Gefühl",
- „Fähigkeit" und „Urteilskompetenz" sowie
- „Wissen (von, um etwas)" bzw. „Bewusstsein (eines Faktums, einer Forderung; hier konkret vom sittlichen Wert oder Unwert des eigenen Verhaltens)",

ist eine **Grundbedingung des Menschlichen** und damit eine **anthropologische Konstante** schlechthin.

Der Begriff ist allerdings objektiv nur schwer genau zu fixieren, da
- er in den Geltungsbereich unterschiedlicher Fachdisziplinen fällt;
- innerhalb dieser Fachdisziplinen selbst z. T. stark differierende Interpretationsbeiträge formuliert werden;
- seine Bedeutung geschichtlichen Wandlungsprozessen unterworfen bleibt;
- hier individuelle **und** allgemeine bzw. soziale Erfahrungs- und Empfindungsebenen angesprochen sind. Diese sind nicht konstant, sondern veränderbar und somit auch abhängig von übergeordneten Einflussfaktoren;
- ethische Wertmaßstäbe oder die Abhängigkeit von bestimmten Normen innerhalb verschiedener Kulturen bzw. *ethnischer Gruppierungen zu stark gegensätzlichen Denk- und Verhaltensweisen führen können. Diese haben dann wiederum andere „Gewissenszustände" zur Folge;
- die Unterscheidung zwischen dem sittlich Guten und dem sittlich Gebotenen nicht selten nur sehr schwer zu treffen ist. Dies kann zu „Gewissensirrtümern" führen. „Gewissen" lässt sich somit auch nicht ohne weiteres als „Stimme Gottes" definieren.

Der Begriff „Gewissen" aber schließt, wie immer er im Einzelnen gefasst sein mag, die Vorstellung eines **sittlichen Sollens**, einer **Verantwortung**, eines **Re-agierens** auf die **Forderungen** einer – wie immer gearteten – **überindividuellen Instanz** grundsätzlich ein.
Trotz der zahlreichen Deutungsmöglichkeiten und der vielen Lehrmeinungen lässt sich aber, bei unterschiedlicher fachlicher Schwerpunktsetzung, inhaltlich durchaus klarstellen,

Fachspezifisch bestimmt bzw. verwendet wird das Wort z. B. auf theologischem, philosophischem, psychologischem, soziologischem, juristischem Gebiet.

So werden z. B. in dem einen Kulturkreis alte Menschen sorgfältig gepflegt, in dem anderen werden sie ausgesetzt. Auch ist das 7. Gebot keineswegs eine uneingeschränkt gültige Norm (und seine inhaltliche Missachtung, zumindest doch wohl in den meisten Fällen, mit Schuldgefühlen verbunden): Ein Kind, das zum Stehlen abgerichtet wurde, hat Schuldgefühle, wenn es einmal nichts geklaut hat.

Eine solche Konfliktsituation ist am Beispiel der Sterbehilfe konkret vorstellbar.

Diese Verbindung mit einer maßgebenden, richtungweisenden Instanz kommt in dem Präfix „Ge-", deutlicher noch in den Vorsilben „syn-" bzw. „con-" der griechischen und lateinischen Parallelbegriffe (syneidesis; conscientia) zum Ausdruck. Die Vorsilben haben die Bedeutung von „zusammen (mit)" und weisen auf die „Mitwisserschaft" eines anderen hin.

Dieser Konsens ist ausreichend, um das Gewissen als individuellen Normenfaktor im Grundgesetz erscheinen zu lassen: „Die Freiheit des Glaubens, des Gewissens und die Freiheit des religiösen und weltanschaulichen Bekenntnisses sind unverletzlich... Niemand darf gegen sein Gewissen zum Kriegsdienst mit der Waffe gezwungen werden." (Art. 4,1.3) – „Die Abgeordneten des Deutschen Bundestages... sind Vertreter des ganzen Volkes, an Aufträge und Weisungen nicht gebunden und nur ihrem Gewissen unterworfen." (Art. 38,1)

vgl. zum Folgenden auch TRE, Bd. XIII, S. 197 und F. Kluge, *Etymologisches Wörterbuch, S. 256

Diese Form hat sich erst in der nhd. Schriftsprache durchgesetzt.

Eine ähnliche „qualitative Sinnzunahme" erfuhr das Adjektiv „gewiss". Die Grundbedeutung „was gewusst wird" hat sich ins Prägnante gesteigert zu „was als sicher gewusst wird". Einen Bedeutungswandel vom Sachlichen zum Ethischen zeigt auch schon das Vorkommen in der mhd. Liedformel „Dû bist mîn, ich bin dîn:/des solt dû gewis sîn" („Des Minnesangs Frühling" 3,1 f.; um 1150).

s. dazu Kap. 6.3.2

was heute unter „Gewissen" zu verstehen ist. Dass sich dabei die Sachgebiete überschneiden (können), ist keineswegs die Ausnahme. Und da ein allgemein menschlicher Sachverhalt angesprochen ist, besteht im alltäglichen Sprachgebrauch natürlich auch ein gewisser Grundkonsens über die Inhalte des Wortes.

Um den Begriff „Gewissen" in seinem ganzen Spektrum näher kennenzulernen, ist zunächst ein bedeutungsgeschichtlicher Überblick notwendig. Im Anschluss daran werden einige Lehrmeinungen der Neuzeit umrisshaft vorgestellt. Hieran schließt sich eine Skizzierung bzw. Kritik bestimmter Positionen der Psychologie an. Den inhaltlichen Hauptteil bildet das theologische Schlusskapitel.

6.1 Näherungsformeln

Nicht immer wirken bei abstrakten Begriffen so zahlreiche Sinnkomponenten zusammen wie bei dem Wort „Gewissen". Dies erklärt auch, warum der Begriff so schwer zu fassen und zu deuten ist.

6.1.1 Zur Wortgeschichte

Die umfassende Grundbedeutung von „Gewissen" (ahd. „gawizzani", mhd. „gewizzen") ist die **Kenntnis einer Sache**, auch das **Erkenntnisvermögen**, als das **Ergebnis einer Wahrnehmung**. Von der Wortart her handelt es sich um die verstärkte Form des substantivierten Infinitivs „wissen".

„Gewissen" **im engeren ethisch-religiösen Sinne** taucht zum ersten Mal, als Lehnübersetzung des lateinischen Wortes „conscientia", um 1000 n. Chr. bei dem an der Klosterschule in St. Gallen tätigen Lehrer und Übersetzer **Notker** auf. Diese Bedeutung ist also nicht ursprünglich. Seit dem 14. Jahrhundert finden sich sodann, bezeichnenderweise in der Rechtssprache, zahlreiche Belege für den Gebrauch von „Gewissen", auch in ethischer Bedeutung.

„Gewissen" im ethisch-religiösen Sinn wurde in einem bis dahin nicht gekannten Ausmaß durch die Schriften und Bibelübersetzungen Martin **Luthers** und anderer Reformatoren verbreitet. Für Luther ist das Gewissen der Ort der Erfahrung des Göttlichen. Es bezeugt, dass der Mensch durch den gnädigen Gott angenommen ist.

Im 18. Jahrhundert knüpfen die Begriffsbestimmungen wieder an die ursprüngliche, breitere Bedeutungsgrundlage von „Gewissen" an und bestimmen es als „Bewusstsein einer Sache, sicheres Bewusstsein, richtendes Bewusstsein, Bewusstsein der Unsittlichkeit einer Handlung".

TRE, a. a. O.

Im heutigen Sprachgebrauch ist, bei nicht immer scharf umrissenen Grenzen,

- **die rückschauende, ethisch-qualifizierende** (ein „gutes", „schlechtes", „reines" Gewissen haben), aber auch
- **die vorausschauende, konstruktiv-verantwortungsbezogene** („ins Gewissen reden"; „auf Ehre und Gewissen"; „Gewissenhaftigkeit"; „Gewissensprüfung"; „Gewissensentscheidung"; „Gewissensfreiheit") sowie, offenbar überwiegend,
- **die mahnend-verurteilende Bedeutungskomponente** („Gewissensqual, -not, -pein, -angst, -skrupel, -last; -bisse"; „gewissenlos"; „etwas auf dem Gewissen haben")

ausschließlich gültig. Die Sachkenntnis, das Bewusstsein, das Informiertsein über den moralischen o. a. „Sollenskontext" ist dabei vorausgesetzt.

6.1.2 Lehrmeinungen der Neuzeit

In diesem Kapitel kann nur ein schwerpunktmäßiger Überblick gegeben werden.

Die ethisch-philosophische bzw. theologische, in der Gegenwart dann auch stärker psychologische Beschäftigung mit dem anthropologischen Grundphänomen des Gewissens durchzieht die abendländischen Denksysteme.

Schon der Kirchenvater **Augustin** hatte in seinen „Confessiones" die **„Goldene Regel"** der Bergpredigt (Mt. 7,12) als **„die geschriebene Warnung des Gewissens"** bezeichnet. Er folgte darin bestimmten moralphilosophischen Tendenzen der spätantiken Philosophie.

zu Augustin vgl. Kap. 2.4
*„Et certe non est interior litterarum scientia quam scripta conscientia, id se alteri facere quod nolit pati."
(Conf. I,18)*

Immanuel **Kant,** der führende Philosoph der deutschen *Aufklärung, hat im Zusammenhang mit seiner Lehre vom „Kategorischen Imperativ" unterschieden zwischen

zu Kant vgl. S. 137f.

- **der gesetzgebend-praktischen Vernunft**, welche durch ihre Pflichtbegriffe, die eine „objektive Nötigung durchs Gesetz" enthalten, „die Regel gibt", und
- **der richtend-praktischen Vernunft**, die sowohl über die Tatzurechnung als auch über die „Verurteilung oder Lossprechung" befindet.

Er veranschaulicht diesen Vorgang durch ein Bild: Dieser spielt sich ab „vor Gericht als einer dem Gesetz Effekt verschaffenden moralischen Person, Gerichtshof genannt". Es folgt Kants umfassende Definition des Gewissens: **„Das**

„Metaphysische Anfangsgründe der Tugendlehre" (1797), § 13 – Zitate und Textbelege hier und i. F. nach TRE

zu Rousseau vgl. ausführlich Kap. 4.3

Abb. 29
Friedrich Nietzsche
(1844–1900)

„Menschliches, Allzumenschliches" IV,3 (aus dieser Schrift auch die weiteren Zitate; vgl. TRE, S. 209 f.)

„Das Gewissen im Menschen, als das Bewusstsein davon, daß Gut und Böse feststeht", wird als „heilige Lüge" entlarvt (8,3).

„Eingezwängt in eine drückende Enge und Regelmäßigkeit der Sitte,... (wurde) dieser sehnsüchtige und verzweifelte Gefangene... der Erfinder des ‚schlechten Gewissens'... [Der] zurückgedrängte, zurückgetretene, ins Innere eingekerkerte und zuletzt nur an sich selbst noch sich entladende und auslassende Instinkt der Freiheit: das, nur das ist in seinem Anbeginn das schlechte Gewissen." (6,2)

Bewusstsein eines inneren Gerichtshofes im Menschen (vor welchem sich seine Gedanken einander verklagen oder entschuldigen) **ist das Gewissen.**"

Stärker individualistisch, doch für den Menschen ebenso allgemein gültig hat **Rousseau** den Gewissensbegriff gefasst. Seine Lehre war in diesem Punkt für den Protestantismus des 19. Jahrhunders von nachhaltiger Bedeutung. Der Mensch hat nach Rousseau von Natur aus eine Stimme der Seele, die sich in dem untrüglichen Gefühl für Gerechtigkeit, Güte und Wahrheit manifestiert. Sie wird „Gewissen" genannt, wenn sie auf „das Wichtige und Praktische" im Leben anzuwenden ist. Dieses Gewissen kann in seiner richtungweisenden Klarheit nicht irren oder versagen, wenn es um die Anbetung Gottes und um die Pflicht des Menschen geht. Wenn in der konkreten Lebensrealität gleichwohl Fehler und Irrtümer begangen werden, kann das Gewissen bei dem betreffenden Menschen zwar Reue wecken, es kann aber niemals endgültig richten oder vernichten. Ein letzter Maßstab im religiösen und sittlichen Bereich ist also dem Menschen eingegeben.

Völlig gegensätzlich hierzu und weit weniger konstruktiv hat sich der Pfarrerssohn Friedrich **Nietzsche** in seiner Auseinandersetzung mit den überlieferten Moralvorstellungen zum Gewissen geäußert.

Er kritisiert im Einzelnen

– das Gewissen, insofern seine Quelle „der Glaube an Autoritäten ist";
– dass das Gewissen als subjektives Wertgefühl bloß nachspreche und selber keine eigenen Werte schaffe (8,3);
– die Autorität des Gewissens, die als Schadensersatz für eine persönliche Autorität im Gefolge imperativischer Morallehren auftrete, als „Privilegium der Verantwortlichkeit" (6,2);
– die angebliche Unwandelbarkeit ethischer Wertmaßstäbe;
– den Drang zur Selbstvergewaltigung bei dem Menschen, der „ein schlechtes Gewissen" hat.

Demgegenüber fordert Nietzsche ein „intellektuelles Gewissen" (5,2), das „Partei gegen den Schein nimmt" (6,2).

Seine Position ist
– außermoralisch, jenseits von Gut und Böse;
– nicht unkreativ, doch kreatürlich, beinahe animalisch;
– destruktiv, weil sie allein das Recht des Stärkeren betont.

Es ist hier nicht der Ort einer eingehenden Auseinandersetzung mit Nietzsche. Doch bleibt, in Kürze, festzuhalten, dass über die Gültigkeit und Wahrheit bestimmter Denk- und Verhaltensweisen noch gar nichts Wertendes ausgesagt ist, wenn allein nach ihren historischen bzw. psychischen Entstehungsbedingungen gefragt wird;

vgl. dazu H. Fastenrath, „Abiturwissen Religionskritik", S. 121

– zu vermuten, dass ein Mensch mit einem sogenannten „intellektuellen Gewissen" vornehmlich seinen Wünschen und Trieben und damit dem „Prinzip Willkür" folgen würde. Denn er wäre dann nicht mehr gebunden an überlieferte Normen, soziale Kontrollen, ethische Maßstäbe und religiöse Grundsätze;

vgl. auch Fastenrath, a. a. O., S. 124

– zu konstatieren, dass unter solchen Voraussetzungen das gesamte christliche Wertesystem entbehrlich wäre.

6.2 Positionen der Psychologie

Zunächst geht es hier darum, einige allgemein verständliche, inhaltlich nachvollziehbare Einteilungsschemata auf Seiten der Psychologie bzw. Entwicklungspsychologie aufzuzeigen. Eine nähere Auseinandersetzung erfolgt dann mit Sigmund Freuds Lehre vom „Über-Ich".

6.2.1 Synchrone und diachrone Strukturen

diachron (griech.) = (entwicklungs)geschichtlich

Innerhalb der sehr unterschiedlichen Forschungsbeiträge der anthropologischen Einzelwissenschaften zum Wesen des Gewissens, zu seiner Entstehung, Entwicklung und Erziehung sowie zu seinem Geltungsanspruch hat man auf psychologischer Seite vier Sachbereiche unterschieden:

TRE, a. a. O., S. 210

– das **„vox-dei-Gewissen"**, das dem christlich-religiösen Verstehensbereich zugehört und den Menschen als ein erlösungsbedürftiges Wesen versteht;

vox dei (lat.) = (die) Stimme Gottes

– das **Vernunftgewissen**, das den Menschen als Vernunftwesen und von Pflichten bestimmt ansieht;
– das **Schuldgewissen**, welches den Menschen als Konfliktwesen zwischen Trieb und Norm betrifft;
– das **Regelgewissen**, das den Menschen als von der Anpassungsmoral geprägt bezeichnet.

Selten wird eine einzelne Position ausschließlich vertreten und selten auch nimmt eine einzige dieser Varianten den Menschen für sein **ganzes** Leben in Anspruch. Bei den meisten Menschen dürfte es die Regel sein, dass verschiedene, wenn auch keineswegs (immer) alle Ausprägungen des Gewissens gleichzeitig auftreten.

Nicht synchron, sondern diachron hat der Schweizer Psychologe **Jean Piaget** (1896–1980) das Gewissensphänomen betrachtet und dabei entwicklungspsychologische Schwerpunkte gesetzt. Durch die Auseinandersetzung des Menschen mit der Umwelt und deren Normen und Verhaltensregeln wird ein Sozialisierungsprozess in Gang gesetzt, in dessen Verlauf sich „Gewissen" bildet. Für die normale Persönlichkeitsentwicklung des Menschen lassen sich vier Phasen unterscheiden:

– das **kleinkindliche Harmoniegewissen**, bei dem sich in anpassender Harmonie bzw. in ablehnendem Trotz erste einfache Entscheidungsalternativen anbieten;

– das **Mussgewissen** oder **Autoritätsgewissen** (4.–5. Lebensjahr): Hier werden elterliche o. a. Vorschriften zwar akzeptiert, jedoch nicht aus Einsicht in ihre Notwendigkeit, sondern weil die sie vertretende Autorität ihre Anerkennung fordert;

heterogen (griech.) = ungleichartig, fremdstoffig

– um das 10. oder 11. Lebensjahr wird diese „heterogene Moral" (Piaget) abgelöst von Formen der Zusammenarbeit. Die eigene, auf Grund selbständiger Orientierung und erster Wertschemata (z. B. freiwillig angenommene Regeln auf der Basis der Gegenseitigkeit) gewonnene Entscheidungsfähigkeit führt zum **Sollgewissen**;

– hieraus entwickelt sich schließlich in der Reifezeit die sittliche Autonomie, das **persönliche Gewissen**. Es entsteht durch die eigentliche Distanzierung von bisher eingenommenen Verhaltensregulationen zu Gunsten eines normierenden personalen Bezugssystems.

Bei diesem nicht nur theoretisch fixierten, sondern auch experimentell hergeleiteten entwicklungspsychologischen Grundmodell liegt es auf der Hand, dass

– sich die einzelnen Phasen nicht exakt gegeneinander abgrenzen lassen (was auch gar nicht unbedingt notwendig erscheint);

– die skizzierte Entwicklung kaum jemals konfliktfrei abläuft;

– es keineswegs immer gesichert bzw. gesetzmäßig zu erwarten ist, dass sich am Ende des Prozesses eine zu eigener Verantwortung entfaltete persönliche Gewissensfähigkeit herausgebildet hat.

Der Schweizer Psychologe **Carl Gustav Jung** (1875–1961) trennte nach Begriff und Erscheinung zwei verschiedene Arten des Gewissens:

- Die **moralische** Form des Gewissens erinnert an und ermahnt durch die Sitte;
- die **ethische** Form des Gewissens enthält die „Pflichtkollisionen", einen „von der Sitte nicht vorgesehenen Fall", in dem „der entscheidende Faktor des Gewissens... aus der unbewussten Grundlage der Persönlichkeit oder Individualität" hervorgeht.

C. G. Jung, Das Gewissen, S. 206f. (TRE,S. 212f.)

Der amerikanische Psychoanalytiker **Erich Fromm** (1900–1980) schließlich unterschied das **autoritäre Gewissen** („Stimme einer nach Innen verlegten äußeren Autorität") vom **humanistischen Gewissen** („eigene Stimme, die in jedem Menschen spricht und die keinen äußeren Strafen und Belohnungen anhängt"). Diese ist „Re-Aktion unseres Selbst auf uns selbst", die „Interessiertheit des Menschen an sich und seiner Integrität".

E. Fromm, Psychoanalyse und Ethik, S. 158, 173f. (TRE, ebda.)

Das humanistische Gewissen ist also Träger einer Ich-Funktion, eines verantworteten Selbst-Gefühls. Es reguliert das ichgerechte Verhalten in den Beziehungen zum sozialen Umfeld. Demgegenüber ist das autoritäre Gewissen, ähnlich wie bei Freuds „Über-Ich", eine heteronome Instanz.

heteronom (griech.) = anders-, fremdgesetzlich

6.2.2 Das „Über-Ich" bei Sigmund Freud

Nach der Auffassung des Wiener Psychoanalytikers Sigmund Freud ist die menschliche Persönlichkeit, das „Ich", ein Kampffeld zwischen dem **„Über-Ich"** und dem **„Es"**. Unter dem Über-Ich versteht Freud autoritäre bzw. autoritative Instanzen (z. B. Gesellschaft, Eltern, Lehrer, Gott, Kirche), unter dem „Es" die triebhaft-libidinöse Seite des Menschen. Diese Anschauung war von weltweitem Einfluss. Ohne eine eigentliche Lehre vom Gewissen zu entwickeln, hat Freud in seinen Untersuchungen zu den Voraussetzungen und Grundlagen menschlicher Kulturbildungen Aussagen zur Entstehung des Gewissens und zu seinen Funktionen aufgestellt.

Abb. 30
Sigmund Freud
(1856–1939)

libido (lat.) = die sexuelle Begierde

Ein ursprüngliches, natürliches Unterscheidungsvermögen des Menschen zwischen Gut und Böse existiert nach Freud nicht. Freud identifiziert das Gewissen mit der (von ihm selbst eingeführten) Instanz des Über-Ichs. Bei ihm dreht es sich also vornehmlich um die **Abhängigkeit** des Gewissens. Der Identifikationsvorgang erfolgt beim einzelnen Menschen so, dass dieser die elterliche (gesellschaftliche, religiöse) Autorität verinnerlicht, d. h. deren Normen sich (unbewusst) zu eigen macht und über die eigene Person stellt.

Bei seiner Gewissensanalyse geht es Freud auf Seiten des Indi-

Freud gewann seine Erkenntnisse vor allem als praktizierender Nervenarzt bei der Behandlung seiner häufig jüngeren Patient(inn)en.

Abb. 31
Struwwelpeters „Daumenlutscher" oder:
Vom Segen kindgemäßer Pädagogik

„(Es) beobachtet das Ich, gibt ihm Befehle und droht ihm mit Strafen, ganz wie die Eltern, deren Platz es eingenommen hat." (aus: „Abriss der Psychoanalyse" [1938])

Der Ödipuskomplex entsteht nach Freud in der frühen genitalen Phase durch die Verdrängung oder unzureichende Bewältigung der libidinösen Bindung des Knaben an die Mutter bzw. des Mädchens an den Vater. Er ist mit Rivalitätsgefühlen gegenüber dem gleichgeschlechtlichen Elternteil verbunden und kann bei Fehlsteuerungen zu späteren Neurosen führen.

viduums also vor allem um die **Gewissensforderungen**, konkret um

– die Erfüllung der strengen Gebote (bzw. die Beachtung der ebenso strengen Verbote) des Über-Ichs als der zu eigen gemachten äußeren Autorität und, damit unmittelbar verbunden, um

– den Triebverzicht infolge der Angst vor dieser Autorität. Diese Angst ist auch der Ursprung des Schuldgefühls.

Das Über-Ich hat also vorrangig eine **Kontrollfunktion**. Es wird beim Kind vom fünften Lebensjahr an ausgebildet, nach der Bewältigung des Ödipuskomplexes. Nicht nur eine ungenügend eingeordnete Sexualität, auch allzu strenge Über-Ich-Forderungen können nach Freud beim Erwachsenen zu schweren Persönlichkeitsstörungen führen. Dies ist dann möglich, wenn bei einer nur unzureichend entwickelten Gewissensstruktur überlieferte Normen nicht mit der notwendigen Distanz eigenverantwortlich in die Gesamtpersönlichkeit integriert werden. Mit Sicherheit darf man – was in Laienkreisen gern geschieht – Freuds Ergebnisse nicht überbewerten (vgl. u.). Es ist jedoch unbestreitbar (und gleichzeitig unabsehbar), welche fatalen Folgen überzogene Über-Ich-Forderungen bei unzähligen Menschen, bis hin zu Zwangsneurosen und skrupulöser Gewissensentartung, erbracht haben. Dies gilt auch dann, wenn sich Ursache und Wirkung, äußere Einflüsse und seelische Veranlagung hier nicht immer genau trennen lassen. Dass einseitige, repressive kirchliche Lehre, Erziehung und Verkündigung – und dies gilt keineswegs nur für die katholische Seite – dafür ein starker Ursachenfaktor waren und sind, lässt sich nicht leugnen. Auch die dämliche, Generationen prägende, nicht auszurottende Struwwelpeter-„Pädagogik" einschließlich sämtlicher wahrhaft abschreckender Bild/Text-Spielarten bildet eine noch immer sehr wirkungskräftige Variante.

Kritik gegenüber Freuds Gewissensbegriff lässt sich u. a. wie folgt formulieren:

1. Seine Lehre vom Über-Ich ist kein grundsätzliches anthropologisches Faktum, sondern nur eine Hypothese. Sie ist zwar *empirisch fundiert, jedoch nicht absolut objektivierbar.

2. Heteronome Gewissensstrukturen sind in Forschung und Praxis ebenso anerkannt. Angesichts des gegenwärtigen gesellschaftlichen Individualisierungsprozesses ist es, schon um fundamentalistische Strömungen zu vermeiden, sogar dringend geboten, solche zu fördern. Mit einem Verzicht auf überlieferte Lehren und Werte hat dies nichts zu tun, notwendig ist, angesichts der zahllosen Entscheidungskonflikte, ihre stärkere Funktionalisierung.

   vgl. Kap. 6.2.1

   Auch in der katholischen Moraltheologie wird heute der Übergang von einer fremdbestimmten zu einer eigenverantwortlichen Gewissensbildung im Laufe der individuellen Entwicklung berücksichtigt.

3. Wenn die Funktion des Gewissens auf die Autorität der Gesellschaft (des Elternhauses, der Kirche etc.) und der in ihr maßgebenden Normen **reduziert** wird, werden die Gewissensinhalte zugleich **historisch relativiert**. Das bedeutet aber auch, dass das Gewissen **manipuliert** und leicht als ein Instrument gesellschaftlicher Repression bis hin zur Knechtung **missbraucht** werden kann. Eine solche Gewissenstheorie aber missachtet (zumindest in der Anlage)

   Beispiele hierfür gibt es etwa aus der Zeit des „Dritten Reiches" („Führer" und NS-Partei als „Über-Ich" usw.) zur Genüge.

   – die **Freiheit** und die **Würde** der Person und damit
   – die **sittliche Entscheidungsautonomie** des Menschen;
   – die zeitlose Gültigkeit ethischer Normen, z. B. der **Menschenrechte** oder des **Tötungsverbots**;
   – die absolute Forderung des christlichen **Liebesgebotes**.

4. Es wäre schlimm um die Eigenart des menschlichen Gewissens bestellt, wenn es nicht mehr wäre als das Echo der Umwelt und die Stimme der anderen in mir. Das Gewissen des Menschen tritt nicht selten gerade dann auf den Plan, wenn der Einzelne mit seinem sittlichen Urteil **gegen** sein Umfeld, **gegen** die Autorität, die Mehrheit, die herrschende Meinung steht. Wenn das Gewissen nur die Stimme

   Zu den markantesten Bekennern einer absolut konsequenten Gewissensethik gehören zum Beispiel Dietrich Bonhoeffer und die Geschwister Scholl.

171

der Mitmenschen in mir wäre, ließe sich der **Vorrang des Gewissens vor der Stimme der anderen** nicht begründen.

5. Der Mensch, so wird heute gern gegen Freud argumentiert, entwickelt sein Gewissen nicht oder wenigstens nicht ausschließlich in der Auseinandersetzung mit den vorgegebenen Normen eines Über-Ichs. Das Gewissen werde vielmehr geprägt im Erlebnis gegenseitiger menschlicher Abhängigkeit und sozialer Bezugsvielfalt, in einem gemeinschaftsbildenden Prozess also, zu dem ein neurotisierter Individualist gar nicht mehr in der Lage sei.

6.3 Bibel und Theologie

Haben Christen ein „gutes" Gewissen? Oder vielleicht nur ein „besseres"? Deswegen, weil sie ein „reines" Gewissen haben? Müssten sie aber dann nicht, wie Nietzsche spöttisch formulierte, erlöster aussehen?
Vor Banalitäten, Verallgemeinerungen und vorschnellen Urteilen ist gleichermaßen zu warnen.

6.3.1 Das Gewissen – spezifisch christlich?

Das „Schlagen" des Herzens gilt als Ausdruck des schlechten Gewissens (vgl. 1. Sam. 24,6; 2. Sam. 24,10). Letzteres wird erzählerisch gestaltet z. B. in der Geschichte von der Vertreibung aus dem Paradies (Gen. 3), im NT in dem Bericht von der Verleugnung des Petrus (Mt. 26,69 ff., bes. V. 75).

„Denn wenn Heiden, die das Gesetz nicht haben, doch von Natur tun, was das Gesetz fordert, so sind sie, obwohl sie das Gesetz nicht haben, sich selbst Gesetz./Sie beweisen damit, daß in ihr Herz geschrieben ist, was das Gesetz fordert, zumal ihr

Das **Alte Testament** und die **neutestamentlichen Evangelien** kennen kein sprachliches Äquivalent für „Gewissen". Dessen Funktionen werden insbesondere dem Herzen als dem Zentrum der Person zugewiesen.
Bei den **Paulusbriefen** ist zu unterscheiden zwischen den echten Briefen und jenen Texten, die ihm der Tradition nach zugeschrieben wurden, in Wirklichkeit aber nicht von ihm stammen (zur Einteilung s. S. 61).
Für unseren Zusammenhang ist aus den **echten Paulusbriefen** zunächst **Röm. 2,14 f.** von Bedeutung, eine Stelle, die als zentraler Text für das paulinische Gewissensverständnis gilt. Lässt sich aus dieser Bibelstelle – wie dies gern, vor allem in der katholischen Lehrtradition, geschieht – herauslesen, dass **alle** Menschen über ein inneres Wissen um die Forderung Gottes, also um die grundsätzlich rechte Erkenntnis von Gut und Böse verfügen? Eine solche Deutung im naturrechtlichen Sinne käme dem Ansatz Rousseaus sehr nahe. Bei genauer Textbetrachtung wird aber deutlich, dass Paulus hier nicht „die" Heiden im Sinne von „allen" Menschen meint, sondern nur eine unbestimmte Anzahl unter ihnen. Und der Sinn der Argumentation liegt hier

172

vor allem darin, zu begründen, dass das Tun des Guten (V. 10) oder die Erfüllung einzelner Forderungen des jüdischen Gesetzes (V. 14) nicht vom Besitz der Mosetora abhängig sind. Andererseits macht Paulus in der Sache unmissverständlich deutlich (Röm. 1,18 ff.), dass der **Maßstab des rechten Tuns und des Erkennens Gottes** den Menschen **in ihr Gewissen gegeben** ist. Auch in der Weise des Verdrängens weiß der Mensch um Gott und ist darum „unentschuldbar" (V. 20).

Gewissen es ihnen bezeugt, dazu auch die Gedanken, die einander anklagen oder auch entschuldigen." (Röm. 2,14 f.)

Obwohl Paulus keine eigentliche „Lehre vom Gewissen" formuliert hat, ist der Begriff bei ihm doch deutlich zu fassen. Zwar ist das Gewissen nicht die Stimme Gottes im Menschen, doch hat das Christusgeschehen die Normen, an denen sich das Gewissen orientiert, grundsätzlich verändert.

Darüber hinaus gilt:

- Das **Gewissen beurteilt** das menschliche **Handeln** angesichts einer **Forderung**, die für dieses bestimmend ist. Es **bestätigt** entweder, wenn beides übereinstimmt, oder es **klagt an** und **straft**, wenn das Handeln von der Forderung abweicht.

Röm. 2,15; 9,1; 2. Kor. 4,2; 5,11

- Paulus betont die **Freiheit des inneren Gewissensurteils gegenüber äußeren Zwängen**, die dem Menschen durch den Glauben an Christus geschenkt ist.

vgl. 1. Kor. 10,23 ff.

- Er fordert den **Respekt vor dem individuellen Gewissen** des im Glauben „schwachen" Bruders, das zu achten die **Liebe** und die **Rücksicht** gebieten (was aber nicht heißt, dass das Gewissensurteil des anderen zu übernehmen wäre).

vgl. 1. Kor. 8; 10,23 ff.

- Das **Gewissen** ist eine vom Ich bzw. von dem Willen des Menschen **unabhängige** und **unbeeinflussbare Instanz**.

Es ist
- **nicht hinterfragbar**,
- **allein vom Urteil Gottes begrenzt** und
- **in dessen Autorität begründet**.

vgl. Röm. 2,15 f.; 1. Kor. 4,4 („Zwar ist mein Gewissen rein, aber damit bin ich noch nicht freigesprochen. Mein Richter ist der Herr.")

Erst in den **nachpaulinischen Briefen** des Neuen Testaments wird der Gewissensbegriff **im spezifisch christlichen Sinn** verstanden. Die Gemeinde hat sich auf eine „christliche Existenz von Dauer" eingerichtet, ethische Grundsatzregelungen sind zu treffen. Das „gute" oder das „reine" (u. ä.) Gewissen wird zur bleibenden Qualifikation christlichen Lebens, ja zum Kennzeichen christlicher Existenz überhaupt. „Gutes Gewissen" und „Glaube" werden bisweilen in einem Atemzug genannt.

1. Tim. 1,5.19; Hebr. 13,18; 1. Petr. 3,16

> Rechter Glaube und rechtes Tun sind die prägenden Elemente christlicher Existenz.

Sollte nach dem Ursprung eines speziell „christlichen" Gewissensbegriff gefragt werden – an diesen Stellen der Bibel ist er zu finden. Ob „Gewissen" jedoch überhaupt ein „christlicher Begriff" ist – darüber bliebe zu diskutieren.

Auf die früheren Ausführungen zu Luther (Kap. 3.2) wird hier ausdrücklich verwiesen. Ohne deren Kenntnis bleibt das Verstehen der folgenden Darstellung fragmentarisch.

6.3.2 Luthers Gewissensverständnis

Für Luther ist das Gewissen
- **nicht** der Ort der menschlichen Selbstbestimmung und
- **nicht** eine moralische Instanz (es liegt jenseits davon, ist „transmoralisch"), ebenso
- **nicht** die Stätte einer natürlichen Anlage des Menschen zum Guten.

Das Gewissen ist bei Luther vielmehr
- **der Ort der zentralen Gotteserfahrung im Menschen**, damit
- **die Mitte der Person vor Gott** und deswegen
- ein **Grundbegriff in seiner theologischen Anthropologie**.

Bekannt sind Luthers Worte vor Kaiser und Reich auf dem Reichstag zu Worms 1521: „Da mein Gewissen in Gottes Wort gefangen ist, kann und will ich nicht widerrufen, weil gegen das Gewissen zu handeln weder sicher noch recht ist." (zitiert nach TRE, S. 222; vgl. zum Ganzen S. 222 ff.)

Somit hängen **Gewissen** und **Glaube** (genauer: der Rechtfertigungsglaube) bei Luther sehr eng zusammen.
Wer sich heute vom Inhalt des Neuen Testaments „ansprechen" lässt, wird darin auch einen „An-spruch" Gottes an ihn selbst erkennen (der, wie wir gesehen haben, nach protestantischem Verständnis aber nicht mit einer zu erbringenden eigenen frommen „Leistung" identisch ist). Und er, der Mensch, wird vielleicht weiter fragen, ob er sich diesem Anspruch Gottes (dem Angesprochensein, dem ständigen Neuangesprochenwerden) gegenüber (immer) richtig verhält. Wobei er im Grunde genau weiß, dass dies nicht der Fall ist, dass er sich vielmehr falsch verhält, nicht nur unbewusst oder ungewollt, sondern wissentlich und willentlich. Und er wird sich vielleicht überhaupt fragen, ob und wie er vor Gott „richtig" (theologisch: „gerecht"), wie er „gerechtfertigt" werden kann.
Ähnlich war, summarisch dargestellt, auch Luthers „Ausgangslage". Der Gewissensbegriff steht für ihn in der Dialektik von „Glaube" und „guten Werken", von „Gesetz" (im Sinn eines religiösen Forderungskataloges) und „Evangelium". Inhaltlich ist die Vorstellung vom Gewissen bei Luther – entsprechend seiner reformatorischen Erkenntnis, die das Resul-

tat seines veränderten Gottesbildes war – unterschiedlich strukturiert:

- Das Gewissen ist der Ort, an dem der Mensch seine Sündhaftigkeit und Schuldverfallenheit erfährt, der Raum, wo der zürnende, richtende und strafende Gott zu ihm spricht. Das erschrockene, furchtsame, **verzagte Gewissen** reagiert mit den stärksten Affekten: mit Unruhe, Angst und Verzweiflung.

*zum Sündenbegriff
vgl. Kap. 2*

- Es ist charakteristisch für den (noch) nicht in Christus gerechtfertigten Menschen, auf der Basis seines „natürlichen" Gewissens, ohne rechten Glauben, sein Gottesverhältnis in die eigene Verfügung zu bekommen und sich selbst zu rechtfertigen. Hier lebt der Mensch noch ganz in der Sünde: Er hat ein **gefangenes Gewissen**.
- Das Gewissen ist der „Sensor", das „Empfangsgerät", durch welches Gottes Wort den Menschen **als Ganzen** trifft. Das an Gottes Wort **gebundene Gewissen** ist unmissverständlich und unüberhörbar. Abschalten ist nicht möglich.
- Das Gewissen, als vorletzte Instanz, hat aber nicht nur die Funktion, den Menschen vor Gott, der letzten und absoluten Instanz, anzuklagen. Es hat auch die Aufgabe, den Menschen **freizusprechen**, ihn von dem Zwang zu befreien, auf eigene fromme Leistungen zu bauen. Durch Christus **ist** der Mensch vor Gott gerechtfertigt, durch Gottes Gnade **ist** er angenommen. Diese „frohe Botschaft" darf der Mensch vertrauensvoll akzeptieren. Ein solcherart getröstetes, **befreites, erlöstes Gewissen** kann ruhig und sicher sein.

*Nicht missverstanden werden darf der Stellenwert der „guten Werke": Sie sind die **selbstverständliche Konsequenz(!)** des Glaubens. Nur als Mittel, aus eigener Kraft das Heil zu erlangen, taugen sie nicht.*

Der mit Gott versöhnte Mensch darf ein gutes Gewissen haben. Es hat in Gottes Güte seinen Grund.
Gewissensfreiheit ist nach reformatorischem Verständnis keine ethische Maßeinheit, sondern ein anderer Begriff für das erkennende und vertrauende Glaubensverhältnis des Menschen zu Gott. Die befreiende Kraft des Evangeliums nimmt dem Menschen die Ungewissheit des Gewissens, die Angst vor der Sinnlosigkeit seines Lebens. Sie schenkt ihm, wie Luther sagt, „ein fröhliches Gewissen und ein unbeschwertes Herz vor Gott".

6.3.3 Das christliche Gewissen als Ort der Verantwortung und Entscheidung

Ein christliches Gewissensverständnis verfügt nicht über automatische Funktionen. Auch hat es keine fertigen Lösungen parat. Ferner verbieten die vielen hier maßgebenden theologischen, christologischen und anthropologischen, im Einzelnen sehr unterschiedlichen Einflussfaktoren exakte Definitionen. Hinzu kommen immer wieder andere Konflikte, neue Situationen und damit neue Entscheidungszwänge. Ein fertiges christliches Gewissen gibt es nicht.

Entscheidungs**prinzipien** und Entscheidungs**hilfen** sind möglich, notwendig und sinnvoll, vorgefertigte Entscheidungs**modelle** scheitern meistens an der Wirklichkeit. **Jene** kann bzw. muss ein christliches Gewissensverständnis geben, gestalten und vermitteln, von **diesen** sollte es seine Finger lassen.

Weiter steht es außerhalb jeder Diskussion, dass nicht auch von anderen religiösen oder ethischen Positionen her in der Praxis Vergleichbares, z. B. der Dienst im Krankenhaus, mit ebensolchem Engagement geleistet werden könnte. Christliche Ethik ist keine „Sonderethik". Sie **begründet** ihre Handlungsmaximen nur von **anderen** Grundlagen und deswegen auch von einem **anderen** Verständnis des Menschen her.

Gleichwohl ist ein christliches Gewissensverständnis ganz ohne Zweifel dazu befähigt,

– **Maßstäbe** zu finden und zu setzen;
– mit diesen das eigene Leben und das Leben anderer **vor Gott und der Welt verantwortungsbewusst** zu gestalten und damit
– weit verbreiteten Egoherrlichkeiten, übersteigerten Selbstverwirklichungsmarotten, der häufig erkennbaren Orientierungslosigkeit und dem vielerorts anzutreffenden Wertezerfall bzw. -verlust **tatkräftige Sinnalternativen** entgegenzustellen.

Solches ist konkret u. a. darin begründet,

– dass die christlich-anthropologische Grundvoraussetzung, nach welcher der Mensch in **Ursprung** und **Ziel** konstanten Bedingungen unterliegt – vom Ursprung her von Gott geschaffen, vom Ziel her für das Ewige offen –, dem **Gewissen** einen **hohen Stellenwert** gibt;
– dass ein christliches Gewissensverständnis beständig darauf achtet, **wie** Mensch und Welt **vor Gott** zu sehen sind;
– dass das Gewissen als **ethische Entscheidungsinstanz** unterscheiden muss zwischen den **Normen**, die es als verpflichtend erfährt, und solchen Geboten und Verboten, die es

vgl. dazu Kap. 1

„Herr, gib mir den Mut, die Dinge zu ändern, die ich ändern kann; die Gelassen-

176

als ungültig bzw. unberechtigt zurückzuweisen hat. Dies kann, gegebenenfalls, mit der Konsequenz geschehen, auch gegen private und institutionelle **Widerstände** die eigene sittliche Überzeugung **durchzusetzen** und das Notwendige zu **tun**.

Solches könnte, zum Beispiel, im Bereich der medizinisch-naturwissenschaftlichen Forschung oder auch, allgemein, in der Bewertung des „Fortschritts" aktuell werden;

– dass ein in die Praxis umgesetztes christliches Gewissensverständnis der stetigen eigenen **Kontrolle** und, wenn nötig, auch der **Korrektur** unterliegt. Dabei sollte es jedoch nicht in zwanghafte Über-Ich-Neurosen verfallen, sondern „fröhlich" bleiben (s. o.);

– dass **persönliche Integrität** zu einem bestimmenden Lebensfaktor wird;

– dass das eigene Gewissen als **Ort der Identität** und **Glaubensgewissheit** zwar Instanz der Selbstbeurteilung, aber auch Medium der **Selbstakzeptanz** sein und bleiben muss (so wie der Mensch als Ganzer von Gott akzeptiert ist);

– dass die **Rechte der anderen Menschen** – und das heißt oft konkret: **des unmittelbaren Nächsten** – keine hohle Floskel bleiben, sondern **wahrgenommen** und, so weit wie möglich, **verwirklicht** werden. Dies gilt bei sozialethischen ebenso wie bei politischen Fragen;

– dass das Gewissen als Träger des persönlichen sozialen Engagements und als Motivationsfaktor zugleich dazu dient, **anderen Menschen von der Kraft des Evangeliums**, in welcher vertretbaren Form auch immer, **überzeugend** zu **künden**.

heit, das zu akzeptieren, was ich nicht ändern kann; und die Fähigkeit, das eine vom andern zu unterscheiden." (nach F. C. Oetinger, 1702–1782)

Die Verwendung des Wortes „Gewissen" hat im Protestantismus der Gegenwart eine deutliche politische Dimension angenommen. Diese Komponente des „Gewissens" bleibt theologisch noch genauer zu klären.

7 Der Tod – und dann?

Es ist, ganz offensichtlich, nicht mehr zeitgemäß, nach dem Tod zu fragen. Und gar nach einem Leben, das nach dem Tod kommen soll. Was bringt mir das, was habe ich davon? Risiken regelt die Versicherung, man zahlt ja genügend Beiträge. Und das Unglück trifft doch meistens die andern. Und wenn's mal hart kommt – dafür ist dann der Pfarrer da. Der hat das studiert, auch zahlt man schließlich Kirchensteuer. Alles andere – na ja. Ein Leben nach dem Tod? Für mich, einen absolut aufgeklärten Menschen der Zeit um die Jahrtausendwende? Lächerlich. Absurd. Man darf doch bitten. Hier und jetzt, **das** ist mein Leben. Also gehen wir wieder zur Tagesordnung über. Dem theologisch unaufgeklärten Zeitgenossen ist die Frage nach der Auferstehung ein Ärgernis. Anders formuliert: Sehr vielen Menschen der abendländisch-westlichen Kultur fehlt heute das, was man ein **„*Transzendenzbewusstsein"** nennen könnte.

7.1 Auferstehung als Lehre vom Menschen

Gehört „Auferstehung" überhaupt zur theologischen Anthropologie?

Dagegen ließe sich einwenden, dass
- „Auferstehung" als ein nicht objektivierbarer und *empirisch nachvollziehbarer Vorgang nichts gemein hat mit Lehrinhalten, die konkret, sachlich und nachprüfbar sind;
- der Glaube an die Auferstehung seinen Ort im Bereich der subjektiven Metaphysik hat und somit kein Wissen darstellt, das mit einem allgemeinen Anspruch gelehrt werden könnte;
- folglich auch die „Hoffnung", die ja nach biblischem Zeugnis eine wesentliche Voraussetzung des Auferstehungsglaubens ist, nur mit Einschränkung als „Lehre" vermittelt werden kann.

Dafür spricht allerdings, dass
- sich kein Mensch, speziell: kein Christ, hier von vornherein als „Nichtbetroffener" ausschließen kann. Denn niemand kann mit Sicherheit sagen, dass nach dem Tod „nichts

kommt". „Auferstehung" ist also als Möglichkeitsfaktor grundsätzlich etwas „sehr Menschliches";

- die Lehre von der Auferstehung von Beginn an zum substanziellen Kern der **christlichen Tradition** gehört. Man müsste diese insgesamt infrage stellen, wenn man jene ausschließen wollte;

- schon nach biblischem Zeugnis die **Auferstehung Jesu Christi** die **unverzichtbare Voraussetzung** für Glaube und Predigt überhaupt darstellt. Wer also die „Auferstehung der Toten" grundsätzlich abstreitet bzw. theologisch völlig offen lässt, muss konsequenterweise auch die Auferstehung Jesu Christi und damit das Fundament des christlichen Glaubens bestreiten oder zumindest dahingestellt sein lassen;

- es durchaus **rational nachvollziehbare Zugangsmöglichkeiten** zu dem Phänomen „Auferstehung" (sowohl der „Auferstehung Jesu Christi" als auch der „Auferstehung der Toten") gibt. Es muss allerdings betont werden, dass es sich hier immer nur um ein **Glauben** und niemals um ein Wissen handeln kann.

„Gibt es keine Auferstehung der Toten, so ist auch Christus nicht auferstanden./Ist aber Christus nicht auferstanden, so ist unsre Predigt vergeblich, so ist auch euer Glaube vergeblich."
(1. Kor. 15, 13f.)

Die Frage aber, die sich ein jeder von uns getauften Christen für sich allein zu stellen hat, lautet: **Wie ernst nehme ich für mich die Auferstehung?**

7.2 Eingrenzungsversuche

Angesichts der unübersehbaren Fülle der Literatur zum Thema „Auferstehung" kann diese Darstellung nicht mehr als eine Andeutung, ein knappstes Fragment auf engstem Raum sein. Sie muss sich auf Thesen und Möglichkeiten der „Anwendung" bzw. Veranschaulichung beschränken. Dabei sollen hier vorrangig keine theologischen Streitfragen oder Themenkomplexe ausgebreitet werden. Es soll vielmehr vor allem danach gefragt werden, wie man heutzutage die – damalige – Auferstehung Jesu und die – zukünftige – Auferstehung von den Toten verstehen kann. Der **anthropologische** Aspekt von „Auferstehung" steht also im Vordergrund.
Deswegen ist grundsätzlich Folgendes festzuhalten:

Ausführliche Untersuchungen aus neuester Zeit z. B. bei K. Berger, „Ist mit dem Tod alles aus?" (allgemeinverständlich) und G. Greshake/J. Kremer, „Resurrectio mortuorum [Auferstehung der Toten]" (streng wissenschaftlich); zum Gesamtzusammenhang und zu Einzelbegründungen s. „Abiturwissen Jesus Christus", S. 140 ff.

1. „Auferstehung" ist **nicht** im naturalistischen, also im technisch-physikalischen Sinn zu denken. Solches ließe sich weder bezeugen noch beschreiben. „Auferstehung" ist auch ein theologischer Begriff. Er hat sehr viel zu tun mit Gottes Liebe, mit „Angenommenwerden", mit einer von Gott

Schon Paulus hat diesbezüglichen Spekulanten eine deutliche Abfuhr erteilt, vgl. 1. Kor. 15,35 f.

Solche Näherungsformeln sind Umschreibungen für den Vorgang des „Nicht-im-Tode-Bleibens", der als faktisches, gottgewolltes Geschehen im Mittelpunkt steht.

Abb. 32
„Wir beide!"

gestifteten Beziehungswirklichkeit, zu welcher der Mensch dazugehört.

2. **„Wahrheit** und **„Wirklichkeit"** dürfen nicht verwechselt werden. Für sehr viele Menschen sind kleinbürgerlicher Rationalismus, die Banalitäten des Alltags und die zwar illustre, doch großenteils rührend blöde Fernsehwelt die – oft alleingültige – Grundlage von „Wirklichkeit". Nicht selten wird diese (allgemeine, objektive, erlebte, nachprüfbare) „existenzielle" Wirklichkeit mit „*essenzieller" Wahrheit gleichgesetzt.

Welcher intelligente Mensch würde grundsätzlich bestreiten,

– dass es nicht andere, z. B. nicht kausalbestimmte Wirklichkeiten geben könnte?
– dass eine Wahrheit bzw. Erkenntnis im naturwissenschaftlichen Sinn nicht „echter" oder „besser" ist als eine religiöse Wahrheit oder Erkenntnis?

3. Der Glaube an die Auferstehung, als ein der allgemeinen Erfahrbarkeit entzogenes Geschehen, verwendete schon immer **Bilder und Symbole**. Hier finden sich im Neuen Testament z. B. die Chiffren „Haus"; „Heimat"; „Freude"; „Tischgemeinschaft"; „Friede" u. a. Diese Bilder sind Zeichen. Sie weisen über sich hinaus.

Wäre „Auferstehung" mit **unseren** Vorstellungen plausibel zu machen und begrifflich zu erklären, so wäre dies nur ein Hinweis darauf, dass sie den Zusammenhang der Welt, in der wir leben, nicht sprengt. Sie wäre ein Novum unter den Bedingungen der „alten", erfahrbaren Wirklichkeit.

4. „Auferstehung" ist kein Geheimcode, an den man „glauben" muss, weil die Kirche es so will. Sie ist auch keine monströse Forderung, die man, unter intellektuellen Verspannungen, krampfhaft für wahr halten müsste.

Als Bild für die Heimkehr des Menschen zu Gott ist sie (auch!) Ausdruck der Hoffnung, dass alles, was in meinem Leben unaufgearbeitet und ungeordnet bleibt, von Gott vollendet und „gerichtet" wird. Sie ist **das Vertrauen auf eine Liebe, die mich empfängt**.

5. Zweifel an der Auferstehung Jesu (und wie sollte es bei der künftigen allgemeinen Auferstehung im Prinzip anders sein?!) sind so alt wie das Geschehen selber. In den Osterberichten der Evangelien erweisen sich die engsten Vertrauten Jesu keineswegs als Glaubenshelden. Müssen wir es besser machen als die biblischen Zeugen?

7.3 Die Auferstehung Jesu

Dieses vor knapp zweitausend Jahren erfahrene, von vielen Menschen unabhängig voneinander beglaubigte und bezeugte Geschehen
– ist zwar nicht historisch präzisierbar,
– jedoch als ein **innerzeitliches** und damit **geschichtliches Ereignis** anzusehen;
– bildet die Voraussetzung für einen fundamentalen **„Stimmungswandel"** bei den Jüngerinnen und Jüngern Jesu, die nach den Ereignissen des Karfreitags völlig hilflos und verzweifelt waren. Dieser „Stimmungswandel" ist historisch nachweisbar.

zu näheren Einzelheiten vgl. „Abiturwissen Jesus Christus", S. 142 ff.

Es ist **extrem unwahrscheinlich**, dass die Anhänger(innen) Jesu sich aus eigener Einbildung heraus von neuem zu Jesus – als dem nun auferstandenen Christus – bekannt und damit ihr Leben riskiert hätten;
– hat den **Glauben** an Jesus als den von Gott gesandten Messias (dies macht eine genaue Analyse der Bibelstellen deutlich) **geweckt**.
Es wurde **nicht aus dem Glauben** an Jesus heraus **erzählt**;
– wurde in der biblischen Tradition unterschiedlich wiedergegeben.
Klar zu **trennen** ist hier zwischen knapp und nüchtern berichtenden Textstellen und legendären Ausschmückungen aus späterer Zeit;

Man vergleiche z. B. 1. Kor. 15,3b–5 (Paulus zitiert hier einen sehr alten Text, der nur wenige Jahre nach dem Ostergeschehen entstanden ist) mit Mt. 28,1 ff.

– provoziert für unser neuzeitliches Denken gleichwohl die Frage nach **gegenständlichen und vorstellbaren Anhaltspunkten**. Sie stellte sich für die Menschen vor zweitausend Jahren, bei denen, trotz aller auch damals festgehaltenen Unterschiedlichkeit, physische und *metaphysische Kategorien doch stärker aneinander angrenzten, in dieser Schärfe nicht. Dem Kreuzfeuer moderner historischer Kritik hielte das Auferstehungszeugnis der Evangelien nicht stand;

vgl. TRE Bd. IV, S. 552 f.

– **weist über sich hinaus**. Denn
  – wenn „Auferstehung" mit „Gott" untrennbar zusammengehört, kann **historische Gegenständlichkeit nicht die Wahrheit der Auferstehung** sein (!);
  – die Besonderheit des Geschehens braucht nicht die objektive Bestätigung, weil eine solche dem Wesen des Glaubens widerspräche.

Solche Erfahrungen sind sehr unterschiedlich. Sie müssen nicht an markante äußere Geschehnisse gebunden sein, sondern können auch im innerseelischen Erkenntnisprozess Gestalt gewinnen.

> Das Ereignis der Auferstehung Jesu findet den Glauben dessen, der es erfährt.

7.4 Auferstehung – für mich?

vgl. dazu „Abiturwissen Jesus Christus", S. 152 ff.

An die Feststellungen des letzten Kapitels müssen Überlegungen zur Frage einer allgemeinen Totenauferstehung anschließen. Diese hat wegen ihres theologisch zentralen Charakters mit Spekulationen und „frommen Wünschen" wenig zu tun. Und auch für den zweifelnden und skeptischen Menschen der Moderne sind die folgenden Ausführungen gedanklich nachvollziehbar:

Röm. 6,23; vgl. thematisch Kap. 3.3.2, bes. S. 70 ff.

1. Wenn Gott „Leben" ist und die tiefste Entfremdung von ihm der Tod, „der Sünde Sold", dann ist es „strukturell" durchaus logisch, dass die Sünde als das „Prinzip Tod" letztgültig vernichtet wird, wenn Gott
   – als das „Prinzip Leben" sich **selbst** auf diese Stufe der Entfremdung begibt und
   – damit das „Prinzip Tod" ein für alle Mal zerstört.

   In Jesus Christus ist Gott Mensch geworden und hat den Tod erlitten. Dadurch hat Gott dem Tod **für den Menschen** und **für alle Ewigkeit** das letzte Wort genommen.

Man darf hier eben auch vom rationalen Denkansatz her den biologischen Tod des Menschen nicht mit seinem absoluten Ende gleichsetzen.

2. In Jesus von Nazareth, der von Gott vom Tod auferweckt und damit als Messias bestätigt wurde, haben die Menschen das „Prinzip Liebe" als göttliches Gebot erkannt. Weil der auferstandene Christus mit dem historischen Jesus „identisch" ist, kann das **Tun des Guten als eine Bezugswirklichkeit zum Jenseits** *empirisch nachvollziehbar sein.

   Somit gehören für den Christen „Glaube an Gott" und „Dienst am Nächsten" zukunftsweisend untrennbar zusammen.

> *Transzendenzerfahrung kann in der Hilfe für den anderen konkret werden.

3. „Auferstehung der Toten" meint kein isoliertes *soteriologisches Geschehen der Zukunft. Dieses ist vielmehr eingebettet in den von Beginn an feststehenden **Heilsplan Gottes mit seiner Schöpfung** und schließt eine Neuschaffung der Welt, eine Erneuerung des ganzen Kosmos mit ein.

4. Der Glaube an eine Auferstehung der Toten ist folglich **nicht losgelöst vom Hier und Jetzt** zu sehen. Nicht als ein hoffendes oder bangendes Warten auf ein *eschatologisches, *transzendentes Geschehen, das zur Vergangenheit und Gegenwart in keinerlei Beziehung stünde.

   Das christliche **Vertrauen auf Gottes „richtendes"** – also urteilendes, auch verurteilendes (!?), aber gewiss doch vor allem (?!) **zurechtbringendes – Handeln** erschöpft sich nicht im Harren auf eine vollendete Zukunft. Es aktualisiert sich in einer veränderten Lebensführung, einer **geänderten Einstellung zum Leben** überhaupt. Diese wird konkret z. B.

- in einer persönlichen **Umkehr** – zu dem hin, was ich als tragfähigen Grund meines eigenen Lebens erkannt habe (vgl. u.); vgl. S. 32, 154ff.
- in einer **radikalen Nichtakzeptanz von Unrecht und Unmenschlichkeit**, also in einer engagierten **Mitarbeit an der Erneuerung dieser Welt**;
- in einem Ausschauen nach **Spuren und Zeichen des Heils**, einem **Erfahren und Erkennen vergebener Schuld**, einem Suchen, trotz aller Widrigkeiten, nach der **letztgültigen Dominanz der Liebe**.

Solches kann ich leben, tun und hoffen in dem durchaus vernünftigen Vertrauen darauf, **dass die Gemeinschaft Gottes mit den Menschen anbruchhaft Wirklichkeit geworden ist und auch durch den Tod nicht rückgängig gemacht werden soll**. Der glaubend vertrauende Mensch weiß sich für alle Zukunft von Gottes Liebe umschlossen und in ihr geborgen, das genaue Programm der letzten Tage interessiert da nicht. Ein solcherart gelingendes Leben dient nicht nur eigenem Nutz und Frommen, es setzt, inmitten einer von Unheil, Hass und Tod zerfressenen Welt, unübersehbare **Zeichen**, weist über sich hinaus.

> Wenn Liebe stärker wird als der Tod und der Zerstörung nicht Raum gegeben wird, ist die zukünftige Welt Gottes, ist „Auferstehung der Toten" als Erfahrung vorweggenommen.

5. In der existenziellen **Entscheidung** zur „Umkehr" und zu den sich daraus ergebenden Konsequenzen wird der Mensch auf die künftige Seligkeit hin erneuert. Die Wirklichkeit jenseits des Todes wird andeutungsweise (!) wahrgenommen. Der Ort der Entscheidung, der „Heil" jetzt schon erfahrbar, aber auch auf das künftige Gericht aufmerksam macht, ist die „vorletzte Instanz", das **Gewissen**. Der Mensch lebt in einer *eschatologischen Existenz.

   „Wer zu Christus gehört, ist ein neuer Mensch geworden. Was er früher war, ist vorbei; etwas ganz Neues hat begonnen." (2. Kor. 5,17)

6. Es ist durchaus nicht biblisches Allgemeingut, Gericht und Auferstehung in eine ferne, unbestimmbare Zukunft zu verlegen. Bei Johannes und Paulus ist das Bedrückende, der leibliche Tod, vor dem man Angst hat, nur eine Station auf dem Weg:

„[Jesus spricht:] Ich versichere euch: Alle, die auf mein Wort hören und dem vertrauen, der mich gesandt hat, werden ewig leben. Sie werden nicht verurteilt. Sie haben den Tod schon hinter sich gelassen und das unvergängliche Leben erreicht." (Joh. 5,24) – „[Jesus spricht:] Ich versichere euch: Wer sich nach meinen Worten richtet, wird in Ewigkeit nicht sterben." (Joh. 8,51) – „Jesus sagte zu (Marta): ‚Ich bin die Auferstehung und das Leben. Wer mich annimmt, wird leben, auch wenn er stirbt.‘" (Joh. 11,25) – „Ihr (seid) reingewaschen, ihr seid Gottes heiliges Volk geworden und könnt vor seinem Urteil bestehen. Denn ihr seid mit Jesus Christus, dem Herrn, verbunden und habt den Geist unseres Gottes erhalten." (1. Kor. 6,11; vgl. auch Joh. 4,14; Röm. 6,13)

Der Geist Gottes, der von Jesus eingesetzte „Beistand", den die Christen bereits als Wirklichkeit erfahren, ist wie eine „Anzahlung", ein „Brückenkopf" (Berger) der künftigen Totenauferstehung. Für den Menschen, der sich zu Gott bekehrt, **liegt der Tod schon in der Vergangenheit**.

Glossar

Ätiologie
(Adj. ätiologisch) Lehre von den Ursachen; auch die Ursachen selbst

Ambivalenz
(adj. ambivalent) Doppelwertigkeit

Apokalypse
(Adj. apokalyptisch) griech.: „Offenbarung"; eine Schrift, die Weltlauf und Weltende in Visionen prophetisch enthüllt, bes. die „Offenbarung des Johannes", das um 96 n. Chr. zur Zeit der Verfolgung des römischen Kaisers Domitian entstandene letzte Buch des NT; unter **Apokalyptik** versteht man die Gesamtheit der Apokalypsen, dann auch die in ihnen enthaltenen Vorstellungen von den Ereignissen des Weltendes (Weltgericht und neue Welt).

Aporie
logische Schwierigkeit, auch unlösbarer Widerspruch, der im Wesen des Erkenntnisgegenstandes liegt oder durch die Erkenntnismittel bedingt ist

Aufklärung
literaturgeschichtlich in Deutschland die Epoche zwischen 1720 und 1785, in der die allgemeinen aufklärerischen Standpunkte auf die deutsche poetische Literatur übertragen wurden (hier am bedeutendsten. G. E. Lessing, 1729–1781). Grundlage der verschiedenen Richtungen der A. ist die Vorstellung, dass die Vernunft das Wesen des Menschen darstelle, wodurch alle Menschen gleich seien und die Vernunft als einzige und letzte Instanz befähigt sei, über Wahrheit und Falschheit von Erkenntnissen zu entscheiden und die in ihrer Gesamtheit vernünftig angelegte Welt zu erkennen. Die Bestimmung des Menschen ist: Vernunft verbreiten, die Geister aufklären, die Tugend fördern. Das Glück liegt in der Humanität. Wichtigster Philosoph der deutschen Aufklärung war I. Kant (1724–1804).

A. als geistige Bewegung war zuerst in England (Locke; Hume) und Frankreich (Descartes; Voltaire; Montesquieu) zu beobachten.

empirisch
erfahrungsbezogen; erfahrungsbedingt

Eschatologie
(Adj. eschatologisch) Lehre von den „letzten Dingen" am Ende der Weltgeschichte, also vom Endschicksal des einzelnen Menschen und der Welt

essenziell
auf das Wesen, den Kern (z. B. einer Lehre, einer philosophischen Aussage) bezogen

ethnisch
die (einheitliche) Kultur- und Lebensgemeinschaft einer Volksgruppe betreffend

Ethnologie
(Adj. ethnologisch) Völkerkunde

Etymologie
(Adj. etymologisch) Sprachwissenschaft: Ursprung und Entwicklung der Wörter; Forschungsrichtung, die sich damit befasst

Fatalismus
(Adj. fatalistisch) Lebenshaltung, die den Weg des menschlichen Schicksals ausschließlich und unentrinnbar von einer überirdischen Macht bestimmt sieht, oft negativ im Sinne des Ausweglosen, Verhängnisvollen

Hermeneutik
(Adj. hermeneutisch) die Kunst und Theorie der Auslegung von Texten

Hybris
(die ~) Übermut; Stolz; Frevel; Trotz; bei den antiken Dichtern (z. B. Aischylos) und Geschichtsschreibern die Selbstüberhebung des Menschen, bes. gegenüber der Macht der Götter

Konzil
(Pl. Konzile; Konzilien) offizielle Versammlung hoher katholischer Geistlicher

Manichäismus

Der M. (Name nach dem in Persien predigenden Religionsstifter Mani, ca. 216–276 n. Chr.) war eine streng dualistische (Licht/Finsternis), zumindest für die „Auserwählten" – die sich im Gegensatz zu den bloßen „Hörern" der Vollkommenheit weit stärker genähert haben – asketisch-perfektionistisch ausgerichtete Religion. Sie führte bis zu radikaler Weltverneinung. In der Spätantike und im frühen Mittelalter war sie weit verbreitet.

Neuplatonismus

Der N. war ein um 200 n. Chr. entstandenes, die gesamte Spätantike beherrschendes, stark religiös geprägtes System der griechischen Philosophie. Der Name erklärt sich durch die Wiederaufnahme bestimmter Begriffe und Denkstrukturen des griechischen Philosophen Platon (427–347 v. Chr.). Ein strenger Leib-Seele-Dualismus forderte von den Anhängern des N. ein enthaltsames, ja asketisches Leben, denn ein unreiner Körper mindert die Erkenntnisfähigkeit der Seele. Alles Körperlich-Individuelle ist wertwidrig, darum ist die höchstmögliche Befreiung der Seele von dem Einfluss des Körpers anzustreben.

Nihilismus

(Adj. nihilistisch) eine Philosophie, die alles Bestehende für nichtig, sinnlos hält; völlige Verneinung aller Normen und Werte

Ontologie

(Adj. ontologisch) die (philosophische) Wissenschaft vom Seienden

Orthodoxie

(Adj. orthodox) griech. „Rechtgläubigkeit"; die Übereinstimmung von Lehre und Glaubensanschauung mit dem festgelegten Bekenntnis einer Religion

Pentateuch

Bezeichnung der fünf Bücher Mose im AT

Physiologie

(Adj. physiologisch) als Teilgebiet der Biologie die Wissenschaft von den Lebensvorgängen der Zellen, Gewebe und Organe der Lebewesen und von den Gesetzen ihrer Verknüpfung im Gesamtorganismus

präjudizieren

etwas im Voraus entscheiden; der (eigentlichen) Entscheidung vorgreifen

pragmatisch

auf praktisches, erfolgreiches Handeln gerichtet; auf das Nützliche orientiert; sachbezogen

Semantik

(Adj. semantisch) Lehre von den Bedeutungen, von der Beziehung der Zeichen zum bezeichneten Gegenstand; in der Sprachwissenschaft steht die Erforschung der Bedeutungen von Wörtern, Sätzen und Texten (also von Zeichen und Zeichenfolgen) und ihrer Wechselbeziehungen im Vordergrund.

Soteriologie

(Adj. soteriologisch) Lehre von der Erlösung durch Jesus Christus, Heilslehre

Theodizee

(die ~) die immer wieder gesuchte Antwort auf die Frage, wie das physische Leid und das moralisch Böse in der Welt mit Gottes Allmacht, Allweisheit und Allgüte in Einklang zu bringen seien

Transzendenz

(Adj. transzendent) der die raumzeitliche, sinnlich erfassbare Welt „übersteigende" Bereich

Literaturverzeichnis

Texte

Augustinus, Aurelius: Confessiones. Bekenntnisse. Lateinisch und deutsch. Übersetzt von J. Bernhart. München ²1960 (Kösel-Verlag)

Frieden in Gerechtigkeit für die ganze Schöpfung. EKD-Texte Nr. 27. Hrsg. vom Kirchenamt der EKD. Hannover 1989

Goethe, Johann Wolfgang von: Werke. Hrsg. von E. Trunz. Bd. I: Gedichte und Epen. Hamburg ⁸1966; Bd. III: Faust. Hamburg ⁷1964 (Christian Wegner Verlag)

Hobbes, Thomas: Leviathan. Erster und zweiter Teil. Übersetzung von J. P. Mayer. Stuttgart 1996 (Phil. Reclam jun. Verlag) [Reclam-Tb Nr. 8348]

Lessing, Gotthold Ephraim: Gesammelte Werke in 10 Bänden. Hrsg. von P. Rilla. Berlin und Weimar 1968 (Aufbau-Verlag)

Lorenz, Konrad: Das sogenannte Böse. Zur Naturgeschichte der Aggression. München ¹⁹1993 (Deutscher Taschenbuch Verlag) [dtv 30025]

Luther, Martin: Werke für das christliche Haus in 8 Bänden (und 2 Erg.bdn.). Hrsg. von Buchwald, Kawerau u. a. Bd. I: Von der Freiheit eines Christenmenschen; Bd. VIII: Tischreden, Briefe u. a. Leipzig ⁴1924 (Verlag M. Heinsius Nachf. Eger & Sievers)

Rousseau, Jean-Jacques: Diskurs über die Ungleichheit. Discours sur l'inégalité. Kritische Ausgabe. Französisch und deutsch. Hrsg. von H. Meier. Paderborn/München/Wien/Zürich ³1993 (Ferdinand Schöningh) [UTB 725]

ders.: Emil oder Über die Erziehung. Hrsg. von L. Schmidts. Paderborn/München/Wien/Zürich ¹¹1993 (Ferdinand Schöningh) [UTB 115]

ders.: Vom Gesellschaftsvertrag oder Grundsätze des Staatsrechts. Hrsg. von H. Brockard. Stuttgart 1996 (Phil. Reclam jun. Verlag) [Reclam-Tb. Nr. 1769]

Literatur

Albertz, Rainer: Der Mensch als Hüter seiner Welt. Stuttgart 1990 (Calwer Verlag) [ctb 16]

v. Aster, Ernst: Geschichte der Philosophie. Stuttgart ¹⁶1968 (Alfred Kröner Verlag)

Barner, Wilfried u. a.: Lessing. Ein Arbeitsbuch für den literaturgeschichtlichen Unterricht. München 1975 (Verlag C. H. Beck)

Berger, Klaus: Ist mit dem Tod alles aus? Stuttgart 1997 (Quell Verlag)

Bornkamm, Günther: Paulus. Stuttgart ⁷1993 (W. Kohlhammer Verlag)

Brecht, Martin: Martin Luther. Bd. I–III. Stuttgart 1981 ff. (Calwer Verlag)

Bultmann, Rudolf: Glauben und Verstehen. Bd. I. Tübingen ⁹1993 (J. C. B. Mohr [Paul Siebeck])

ders.: Theologie des Neuen Testaments. Tübingen ⁹1984 (J. C. B. Mohr [Paul Siebeck])

Drewermann, Eugen u. a.: Freispruch für Kain? Über den Umgang mit Schuld. Mainz ⁴1992 (Matthias-Grünewald-Verlag) [Topos-Taschenbücher 158]

Eibl-Eibesfeldt, Irenäus: Der Mensch – das riskierte Wesen. Zur Naturgeschichte menschlicher Unvernunft. München/Zürich 1988 (Piper)

ders.: Liebe und Haß. Zur Naturgeschichte elementarer Verhaltensweisen. München

[8]1978 (R. Piper & Co. Verlag) [Serie Piper 113]

Erklärung zum Weltethos. Parlament der Weltreligionen. Chicago 1993 (Piper Verlag München)

Evangelischer Erwachsenenkatechismus. Hrsg. von H. Jetter u. a. Gütersloh [5]1989 (Gütersloher Verlagshaus Gerd Mohn)

Fastenrath, Heinz: Abiturwissen „Religionskritik". Stuttgart/Dresden 1993 (Ernst Klett Verlag für Wissen und Bildung)

Greshake, Gisbert/Kremer, Jacob: Resurrectio mortuorum. Zum theologischen Verständnis der leiblichen Auferstehung. Darmstadt [2]1992 (Wiss. Buchgesellschaft)

Haag, Herbert: Vor dem Bösen ratlos? München [2]1989 (R. Piper & Co. Verlag) [Serie Piper 951]

Hacker, Friedrich: Aggression. Die Brutalisierung der modernen Welt. Wien/München/Zürich o. J. 3. Aufl. (Verlag Fritz Molden)

Heimbrock, Hans-Günter: Gewissen. Theologische Realenzyklopädie (TRE) Bd. XIII. Hrsg. von G. Müller. Berlin/New York 1984, S. 192–241 (Walter de Gruyter Verlag)

Heussi, Karl: Kompendium der Kirchengeschichte. Tübingen [18]1991 (J. C. B. Mohr [Paul Siebeck])

Hirsch, Emanuel: Geschichte der neueren evangelischen Theologie. Bd. I–V. Gütersloh [3]1964 (Gütersloher Verlagshaus Gerd Mohn)

Hirschberger, Johannes: Geschichte der Philosophie. Bd. II: Neuzeit und Gegenwart. Freiburg/Basel/Wien [13]1991 (Herder Verlag)

Israel von A–Z: Daten, Fakten, Hintergründe. Neuhausen-Stuttgart 1986 (Hännsler)

Jonas, Hans: Das Prinzip Verantwortung. Versuch einer Ethik für die technologische Zivilisation. o. O. 1984 (Suhrkamp) [suhrkamp taschenbuch 1085]

Jüngel, Eberhard: Zur Freiheit eines Christenmenschen. Eine Erinnerung an Luthers Schrift. München [3]1991 (Chr. Kaiser)

Knuth, Hans Christian/Lohff, Wenzel (Hrsg.): Schöpfungsglaube und Umweltverantwortung. Hannover [2]1987 (Lutherisches Verlagshaus)

Küng, Hans: Christ sein. München/Zürich [2]1974 (R. Piper & Co. Verlag)

ders.: Projekt Weltethos. München/Zürich [5]1993 (R. Piper & Co. Verlag) [Serie Piper 1659]

ders. (Hrsg.): Ja zum Weltethos. Perspektiven für die Suche nach Orientierung. München/Zürich 1995 (R. Piper & Co. Verlag)

Lilje, Hanns: Luther. Reinbek bei Hamburg 1983 (Rowohlt Taschenbuch Verlag) [rm 98]

Marrou, Henri: Augustinus. o. O. 1965 (Rowohlt) [rm 8]

Mildenberger, Friedrich: Auferstehung (dogmatisch). TRE Bd. IV. Hrsg. von G. Krause und G. Müller. Berlin/New York 1979, S. 547-575 (Walter de Gruyter Verlag)

Pannenberg, Wolfhart: Anthropologie in theologischer Perspektive. Göttingen 1983 (Vandenhoeck & Ruprecht)

ders.: Was ist der Mensch? Die Anthropologie der Gegenwart im Lichte der Theologie. Göttingen [7]1985 (Vandenhoeck & Ruprecht) [Kleine Vandenhoeck-Reihe 1139]

Pesch, Otto Hermann: Frei sein aus Gnade. Theologische Anthropologie. Freiburg i.B. 1983 (Herder Verlag)

v. Rad, Gerhard: Das erste Buch Mose (Genesis). Göttingen [12]1987 (Vandenhoeck & Ruprecht)

ders.: Theologie des Alten Testaments. Bd. I. München [10]1992 (Gütersloher Verlagshaus/Chr. Kaiser Verlag)

Röd, Wolfgang: Thomas Hobbes. In: Klassiker der Philosophie. Hrsg. von O. Höffe. Bd. I. München 1981, S. 280–300 (Verlag C. H. Beck)

Schwerte, Hans.: „Das Faustische" – Eine deutsche Ideologie. In: Aufsätze zu Goethes „Faust I". Hrsg. von W. Keller. Darmstadt 1974, S. 86–105 (Wiss. Buchgesellschaft) [Wege der Forschung, Bd. CXLV]

Spaemann, Robert: Moralische Grundbegriffe. München ⁵1994 (Verlag C. H. Beck) [Beck'sche Reihe 256]

Spranger, Eduard: Goethes Bild vom Menschen. In: E. Spranger: Goethe. Seine geistige Welt. Tübingen 1967, S. 108–135 (Rainer Wunderlich Verlag/Hermann Leins)

Stamer, Uwe: Abiturwissen „Jesus Christus". Stuttgart/München/Düsseldorf/Leipzig ³1997 (Ernst Klett Verlag)

Störig, Hans-Joachim: Kleine Weltgeschichte der Philosophie. Stuttgart/Berlin/Köln/Mainz ¹²1981 (Herder Verlag)

Thielicke, Helmut: Offenbarung, Vernunft und Existenz. Studien zur Religionsphilosophie Lessings. Gütersloh ⁵1967 (Gütersloher Verlagshaus Gerd Mohn)

Westermann, Claus: Schöpfung. Stuttgart/Berlin ²1976 (Kreuz-Verlag)

Wickert, Ulrich: Der Ehrliche ist der Dumme. Über den Verlust der Werte. Hamburg ¹³1995 (Hoffmann und Campe)

Wolff, Hans Walter: Anthropologie des Alten Testaments. Gütersloh ⁶1994 (Chr. Kaiser/Gütersloher Verlagshaus) [Kaiser-Taschenbücher 91]

Abbildungsnachweis